msdn

MSDNプログラミングシリーズ

ASP.NET MVC
プログラミング入門

増田 智明 著

Microsoft MVP
Visual Studio and Development Technologies
Windows Development

日経BP社

はじめに

　本書は、Visual Studioを利用してASP.NET MVCアプリケーションを学ぶための入門書です。ASP.NETのオープンソース化、.NET環境をLinuxやMacなどのWindows以外でも動作するようにした.NET Coreの発表に続き、新しいASP.NET Core MVCが着々と開発されつつあります。いままでのIIS（Internet Information Services）を利用していたWindows Server上のASP.NET MVCとは違い、IISが動作しないLinuxやMac上でも動作するWebサイトの構築が実現されています。

　進化しつつあるASP.NET MVCですが、本書は新しいASP.NET Core MVCアプリケーションの開発を中心にし、.NET CoreやASP.NET Coreの機能や、Web APIと連携したクライアントアプリケーションの開発（デスクトップアプリやXamarinを利用したAndroidやiPhone/iPadのアプリ開発）などの周辺技術も取り込みました。読者は本書をひと通り学ぶことによって、ASP.NET MVCアプリケーションを活用したシステム全体をうまく俯瞰できるようになるでしょう。また従来のASP.NET MVC 5のWebサイト開発の技術も取り込めるでしょう。

　なお、執筆時点（2016年8月）では、以下の開発環境で動作を確認しています。

- Windows 10.0.14393 Aniversary edition
- Visual Studio 2015 Professional Update 3
- Visual Studio 2015 Community Edition
- Visual Studio Code
- .NET Core 1.0.1
- dotnet 1.0.0-preview2-003121
- SQL Server 2014 standard
- SQL Server Management Studio 2014

　2016年末には、.NET Core 1.1のリリースを控え、.NET Standard 2.0への道筋も発表になりました。読者がインターネットで手に入れられる情報は、常に新しくなっていきます。オープンソース化されている最新版の.NET CoreやASP.NET Coreとの違いなどは、著者のブログ（http://moonmile.net/blog/mvc）にてサポートページを用意して随時掲載しますので、本書とあわせて活用してください。

開発環境の整備

　本書を活用するにあたって簡単に開発環境の構築方法を示しておきます。なお、URLアドレスやバージョンなどは執筆時点のものですので、読者がダウンロードするときは最新版を利用してください。

■| Visual Studio Community

　本書のサンプルプログラムはVisual Studio 2015 Professionalで作成していますが、無償版のVisual Studio Communityでも動作が確認できます。Visual Studio Communityは、以下のアドレスからダウンロードできます。

https://www.visualstudio.com/downloads/download-visual-studio-vs?wt.mc_id=o~msft~mscom~jpvs2015

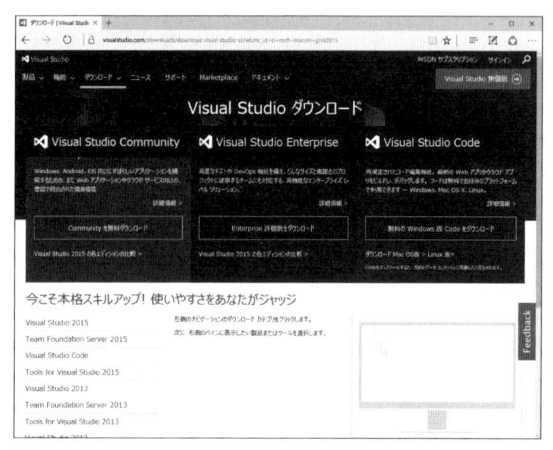

図H-1　Visual Studio Community

■| .NET Core

　.NET CoreとVisual Studio 2015用のテンプレート、dotnetコマンドツールは以下のアドレスからダウンロードできます。

https://www.microsoft.com/net/core#windows

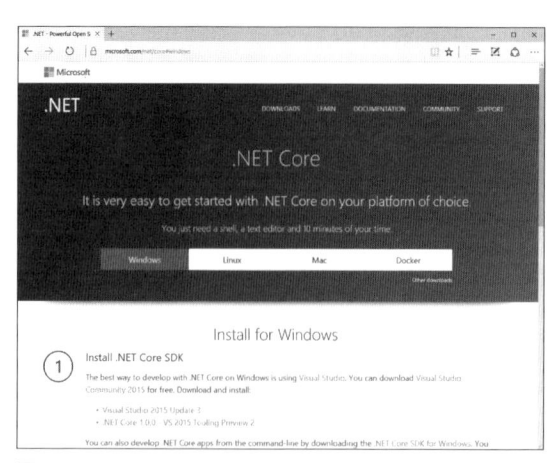

図H-2　.NET Core 1.0.0 - VS 2015 Tooling Preview 2

　Windows版の他にもLinux、Mac、Docker版が用意されています。Linuxは各ディストリビューションによってインストール方法が違いますので、ドキュメントに従ってください。

目　次

第3章 Model の活用 83

第4章 Viewの活用 131

第8章　Web API ─────────────────────── 247

第1章

ASP.NET MVCの概要

本書ではVisual Studioを使ってASP.NET MVCアプリケーションの開発の方法を学習していきます。

まず第1章は、.NET Frameworkを使ったASP.NETとは何なのか。ASP.NET MVCが利用している「MVC」とは何なのかを解説しましょう。

1.1 | ASP.NETとは

ASP.NET MVCアプリケーションは、基盤となるASP.NETの技術の上に成り立っています。.NET Frameworkを使ってWebアプリケーションを構築するときにどのような特徴があるのか、その上でASP.NET MVCアプリケーションがどのように動作しているのかについて解説します。

1.1.1 | 2つの.NET Framework

Microsoftが提供する.NET環境は現在2つのバージョンがあります。1つはWindows上で動作する「.NET Framework 4.6.2」、もう1つは「.NET Core 1.0」(2016年末には「.NET Core 1.1」になる予定) です。.NET Frameworkは、2002年に発表されたWindows上で動作する.NET環境です。PCのデスクトップ環境で動作するWPFや従来のフォームアプリケーション、PCやWindows Phoneのどちらでも動作するUWP (Universal Windows Platform) を利用したアプリケーション、そしてIISで動作するASP.NETが、この.NET Frameworkを使って動作しています。もう1つのNET Coreは、Windowsだけではなく、LinuxやMac上でも動作する.NET環境です。まだバージョンが1.0になったばかりで、従来の.NET Frameworkとは異なりGUI関係のライブラリは整っていませんが、Webサーバーとして ASP.NETが動作する環境が構築できます。

LinuxやMacで動作する互換の.NET環境としては、Xamarin社 (2016年2月にMicrosoft に買収された) が提供していたmonoがあります。monoは、LinuxやMacで.NET環境を動作

させ、その後AndroidやiOS上でも動作する.NET環境を作り出しました。現在は、Xamarin社がMicrosoft社に吸収されたため、Windows以外の環境で動作するmonoの後継は.NET Standardをベースとした.NET Coreになりつつあるといってよいでしょう。

　高機能なWindowsの環境を利用する.NET Frameoworkとは異なり、.NET Coreは動作の互換環境を重視しています。.NET FrameworkでWindows特有のAPIを使っているものを排除して、どのような環境でも動く.NET環境を構築することを目指しています。このため、.NET Coreはオープンソース（https://github.com/dotnet/coreclr）として提供され、自分でビルドができるようになっています。安定版をインストールするならば、https://www.microsoft.com/net/coreにWindows、Linux、Mac、Dockerなどのインストーラーが用意されています（図1-1）。

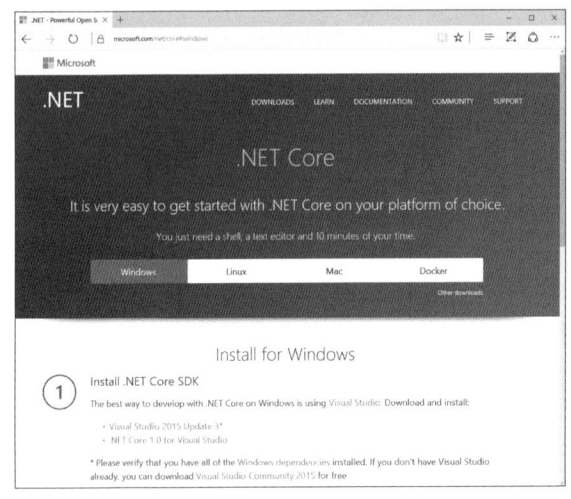

図1-1　.NET Core Installer

　将来的にはどちらの.NET環境もメンテナンスされ続けると考えられます。Windows専用のAPIを使って多機能かつ最適化された状態で動作する.NET Frameworkと、動作環境の互換性を重視して機能を揃えていく.NET Coreのいずれかを、開発するアプリケーションや適用するシステムに応じて選択することになります。

　本書では、LinuxやMacなどの動作も考慮して、.NET Coreを使ったASP.NET Coreでのアプリケーション作成を解説していきます。Webサイト上で動作するアプリケーションは、デスクトップアプリケーションとは異なり、GUIを持たないためWindows特有の機能を使わなければいけない場面が少ないのです。また、先行してASP.NETがオープンソースで開発されていたこともあり、ASP.NETと.NET Coreの組み合わせを中心にして開発が進められています。

1.1.2 ASP.NET Core

　ASP.NET Coreは、.NET Coreで作成されたASP.NETのことです。Visual Studioで新しいプロジェクトを作成するときに［Web］カテゴリを選択すると、次の3つのプロジェクトテ

ンプレートが選択できます（図1-2）。

- ■ ASP.NET Web Applicaiton(.NET Framework)
- ■ ASP.NET Core Web Applicaiton(.NET Core)
- ■ ASP.NET Core Web Applicaiton(.NET Framework)

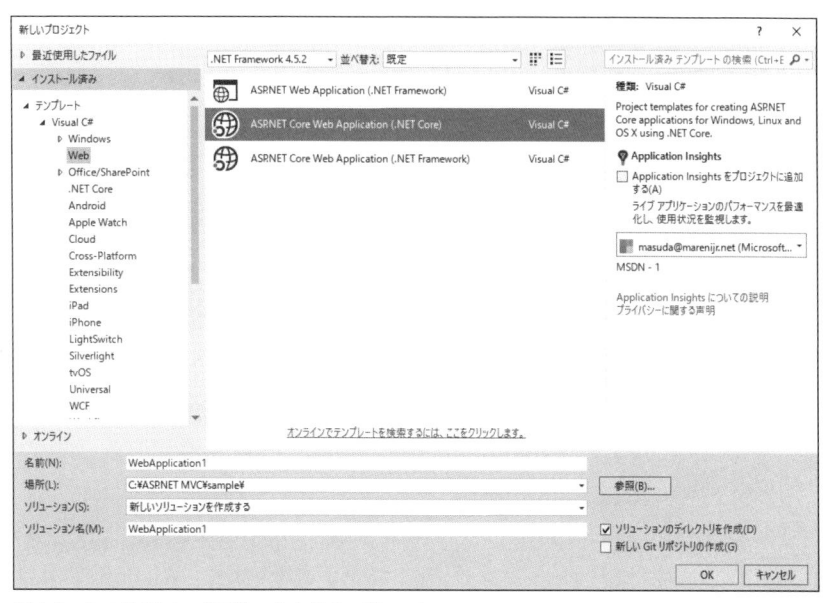

図1-2　3つのWebプロジェクトテンプレート

　「ASP.NET Web Applicaiton(.NET Framework)」は、従来の.NET Frameworkを使った
Webアプリケーション用のテンプレートです。Webアプリケーションを動作させる場合は、
IIS（Internet Information Service）にアプリケーションを配置して実行します。このため、
Windows上のIISが必要になり、Windows Serverなどの環境で動作する必要がありました。
　「ASP.NET Core Web Applicaiton(.NET Core)」と「ASP.NET Core Web Applicaiton(.NET
Framework)」にある「ASP.NET Core」は、従来のASP.NETがIIS上の動作に限定されてい
たのとは違い、コマンドライン上でも動作します。
　コマンドラインでdotnetコマンドが実行され、ポート番号の5000番を開いてWebサー
バーとして動作していることが分かります（図1-3）。ASP.NETを動作する環境としてIISが
必須ではなくなった（従来通り、IIS上で動かすことも可能です）ので、IISが動作しない
LinuxやMacの環境であっても、ASP.NET Coreが動くようになります。
　ただし、ASP.NET Coreを使う場合でも、.NET環境として「.NET Framework」と「.NET
Core」があります。.NET Frameworkは、monoのような互換環境を使わない場合にはWindows
専用になっています。このため、「ASP.NET Core Web Applicaiton(.NET Framework)」の
プロジェクトテンプレートは、IISのないWindows環境で動作させる、あるいはASP.NET
CoreのアプリケーションでWindows専用の機能を使うときに選択するとよいでしょう。参照
設定で、.NET Frameworkのアセンブリを追加できます。画像の加工などを行う「System.
Drawing」のアセンブリはここで追加できます。

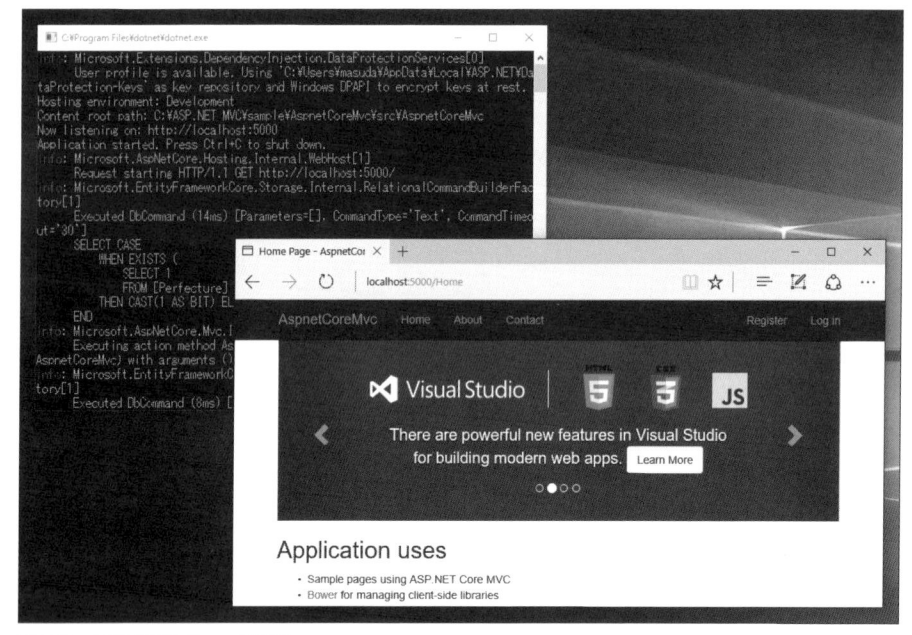

図1-3　ASP.NET Coreの実行

　最後に残った「ASP.NET Core Web Applicaiton(.NET Core)」が、本書で解説するASP.
NET MVCアプリケーションのプロジェクトになります。Windows以外の環境でも動作す
る.NET Coreの実行環境を使って、IISのいらないdotnetコマンドを使ったASP.NET MVC
アプリケーションを実行する環境になります。.NET Frameworkとは異なりWindows特有
のアセンブリは追加できませんが、NuGetパッケージを使い機能を拡張することができます
（図1-4）。

図1-4　NuGetパッケージマネージャー

　.NET Coreを使ったシンプルなWebアプリケーションはdotnet newコマンドで作成ができます（リスト1-1）。Visual StudioでASP.NET Core MVCのプロジェクトを作ったときと同じようなコードが作成されます。

リスト1-1　**dotnet new**コマンド

```
dotnet new -t web
dotnet restore
dotnet build
dotnet run
```

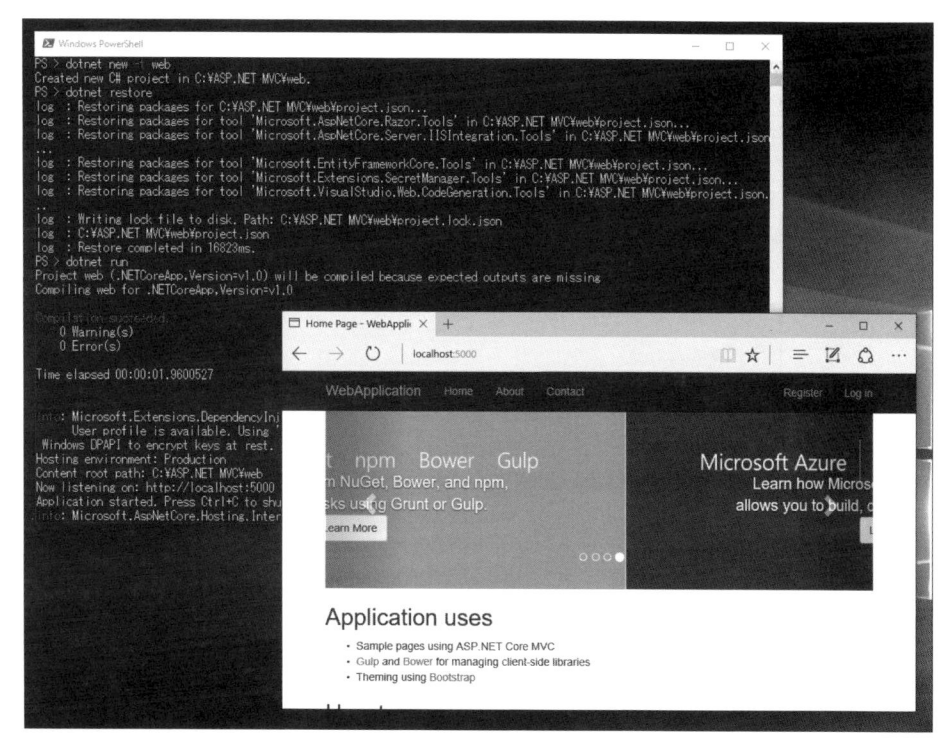

図1-5　PowerShellで実行

　dotnet restoreコマンドを実行すると、インターネットから自動的に必要な.NET Coreのアセンブリをダウンロードします。初めて.NET Coreの環境をインストールしたときは時間が掛かると思いますが、2回目以降は必要なアセンブリだけをダウンロードして必要なアセンブリを更新します。これはちょうどNuGetマネージャーを使って参照設定をしているアセンブリを更新する処理と同じなります。

　dotnet runを実行すると、コマンドラインでWebサーバーが実行されます。ブラウザーで「http://localhost:5000/」にアクセスすることで、図1-5のような表示が確認できます。

　このように、ASP.NET Coreと.NET Coreの組み合わせを使うと、従来のASP.NETアプリケーションと同じようにWebアプリケーションを作れると同時に、そのままの環境をLinuxやMacで動かすことが可能になります。

1.1.3 | ASP.NET MVC

ASP.NET MVCは、先に解説した.NET CoreとASP.NET Coreとは異なり、Webアプリケーションを作成するときの仕組みになります。Visual StudioでASP.NETアプリケーションのプロジェクトを作成すると、さらにプロジェクトのテンプレートを選択するダイアログが表示されます（図1-6）。

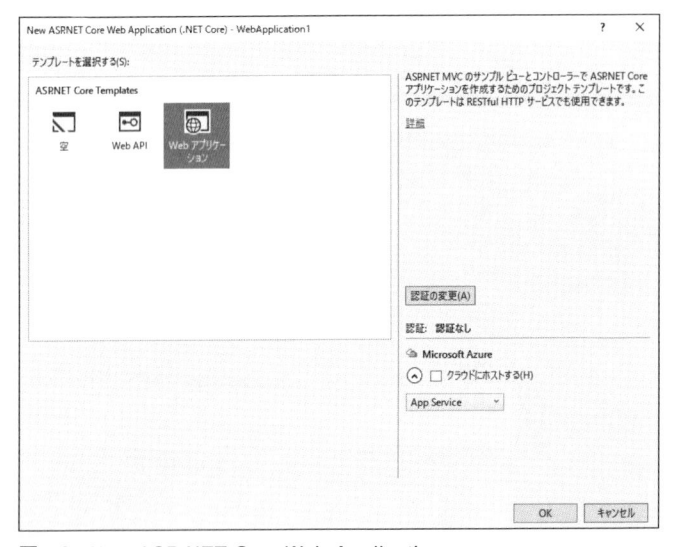

図1-6　New ASP.NET Core Web Application

このダイアログでは［Web API］と［Webアプリケーション］を選択できます。Webアプリケーションのほうは、ASP.NET MVCのプロジェクトになります。

従来のASP.NETで作成するWebアプリケーションでは、Webフォームを使ったアプリケーションやRazorページのみ使ったアプリケーションがありましたが、ここではASP.NET MVCのアプリケーションに限定されています。

ASP.NET MVCはMVC（Model-View-Controller）パターンを使い、Webアプリケーションを3つの部分に分けています。ModelとViewとControllerです。それぞれに役割があり、コードの記述の仕方が異なっています。これは、1つの混沌としたWebアプリケーションの塊になってしまうよりも、ユーザーインターフェイスを表すView、データを扱うModel、ロジックを切り替えるためのControllerに分割したほうが、開発しやすくなるためです。また、アプリケーションを更新するときでも、Viewだけを更新するなど部分的にアップデートが可能になっています。

デスクトップアプリケーションであるWPF（Windows Presentation Foundation）やUWP（Universal Windows Platform）を使ったアプリでは、MVVM（Model-View-ViewModel）パターンが使われます。これも、ユーザーインターフェイスをロジックからうまく分離するための仕組みです。ASP.NET MVCも、いくつかのルールに則って記述することで、より開発しやすくより保守しやすいWebアプリケーションを作ることを目指しています。

詳しいMVCパターンについては、次の「1.2　MVCパターンとは」で解説していきましょう。

1.2 | MVCパターンとは

　ASP.NET MVCアプリケーションの設計の基本となるMVCパターンについて解説します。パターン設計としてのMVC（Model-View-Controller）から具体的にASP.NET MVCがどのような実装をしているのかを考えていきます。

1.2.1 | MVCパターンの起源

　「MVCパターン」の起源は古く、1998年のSmalltalk-80の記事までさかのぼります。GoFの「Design Patterns: Elements of Reusable Object-Oriented Software」をはじめとするソフトウェア開発においてのデザインパターンの元祖とも言えます。アプリケーションの構造を、データとなるModel、画面へ表示するためのView、ユーザーの入力を制御するControllerに分けます。ModelとViewは切り離された状態で、2つのオブジェクトの間を何らかの方法で通知するプロトコルを作ります。今でいえば「Binding」によってViewとModelを結び付けます。MVCパターン自体を実装するのにも、ObserverパターンやCompositeパターンが使われますが、大きな枠組みとしてModel、View、Controllerという3つの部分に分割したものをMVCパターンと捉えます（図1-7）。

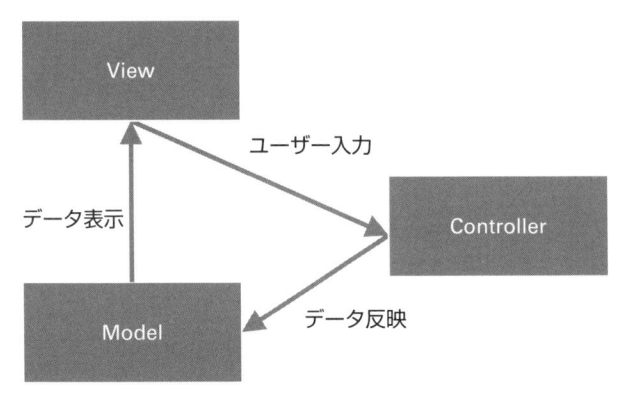

図1-7　Model、View、Controllerの分離

　アプリケーションをModel、View、Controllerに分離するMVCパターンをWebアプリケーションの世界に持ってきたのがRuby on Rails（2004年）です。デスクトップアプリケーションとは違い、Webアプリケーションの世界ではWebサーバーがHTML形式のデータを作成して、クライアントとなるブラウザーで表示するという制限があります（一部、クライアントのJavaScriptを使ってブラウザーでHTMLを構築する方法もあります）。固定表示のHTML形式のデータであれば、WebサーバーにHTMLファイルを置き送信するだけでよいのですが、かつてはCGI（Common Gateway Interface）と呼ばれる、PerlなどのスクリプトラインでHTML形式のデータを動的に作成することもありました。表示の中身が動的に変わるとき、ちょうどデスクトップアプリケーションのMVCパターンと同じようにデータを保持す

るModelによって、ブラウザーで表示するHTML形式のViewが応答によって変換する、という図式が成り立ちます。また、ブラウザーでフォームを使って入力したデータを受け取る部分がControllerにあたり、それらのデータをWebサーバー内部のModelに保存することになります（図1-8）。

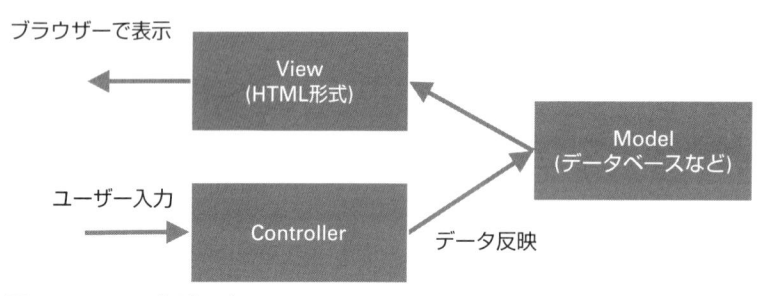

図1-8　WebアプリケーションのMVC

　この構造がWebアプリケーションで動的にHTML形式のデータを作成したり、ユーザーからの入力をフォームで受け付けたりする機能を実装するのに適しています。

1.2.2 ┃ 設定より規約を優先する

　Ruby on Railsの基本理念の1つである「設定より規約（Convention over Configuration）」が、CakePHP（2008年）やStruts（2005年）、Play Framework（2009年）などに踏襲されました。View、Model、Controllerに関連した命名をすることによって、設定ファイルの記述を減らそうという意図があります。例えば、CakePHPの規約では、データとなるModelクラスは単数形の「Person」とすると、複数のデータを示すときは「People」のように複数形にします。Controllerでは、この複数形の名称を使って「PeopleController」となります。ユーザーからの入力はControllerクラスのメソッドを呼び出すので、「create」メソッドを呼び出したときは、View も「View/People/Create.ctp」という名前を使います（図1-9）。

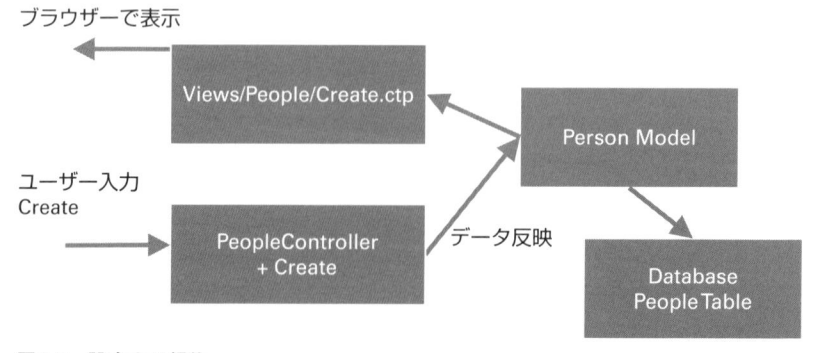

図1-9　設定より規約

　これらのクラスやメソッドをすべて設定で行うと数が多くなりすぎて大変でしょう。それならば一定の制限を掛けてクラスやメソッド、Viewで表示するURLアドレスなどに一定のルールを付けようという思惑がWebアプリケーションのMVCパターンにはあります。ASP.NET MVCもこのルールに則っています。同じルールを使っていれば、異なる言語で作られたMVCパターンのWebアプリケーションであれば、大まかな構造は同じになります。

1.2.3 | ASP.NET MVCの実際の動き

　同じMVCパターンであっても少しずつ実装に違いがあります。スクリプト言語の得意分野やC#のようなコンパイル言語での得意分野があり、データベースへのアクセスの仕方やViewに記述する方法も違ってきます。ASP.NET MVCでの具体的な動きは図1-10のようになります。

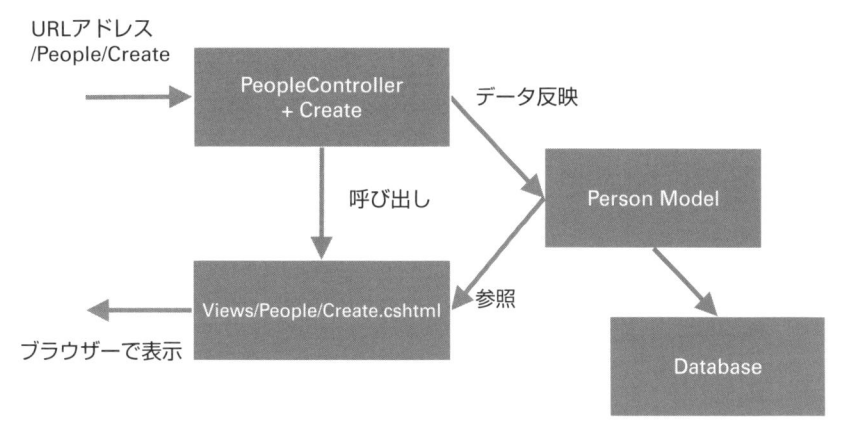

図1-10　実際のASP.NET MVCの動き

　ASP.NET MVCでは、ControllerクラスからViewを呼び出しています。命名規約としてはControllerのメソッドがViewの名前と一致するため、この呼び出しは不要に思えるのですが、ControllerからあえてViewを呼び出すことによって別のページへの切り替えを実現しています。本書では「5.3　画面遷移を持つActionメソッド」などで解説をします。
　このように、同じMVCパターンを使ったWebアプリケーションであっても、それぞれの言語の特徴やフレームワークの実装により機能が少しずつ異なります。ですが、大きな枠組みとしてModel、View、Controllerの3つに分けられることは、どのMVCフレームワークであっても変わりません。このことをふまえて、ではMVCパターンを用いて何を実現するのかを考えてみましょう。

1.3 | MVCパターンの目的

　MVCパターンとはどういうものかを理解したところで、次はなぜMVCパターンを使うのかという目的を確認しておきましょう。ASP.NET MVCアプリケーションを作る際に、その目的に沿った使い方をしてフレームワーク本来の実力を発揮させましょう。

1.3.1 | ルールに基づいた開発

　MVCパターンを用いたフレームワークでは、「スキャフォールディング（足場）」という機能が備わっています。Ruby on Railsには「scaffold」というジェネレーターがあり、CakePHPには「bake」というコマンドが用意されています。このスキャフォールディングの機能を利用すると、データベースのテーブルへデータの登録（Create）、参照（Read）、更新（Update）、削除（Delete）の4つの機能を持つViewとControllerを一度に作成できます。

　ページやコードの自動生成自体は珍しい機能ではありません。何らかの設定を行うだけで、その設定に従ったコードを大量に出力する方法は、コーディング作業の手間を大幅に省いてくれます。ASP.NET MVCなどに用意されたスキャフォールディングの機能も、同じように自動作成するものではありますが、MVCパターンに基づいて出力されるところが他の自動生成とは異なります。

　MVCパターンでは、命名規約に沿ってコーディングをすることで、実行時の設定を大幅に減らしています。ControllerクラスとViewの結び付きはControllerクラスのメソッド名そのもので結び付けたり、ユーザーが入力したURLアドレスから目的のControllerクラスを呼び出すのにも一定のルールがあります。

　同時に、テーブルへのアクセスも一定のルールに基づいて生成するViewを決めています。データベースのテーブルにアクセスするためのCRUD機能（Create、Read、Update、Deleteの4つの動作の頭文字）は、どのテーブルへの編集操作であっても同じように作ります。数十個のテーブルがあるときに、それぞれのテーブルを編集するためのページをわざわざMVCパターンに沿って手作業で作っても、スキャフォールディングのようなMVCパターンで自動生成しても同じでしょう。ならば、テーブルへの編集操作は一定のルールに基づいてViewとControllerを一括して生成してしまおうというのが「スキャフォールディング」の考え方です。

　逆に言えば、ルールにあわないちょっとずつ違ったテーブル名や列名、ブラウザーからアクセスするためのURLアドレスを逐一変更したいときは、スキャフォールディングの機能はあまり役に立ちません。ユーザーが利用するブラウザーの操作まで含めて、一括してルールに基づき早期完了を目指すのが、MVCパターンの目的の1つでもあります。

1.3.2 | テスト可能にする

　ブラウザーを使ったWebアプリケーションでは、テストをするために手動でブラウザーに入力して動作を確認することが多いと思います。ブラウザーを使った自動化のツールや、HTTPプロトコルで呼び出すを行うツールを使ってテストをしている読者も多いと思いま

す。デスクトップアプリケーションでは、UnitTestのプロジェクトを作って、クラス単位の
テストをしていても、通常のWebアプリケーションではテストすべきロジックが、HTML記
述と混在してしまって単体テストがしづらいことが多いのです。

　一方でMVCパターンでは、View、Model、Controllerという3つの部分にコンポーネント
が分離されています。Viewはデータ表示しているだけなので、Controllerの各メソッドを直
接扱えるようになれば、ASP.NET MVCアプリケーションを自動テスト可能にできそうで
す。

　実際、ASP.NET MVCアプリケーションのプロジェクトを参照する形で、.NET Coreのク
ラスライブラリのプロジェクトを作り、xUnitを使った自動テストを実行できます。Web
サーバー経由でControllerの各メソッドを呼び出すのではなく、テストコードからController
クラスを直接呼び出すため、デバッグ実行も可能になります（リスト1-2）。

リスト1-2　テストコードの例

```
public class PeopleControllerTests
{
    string DefaultConnection = "...";
    [Fact]
    public async void TestIndex()
    {
        var opb = new DbContextOptionsBuilder<⤵
ApplicationDbContext>();
        opb.UseSqlServer(DefaultConnection);
        var dc = new ApplicationDbContext(opb.Options);
        var controller = new PeopleController(dc);
        // Act
        var result = await controller.Index();
        // Assert
        Assert.NotNull(result);
        var view = Assert.IsType<ViewResult>(result);
        Assert.NotNull(view.Model);
        var model = Assert.IsType<List<Person>>(view.Model);
        Assert.Equal(1, model.Count);
        var person = model[0];
        Assert.Equal("masuda", person.Name);
        Assert.Equal(48, person.Age);
    }
}
```

　ブラウザー上のデータを調べるのではなく、画面に表示するときのModelクラスのデータ
をチェックすることで、レイアウトによらないテストが可能になります。Controllerクラスの
メソッドを続けて呼び出すことで、ユーザーから操作する一連の動作も可能になるため、手
動によるフォーム入力などの煩雑なコードが自動化できます。

1.3.3 | Web APIを使う

ASP.NET MVCアプリケーションでは、ブラウザーで表示するUI（HTML形式）をView が担当します。このUIは、人によって画面を確認したり入力を行ったりするヒューマンインターフェイスになります。このViewの部分は、コンピューターが受け取るならば、もっとシンプルな形で表現ができます。装飾のためのCSSや画像データは必要ありません。HTMLタグも内容が分かる程度の最低限のタグで済むでしょう。いわゆる、送受信のデータそのものをクライアント側のコンピューターが受け取り、データを解析することができればよいのです。

送受信するデータの形式をJSON形式やXML形式にして、インターフェイス化したものが Web APIになります。データの受け取り手はコンピューター上の各種アプリケーションなので、コンピューターに解析しやすいデータ形式を使います。

Web APIを使ったときは、ASP.NET MVCのViewは必要ありません。Controllerクラスの Actionメソッドの戻り値をJSON形式やXML形式で返すようにします。

サーバーからデータを受け取ったクライアントのアプリケーションは、ブラウザー以外でも動作します。例えばデスクトップのWPFアプリケーションやWindows Phone上のUWPアプリケーションとしてクライアントを作ることもできます。

つまりWeb APIは、MVCパターンのViewの部分を限りなく小さくしたパターンとも言えます。Webアプリケーションの業務ロジックをViewから完全に追い出すことによって、ASP.NET MVCアプリケーションはWeb APIを即座に実装できる状態になります。

1.4 | ASP.NET MVCプロジェクトを作る

では、最初のASP.NET MVCアプリケーションをVisual Studioで作成してみましょう。それぞれのファイルやコードについての説明は次の章以降に詳しく書いていきますので、ここではおおまかな流れを追っていきます。

1.4.1 | 新しいプロジェクトを作る

Visual Studioを起動して、メニューから［ファイル］→［新規作成］→［プロジェクト］を選択し、［新しいプロジェクト］ダイアログを開きます。作成するプロジェクトのテンプレートは、［Visual C#］→［Web］の中から［ASP.NET Core Web Applicaiton(.NET Core)］を選んでください。

プロジェクトの名前は「SampleHelloMvc」と付けています（図1-11）。

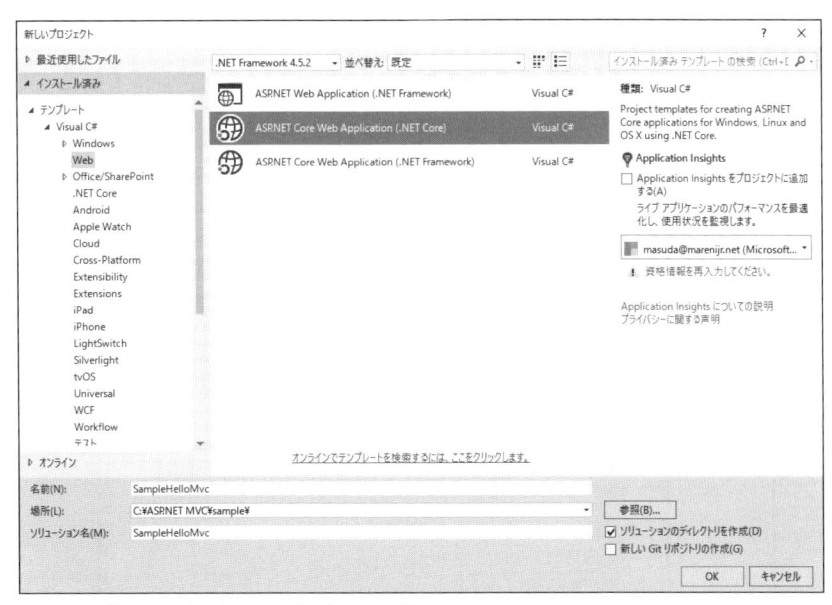

図1-11 ［新しいプロジェクト］ダイアログ

［OK］ボタンをクリックすると、ASP.NET Coreのテンプレートを選択する［New ASP. NET Core Web Applicaiton(.NET Core)］のダイアログが表示されます。ASP.NET MVCアプリケーションを作るために［Webアプリケーション］を選択して［OK］ボタンをクリックしてください（図1-12）。

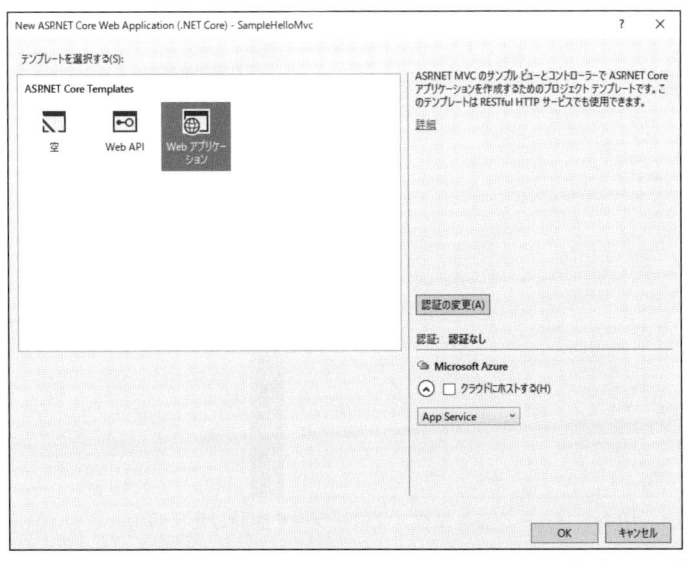

図1-12 ［New ASP.NET Core Web Applicaiton(.NET Core)］ダイアログ

　[App Serviceの作成] ダイアログが表示された場合は、[キャンセル] をクリックします。その後、ASP.NET MVCアプリケーションのひな型が作成されます（図1-13、1-14）。

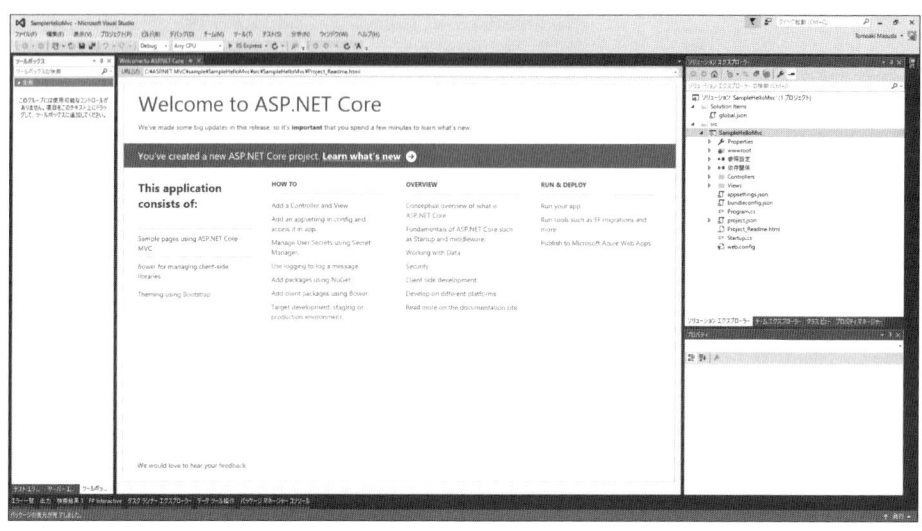

図1-13　ASP.NET MVCのひな型

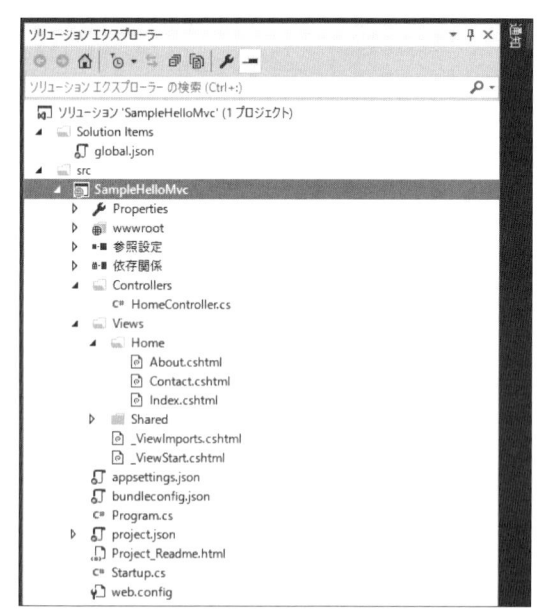

図1-14　図1-13のソリューションエクスプローラーを展開した状態

　ソリューションエクスプローラーをみると、既にいくつかのControllerとViewが作られていることが分かります。

　[Controllers]フォルダーの中にHomeController.csというControllerクラスがあり、[Views/Home]のフォルダーにIndex.cshtmlやAbout.cshtmlなどのViewに関するファイルがあることが分かります。

1.4.2 │ デバッグ実行する

　そのままデバッグ実行をしてみましょう。標準ツールーバーの[IIS Express]ボタンをクリックすると、ブラウザーが起動します（図1-15）。本書ではデバッグで実行するブラウザーを「Microsoft Edge」に指定しています。

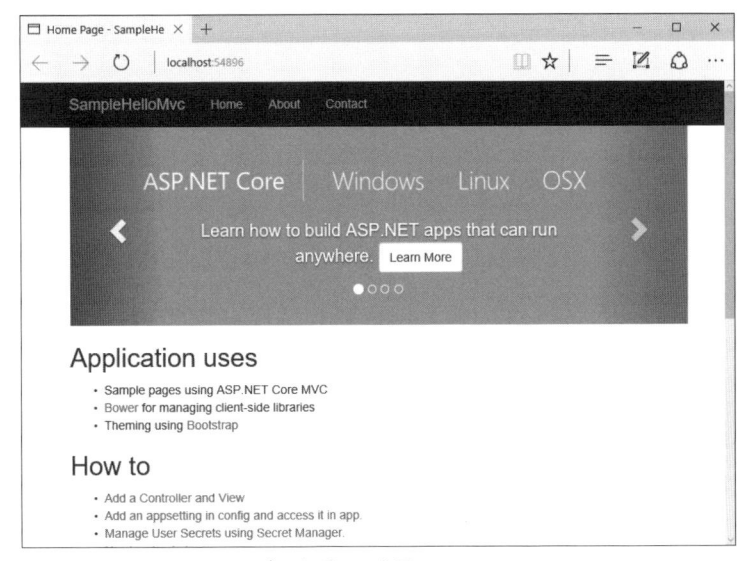

図1-15　Microsoft Edge ブラウザーで表示

　メニューの[About]をクリックすると、Aboutページの表示に切り替わります（図1-16）。ここで「Your application description page.」と表示が出ている部分を変更してみましょう。

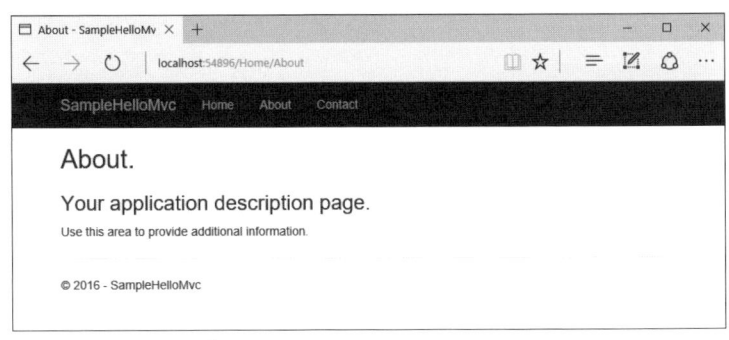

図1-16　Aboutページ

デバッグを中止してブラウザーを閉じ、Visual Studioに戻ります。ソリューションエクスプローラーで［Controllers］フォルダーのHomeController.csファイルをダブルクリックして編集をします（リスト1-3）。

リスト1-3 **HomeController.cs**

```
public class HomeController : Controller
{
...
    public IActionResult About()
    {
        ViewData["Message"] = "Hello ASP.NET MVC World.";  ←①

        return View();
    }
```

①のようにViewDataコレクションに設定しているメッセージを変更します。このメッセージは「Views/Home/About.cshtml」（リスト1-4）にある②の部分に対応します。

リスト1-4 **About.cshtml**

```
@{
    ViewData["Title"] = "About";  ←②
}
<h2>@ViewData["Title"].</h2>
<h3>@ViewData["Message"]</h3>

<p>Use this area to provide additional information.</p>
```

HomeController.csファイルを保存して、再びデバッグ実行をしてください。ブラウザーが表示されたら［About］メニューをクリックすると、Aboutページの表示が変わっていることが分かります。

ブラウザーのURLアドレスを見ると「http://localhost:54896/Home/About」のように指定が変わっています。このURLアドレスの「Home」の部分がHomeControllerやViewのHomeフォルダーにあたります。Aboutの部分は、HomeControllerクラスのAboutメソッドやViewの「About.cshtml」にあたるわけです。これが、ASP.NET MVCパターンのControllerとViewの命名規約になります。

1.4.3 | 新しいControllerクラスを追加する

SampleHelloMvcプロジェクトに新しいControllerを追加してみましょう。ソリューションエクスプローラーで［Controllers］フォルダーを右クリックし、［追加］→［新しい項目］を選択して［新しい項目の追加］ダイアログを開きます（図1-17）。

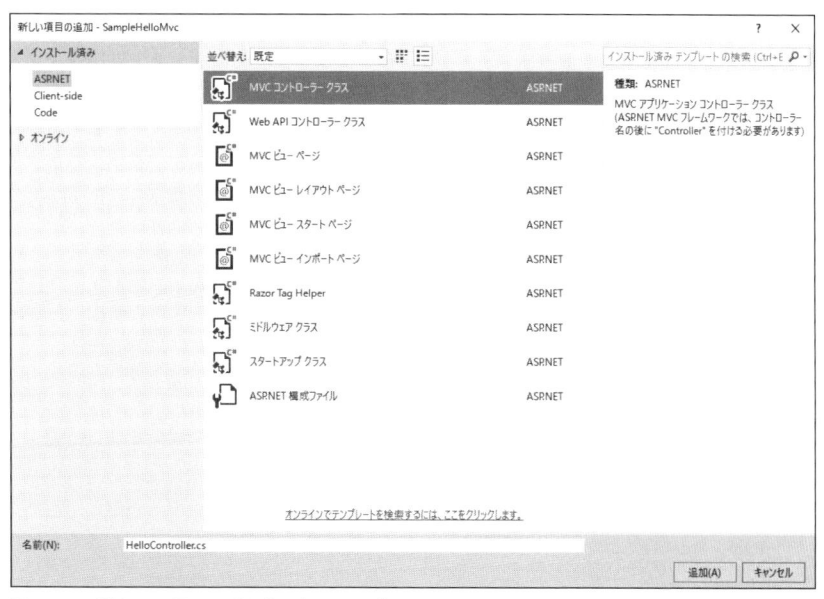

図1-17 [新しい項目の追加] ダイアログ

　テンプレートで［MVC コントローラークラス］を選択して、ファイル名を「HelloController. cs」に変更します。［追加］ボタンをクリックすると、［Controllers］フォルダーの下に HelloController.csが追加されます。

リスト1-5 **HelloController クラスを編集**

```
public class HelloController : Controller
{
    // GET: /<controller>/
    public IActionResult Index()
    {
        ViewData["Message"] = "Let's study ASP.NET MVC";   ←①
        return View();
    }
}
```

　①のようにIndex メソッドにメッセージを追加します（リスト1-5）。HomeController クラスの修正とメッセージの内容を変えておくと確認しやすいでしょう。

1.4.4 | 新しいViewを追加する

　HelloController クラスのIndex メソッドに対応するViewページを、ソリューションエクスプローラーに追加しましょう。
　まず、［Views］フォルダーの下に［Hello］フォルダーを作成します。［Views］フォルダー

を右クリックして、［追加］→［新しいフォルダー］でフォルダーを作成できます。

　作成した［Hello］フォルダーを再び右クリックし、［追加］→［新しい項目］を選択して［新しい項目の追加］ダイアログを開きます（図1-18）。

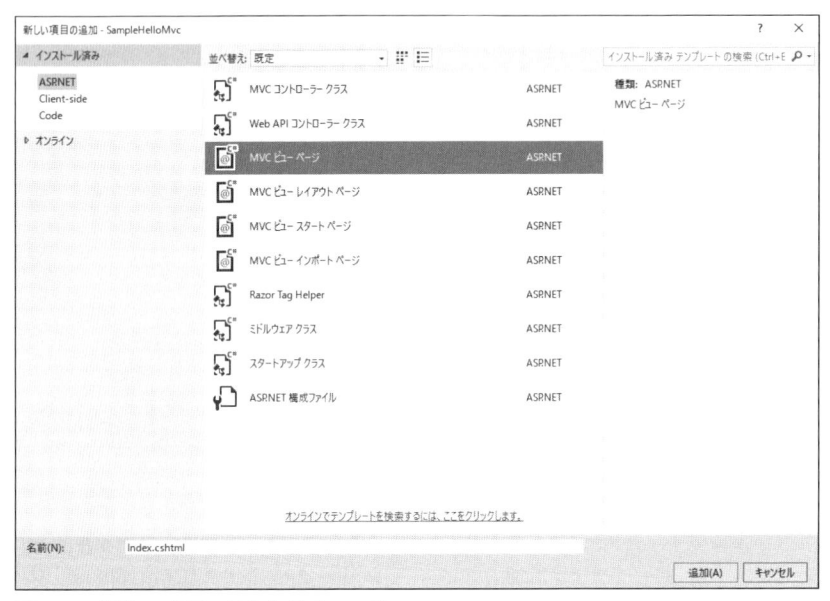

図1-18　［新しい項目の追加］ダイアログ

　今度はテンプレートで［MVCビューページ］を選択して、ファイル名を「Index.cshtml」にします。［追加］ボタンをクリックすると、［Hello］フォルダーの下にIndex.cshtmlが追加されます。

リスト1-6　Index.cshtmlを編集

```
<h2>Hello</h2>
<h3>@ViewData["Message"]</h3>　◀─①
```

　先ほど追加したIndex.cshtmlを開いて、メッセージを表示させるコードを入力します（リスト1-6）。①がHelloControllerクラスのIndexメソッドで設定したメッセージを表示させるコードです。ControllerクラスとViewページの簡単なデータのやりとりはViewDataを使うと手軽にできます。

1.4.5 │ Hello Worldを表示する

　ファイルを保存したら、Visual Studioでデバッグ実行してみましょう。

　ブラウザーのアドレスを、ASP.NET MVCの命名規約に従って「http://localhost:54896/Hello」とすると、作成したIndexページが表示されることが分かります（図1-19）。Indexペー

ジはURLでフォルダー名を指定したときに最初に探索されるページになり、「http://localhost:54896/Hello/Index」のように指定したのと同じ形になります。

図1-19　ブラウザーの表示

　基本的な ASP.NET MVC アプリケーションは、このように Controller クラスとのメソッド（Action メソッドと呼びます）と View ページの組み合わせで作ることができます。View ページは HTML タグと Contoller クラスから渡されたデータを使って画面を作成します。
　では、次の章から本格的な ASP.NET MVC アプリケーションの世界に踏み込んでいきましょう。

1.5 ｜ この章のチェックリスト

　この章では、ASP.NET MVC アプリケーションの概要を説明しました。ASP.NET MVC アプリケーションを開発する際にいくつかの注意点があるので、これを復習しておきましょう。

✔ チェックリスト

① 　現在、.NET の実行環境は2種類ある。従来からの　A　と新しく開発された　B　となる。　B　は Windows 以外の環境でも動作するように再構築され、オープンソースとして提供されている。

② 　従来の ASP.NET では Web サーバーとなる IIS が必要だったが、　C　は IIS が必要ない。このため、Linux や Mac などの環境上で、　D　というコマンドを使って Web サーバーを動かすことができる。

③ 　ASP.NET MVC は MVC パターンに沿って設計されている。このため、他の言語である Ruby で作られた「Ruby on Rails」や、PHP で作られた「　E　」、Java で作られた「Struts」や「Play Framework」と似た構造になる。少なくとも、Model、View、　F　の3つのコンポーネントに分離され、それぞれが連携しているという図式が成り立つ。

答え

①**A** .NET Framework   **B** .NET Core
②**C** ASP.NET Core   **D** dotnet
③**E** CakePHP   **F** Controller

第2章 スキャフォールディングの利用

この章では、ASP.NET MVCの機能の1つである「スキャフォールディング」の解説をします。スキャフォールディング機能は、データベースにある既存のテーブルに対して検索や更新を行うためのViewとControllerを一気に作成します。この機能によって、いわゆるマスターテーブルの編集機能を効率的に作ることができます。

スキャフォールディング機能で作成される各種のViewページを確認しながら、ASP.NET MVCの概要をつかんでいきましょう。

2.1 CRUD機能の自動生成

ASP.NET MVCアプリケーションでデータベースを扱う場合に、「スキャフォールディング」という便利な機能があります。スキャフォールディング機能を利用すると、データベース上のテーブルに対して検索や編集などの操作を一括で作成してくれます。

ここでは、スキャフォールディング機能を使う目的とどのようなコードが生成されるのかを詳しく解説します。

2.1.1 スキャフォールディング機能とは

「スキャフォールディング」は英語で「足場」という意味で、家の壁を塗り替えるときの足場や本体には関わりないけど補助的にサポートするものという意味があります。ASP.NET MVCのスキャフォールディング機能を使えば、自動生成をした足場のまま使うこともできるし、できあがったものに手を入れて改造しながら使うこともできます。「CRUD」と呼ばれるデータベースのテーブルを扱う機能を一気に作成してくれるので、後から手を加えやすくなっています。

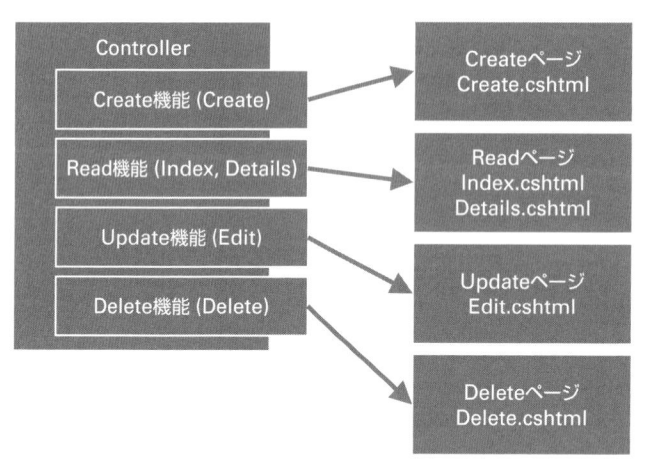

図2-1　CRUD機能

　「CRUD」は「Create」（作成）、「Read」（読み取り）、「Update」（更新）、「Delete」（削除）を
ひとまとめにした機能の名称です。Microsoft SQL Server Management Studioでデータベー
スを扱うときにSQL文を使いますが、このSQL文の「CREATE」、「SELECT」、「UPDATE」、
「DELETE」に相当します。

　テーブルからデータを検索条件を指定して取り出すときにSELECT文を使います。これを
「検索系」と言います。SQL文ではWHERE文を使って条件を指定して目的のデータを取り出
します。例えば、テーブルのユニークキー（主キー）を指定してデータを取り出すと1件だけ
抽出することができるし、WHERE文を使って指定した名前にマッチするデータを取り出す
場合には数件のデータが取り出せます。このとき検索にマッチしない場合には0件になるこ
ともあります。

　データを検索するときには、1つのテーブルだけではなく複数のテーブルが連携している
場合があります。例えば、書籍と著者の関係のように、一人の著者が複数の本を書いている
場合をテーブルに直すと、書籍テーブルと著者テーブルの2つのテーブルができあがります。
この2つのテーブルを連結させるときに、著者テーブルのユニークキーとして著者IDを付け
ます。そして、書籍テーブルから著者IDを指定して著者テーブルに連携させる仕組みになり
ます。このようなとき、書籍を検索したら著者も一緒に取り出します。書籍テーブルには著
者IDしかないので、書籍テーブルだけをSELECTとして結果を取り出したときには、画面に
著者IDだけが表示されることになります。これだと何の著者名を指定しているのか分かりま
せん。そこで著者IDを著者名に変換させて取り出すことが必要になります。テーブルに対し
て検索を行うときには、検索条件を指定するだけでなく、いくつかのテーブルをリンクさせ
る必要があることが分かります。

　もう1つテーブル内のデータを更新するための「更新系」としての機能があります。テーブ
ルの更新系には、INSERT（挿入）、UPDATE（更新）、DELETE（削除）の3つの種類があり
ます。

　INSERT文では、新しいデータをテーブルに作成する機能です。データをテーブルに作成
するときには、後からどのデータであるかが分かりやすいようにユニークキーを付けておきま
す。これは先ほどの検索系で使うための重要なキーになります。たいていの場合、ユニーク
キーは数値型（int型）にして自動で割り振られるようにします。この主キー自体をユーザー

が直接扱うことはあまりありませんが、プログラミングするときには重要なキーになります。「ID」として主キーを保持しておくことで、データを特定させています。

　UPDATE文では、CREATE文で作成したときのIDを指定して目的のデータを変更します。先の書籍テーブルであれば、後から書名を変更したり書籍の値段を変更したりします。このときにどのデータを変更するかどうかをWHERE文で指定します。INSERT文ではWHERE文を指定することで、いろいろな検索条件を指定して一括してデータを変更することができますが、スキャフォールディング機能では特定の一件のデータのみ変更します。これはデータを特定するためのIDを指定するためです。もちろん、スキャフォールディングで作成されたViewやControllerに手を加えることによって、検索条件を指定させることも可能です。また、UPDATE文で指定する条件に対して、1件もマッチしない場合であってもエラーにはなりません。何のデータも変更されない、そのままの状態になります。これは、特定のIDが間違っていた場合でもエラーを返さないことを示しています。例えば、複数の人が同時に同じデータにアクセスしたときに、一方の人がデータを更新する直前に、もう一方の人が同じデータを削除していたとしましょう。そうすると、既にデータが削除されているためにデータの更新は反映されません。どちらが先になっても、データが削除されるために問題がないように思えますが、予約システムのようにデータを更新するときに何かのアクセスログを残すとか、さらにほかのテーブルを更新するようなことがあると、うまく動かないときがあります。このようなシビアな条件が必要なときには、UPDATE文でデータを更新する前に目的のデータがテーブル上に存在するかどうかをSELECT文でチェックする必要があります。

　最後のDELETE文では、目的のデータを削除します。DELETE文もUPDATE文と同じように対象データのIDを指定して削除するデータを指定します。このときに、SQLのDELETE文でもデータのあるなしに関わらずDELETE文自体の実行は成功します。何らかの方法でユーザーが指定したIDが間違っているかもしれないし、複数の人が同時にアクセスしたときに先にデータが削除されてしまっているかもしれません。そのような状態を正確に判断するためには、UPDATE文と同じように一度、目的のデータがテーブルに存在するかどうかをチェックした後で、削除の動作を行います。

2.1.2 | テーブル更新を自動化する

　長々とCRUDの解説を書きましたが、データの検索や更新にはいくつかの注意が必要なことがお分かり頂けたでしょうか。単純にデータの検索や更新を行う中でも、いくつかの手順が必要なのです。何かのテーブルにアクセスするたびに、これらのことを全て考慮しなければいけないのは大変な手間です。単純なデータベースのシステムであれば数個のテーブルしかなく、テーブルにアクセスするためのコーディングを手作業で行っても特に問題はありません。また、一人でコーディングを行うのであれば、コード自体の品質の同じように保たれるでしょう。

　しかし、実際の業務システムともなれば数十個のテーブルを利用することは結構頻繁にでてきます。特にマスターテーブルと呼ばれる、システム稼働前に初期設定が行われた後はあまり変更されないテーブルをたくさん持つ業務システムが多くあります。このマスターテーブルを1つ1つ調節するために、画面設計とコーディングを行うのはなかなか大変な作業になります。まして、複数の人数で取り掛かった場合には、コードの品質を保つことも容易ではなくなります。

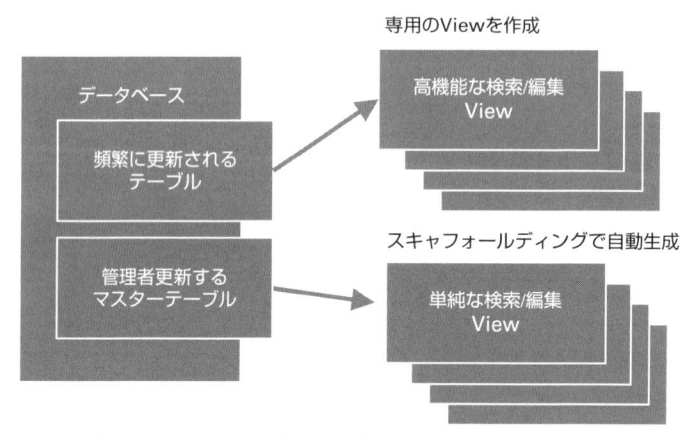

専用のViewを作成

図2-2　大量のマスターテーブルの編集画面

　このような場面でASP.NET MVCのスキャフォールディング機能が役に立ちます。スキャフォールディング機能を使うことにより、対象のテーブルに対してのCRUD機能を一気に自動生成することができます。自動生成なので、多少融通が利かないこと（主キーが必要なことなど）がありますが、一定のルールによってデータベースのテーブルが作成されている場合には数十個のマスターテーブルであっても短時間で作業を終えることができます。自動生成されたコードには、先ほど述べたUPDATE文やDELETE文の対象データの存在チェックが既に埋め込まれた状態になっています。最低限の機能が埋め込まれた状態で画面（View）なども作られるため、即座に実行してテストを行うことができます。スキャフォールディング機能で生成されたViewとControllerを使って、そのまま社内業務の保守システムとして利用してもよいでしょうし、足りない機能を手作業で組み込んでもよいでしょう。少なくとも、数十個のマスターテーブルを対象にした検索とデータ更新のための画面作成の単調作業からプログラミングを解放できます。

2.1.3 ｜ Model、View、Controller

　MVCパターンを利用したプログラミングでは、Model、View、Controllerという3つの部分にコードが分かれており、それぞれの役割が決まっています。

　Modelクラスはデータベースにアクセスして値を保持します。データベースのテーブルにアクセスするときはテーブル名やカラム名が必須になるため、Modelクラスの名称にはテーブル名そのもの、Modelクラスのプロパティにはカラム名（列名）が使われます。このためテーブル名が日本語の場合にスキャフォールディング機能を利用すると、日本語名のModelクラスができてしまうので注意が必要です。この場合は、テーブル名を英語名（アルファベット）になるように設計し直します。同じようにカラム名が日本語であったり、C#の予約語であると、ややこしいことになります。例えば、テーブルのカラム名に「if」という名前を付けてしまった場合には、Modelクラスへのマッピングができなくなります。これもテーブルの設計を見直す必要があります。データベースのテーブルとC#のクラスの相互変換を「ORマッピング」と呼びますが、ModelクラスはそのORマッピングにより自動生成されます。

Modelクラスとデータベース上のテーブルのマッピングでは、カラムの型が正確に相互変換できるとは限りません。よくある例として、数値型の精度をテーブル上で指定しているものの、Modelクラスのプロパティではdouble型かfloat型になるため、うまく精度が扱えないことがあります。このような違いは、個別のModelクラスで調節を行います。

　Controllerクラスは、Modelクラスからデータを抽出して画面（View）に表示するためにデータを加工する機能になります。画面から直接データを扱わない利点としては、Viewの切り替えが容易になることです。単純にデータを表示するだけならば、Viewクラスにロジックを記述してもよいのですが、先に書いた通りデータの検索や更新時には既存のデータをチェックする必要があります。また、データを検索して表示する場合であっても、一般のユーザーで表示する場合と管理者が表示する場合で異なるViewを使いたいときが多々あります。このような場合、それぞれのロジックに対してViewを作成して分岐させたり、View自身に分岐ロジックを入れるよりも、ControllerクラスでViewの切り分けを行ったほうがプログラミングがスムーズになります。ASP.NET MVCのControllerクラスでは、IActionResultインターフェイスを使ってViewに対してデータを渡します。このときに、表示するViewを切り分けたり、指定のURLにジャンプさせたりすることが可能です。スキャフォールディング機能では、データを更新するときに既存のデータがない場合はHttpNotFoundメソッドを使い、404エラー（該当ページがないことを知らせる）を表示させています。このように、Controllerは画面を構成する準備段階のデータを加工する機能がまとめられています。

　Viewクラスは、画面を表示するためのクラスです。ASP.NET MVCではRazor構文と呼ばれるHTMLを拡張した構文を使って画面を作成します。Razor構文を使うと、ブラウザーで表示するためのHTML記述とControllerクラスから渡された加工済みのデータをうまく混在させることができます。Controllerはデータを加工するためのロジックをC#でコード記述しますが、Viewではできるだけデータの加工はシンプルに画面を表示させるだけのコードを記述します。例えば、何らかの操作をしたときにユーザーに警告メッセージを表示させたい場合には、ControllerとViewを役割分担させます。Controllerクラスでは警告メッセージの加工だけを行い、Viewクラスでは警告の表示位置やフォントの色や大きさなどを指定させます。このように見た目の部分をうまく切り出しておくと、あとで警告を表示する場所を変更するときに、Controllerには触れずにViewだけの変更で済みます。

2.1.4 │ MVCパターンのルール

　MVCパターンでは、Model、View、Controllerという3つの部分に分かれていますが、それぞれのクラスの名前付けにも一定のルールがあります。

　Modelクラスの名前は、先に書いた通りデータベースのテーブル名と同じになります。カラム名がそのままプロパティ名として扱われることと、主キーに「ID」という名前が使われることが特徴です。データベースのテーブルには複数のデータが入っていますが、Modelクラスが割り当てるデータはテーブルの1行分を示しています。このため、単数形が使われます。ASP.NET MVCの場合は、複数のデータを扱うときにはDbSetクラスによるコレクションで扱います。

　Controllerの名前は、Modelクラスの複数形名＋「Controller」になります。例えば、Modelクラスが本を表す「Book」というクラス名の場合は、「BooksController」という名前になります。MVCパターンの命名規則は英語の活用を基にしているため、単数形と複数形で若干やや

こしいところがあるので注意が必要です。人を表す「Person」というModelクラスに対応するControllerクラスは「PeopleController」となり、要素を表す「〜 Entity」というクラス名は「〜 EntitiesController」という名前に変換されます。この複数形の名称が、ブラウザーから指定するときのURLに使われます。「BooksController」の場合には「http://localhost/Books/」や「http://localhost/Books/Edit/1」のような具合です。

　Viewの名前は、CRUDの4つの機能に対応しています。スキャフォールディング機能でViewを自動生成すると、[Views]フォルダー内に5つのビューができます。一覧を表示するための「Index.cshtml」とCRUD機能に割り当てられる「Create.cshtml」と「Detail.cshtml」、「Edit.cshtml」、「Delete.cshtml」です。それぞれのViewは[Views]というフォルダーの中にサブフォルダーとして作られています。このサブフォルダー名がControllerクラスの複数形の名称にマッチしています。Controllerが「BooksController」という名前であれば、Viewのフォルダーは[Views/Books/]という構成になっています。この[Books]フォルダーの中に5つのcshtmlファイルができあがります。拡張子がcshtmlというファイルはRazorというHTML形式の拡張構文を使ったファイルです。

　ControllerとそれぞれのViewの関係は、Controllerの1つのメソッドに1つのViewが割り当てられています。例えば「http://localhost/Books/Edit/1」というアドレスをブラウザーから呼び出すと、Controllerの「Edit」というメソッドが呼び出され、続けて[Views]フォルダー内にある「Books/Edit.cshtml」というファイルを呼び出します。この一連の流れの中で、ModelとController、Viewという3つのクラスはメソッド名やファイル名がうまく結び付いたルールに基づいて作られているのです。

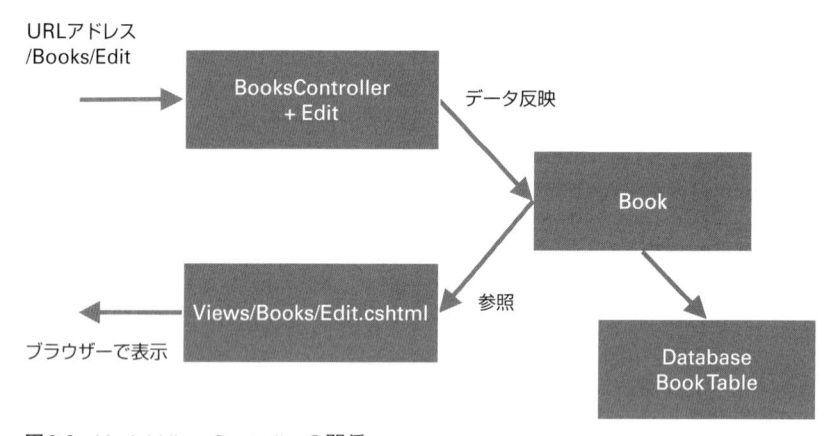

図2-3　Model-View-Controllerの関係

　MVCパターンの場合は、クラス名やメソッド名などが一定のルールに基づいて作られているため、ルールから外れた運用をしようとすると結構な手間が掛かってしまいます。複数形で「Books」となっているControllerやViewのフォルダー名をなんらかの理由で「Book」のような単数形に直そうと思うと、あちこちのクラスの名称に手を加えることになります。ブラウザーから呼び出されるアドレスなどは、設計時に決めることが多いと思いますが、逆に設計のときにMVCパターンのルールに基づいたアドレスを決めておかないと、後から苦労することになるのです。これはDI（Dependency Injection）とは逆の発想からきているものです。MVCパターンを使うフレームワークでは、データベースのテーブル名やブラウザーから

呼び出されるアドレスに一定のルールを設けることで、構造を単純にしています。

　もちろん、スキャフォールディング機能で自動生成する以外にも、ControllerクラスやViewクラスを手動で作ることはできます。先に書いた「○○Controller」という名前と、「http://localhost/○○/」のアドレスを合わせておけば、自分勝手に名前を付けることが可能です。しかし、あまりにもほかと異なるルールで名前を付けてしまうと、後から修正するときに混乱したり複数名での情報共有ができにくくなります。このため、手動で作る場合であっても、Controllerのプレフィックスには複数形を使い、アドレスから呼び出すときに複数形の名前で呼び出すようにほかの機能と合わせるようにしましょう。

2.1.5　スキャフォールディング機能の利点と欠点

　スキャフォールディング機能での最大の利点は単一のテーブルにアクセスするCRUD機能を一気に作れることです。かつては保守機能ために少しずつ手作業で作成していたCRUD機能を、ブラウザーから操作できるような一通りの機能を持つWebページを一瞬にして作成できます。データベースのテーブルを操作するORマッピングだけでなく、ブラウザーで操作する画面（View）まで一気に作成するので、ユーザーは一貫した操作が可能になります。

　ただし、スキャフォールディング機能自身にも欠点があります。主に単一のテーブルを扱うために、複数のテーブルで連携している場合には一工夫が必要です。編集対象のテーブルから連携先テーブルへ外部参照があるときには、自動でスキャフォールディング機能が追ってくれます。例えば、書籍テーブル（Book）に著者ID（author_id）が含まれているとき、書籍テーブルを編集する場合に著者IDをそのまま表示しても編集しづらいでしょう。このような場合は、連携先の著者テーブル（Author）を検索して選択できたほうがよいのです。書籍テーブルと著者テーブルを外部連携させておくと、データベースにアクセスするBookクラスのプロパティにAuthorオブジェクトが追加されます。このAuthorプロパティを参照することで、著者IDではなく著者名にアクセスすることができます。

　Modelクラスだけでなく、BookテーブルをアクセスするViewクラスにも便利な工夫がされています。Bookテーブルを新規に作成したり編集したりするページで著者IDを直接指定するのではなく、著者名のリストから選択できるようになります。

2.2　マスターテーブルからの自動生成

　具体的にVisual Studioを利用してスキャフォールディング機能を使ってみましょう。プロジェクトテンプレートの「ASP.NET Core Web Application」を使うことによって、ASP.NET MVCのひな型が作成されます。いくつかの不要なファイルが作成されますが、最初のASP.NET MVCアプリケーションの練習としてはこれを使うとよいでしょう。

2.2.1 | ASP.NET MVCプロジェクトを作成する

　Visual Studioを起動して、メニューから［ファイル］→［新規作成］→［プロジェクト］を選択し、［新しいプロジェクト］ダイアログを開きます。利用するプロジェクトのテンプレートとして、［Visual C#］→［Web］の中から［ASP.NET Core Web Applicaiton(.NET Core)］を選択します。プロジェクトの名前は「SampleMvc」と付けます（図2-4）。

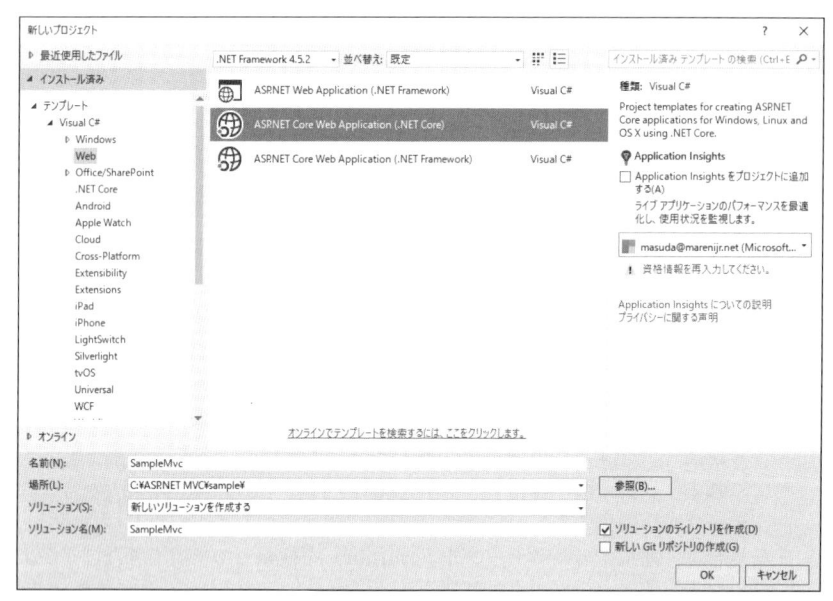

図2-4 ［新しいプロジェクト］ダイアログ

　［OK］ボタンをクリックすると、引き続き「New ASP.NET Core Web Applicaiton (.NET Core)］ダイアログが開きます。ここではASP.NET Coreで作成できる3種類のプロジェクトテンプレートが選択できますが、ASP.NET MVCのテンプレートのひな型を作成するために［Webアプリケーション］を選択しておきます（図2-5）。

　初期設定では認証が［認証なし］になっていますが、［認証の変更］ボタンをクリックして［個別のユーザーアカウント］に変更しておきます（図2-6）。

　［認証なし］のままプロジェクトを作成してしまうと、データベースアクセスが未設定のままプロジェクトが作成されてしまいます。あとからproject.jsonなどを手作業で変更することも可能なのですが、ここでは仮のデータベースやアクセスするためのコードを自動生成させるために、あえて認証を設定した状態にします。［個別のユーザーアカウント］を選択することにより、ローカルデータベースにアクセスするコードを自動で作ってくれます。

　［New ASP.NET Core Web Applicaiton (.NET Core)］ダイアログで［OK］ボタンをクリックすると、ASP.NET MVCのひな型が作成されます（図2-7）。ソリューションエクスプローラーを見ると、MVCパターンに必要な［Controllers］、［Models］、［Views］というフォルダーができていることが分かります（図2-8）。この3つのフォルダーに対して、これから手を加えていきます。

図2-5　［New ASP.NET Core Web Applicaiton (.NET Core)］ダイアログ

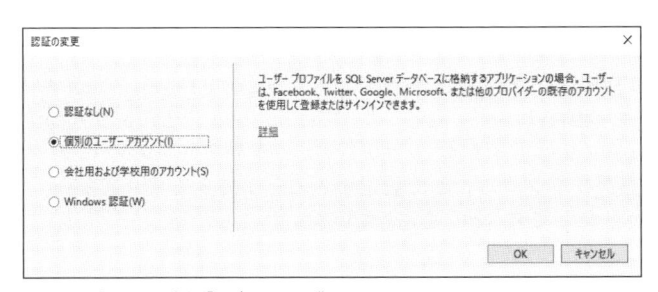

図2-6　［認証の変更］ダイアログ

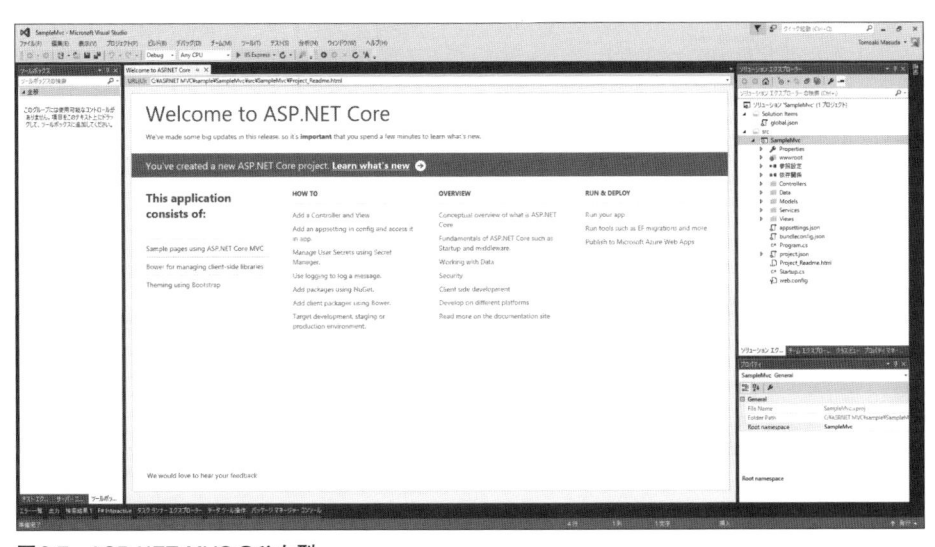

図2-7　ASP.NET MVCのひな型

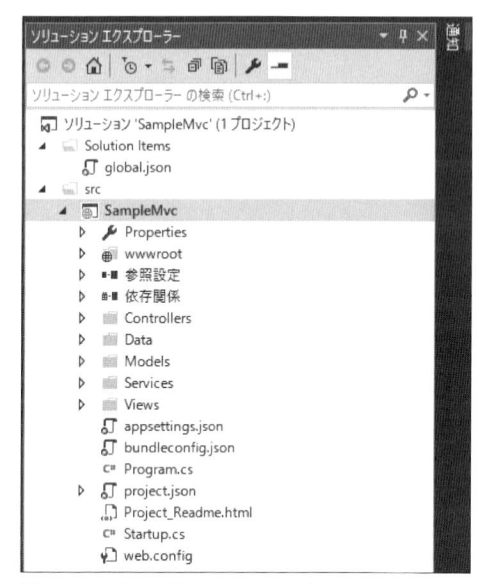

図2-8　ソリューションエクスプローラー

　どのような動きをするのかを確認するために、そのままデバッグ実行してみましょう。標準ツールバーにある［IIS Express］をクリックすると、プロジェクトがビルドされた後に自動でブラウザーが起動されます。設定によってはInternet Explorerが起動する場合がありますが、起動されるブラウザーはデバッグ実行のボタンのドロップダウンリストから［ブラウザーの選択］をクリックすることで設定することができます（図2-9）。本書では設定を「Microsoft Edge」にしてデバッグを進めていきます。

図2-9　［ブラウザーの選択］ダイアログ

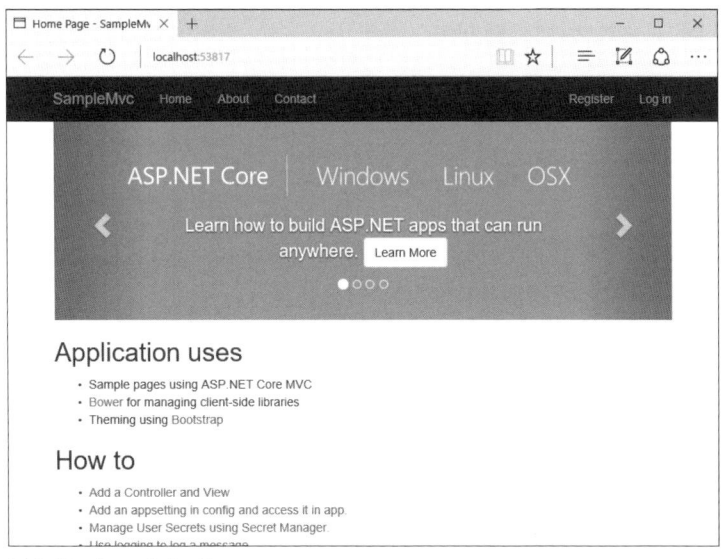

図2-10　トップページ

　ASP.NET MVCプロジェクトをデバッグ実行すると、ブラウザーが「http://localhost:53817/」のようなアドレスで開かれます（図2-10）。「53817」の部分はWebサーバー（IIS Express）にアクセスするときのポート番号になるので、作成したプロジェクトによって異なっています。

　トップページにはASP.NET MVCプロジェクトで自動作成されたメニューが表示されます。初期状態のメニューとして［Home］、［About］、［Contact］があります。このメニューをクリックすることで、それぞれのページを開くことができます。これらのメニューをクリックすると、ブラウザーのアドレスがどのように変わるかを見てください。［Home］をクリックしたときには「http://localhost:53817/」のようにルートのフォルダーにアクセスしていますが、［About］をクリックすると「http://localhost:53817/Home/About」のように［Home］フォルダーの中にあるAboutページにアクセスしています。同じように［Contact］メニューの場合は、「http://localhost:53817/Home/Contact」になります。この「/Home/○○」の部分は、ソリューションエクスプローラーの［Views］フォルダー内にある［Home］フォルダー、さらに［Home］フォルダー内にある「Index.cshtml」、「About.cshtml」、「Contact.cshtml」ファイルに対応しています。スキャフォールディング機能で作成されるCRUD機能のビューと同じように、ページが対応していることが分かるでしょう。

2.2.2 ｜ Personテーブルを作成する

　SampleMvcプロジェクトからアクセスするためのデータベースを作成します。ここでは「SQL Server Management Studio」を使い、サンプル用の「testdb」データーベース（図2-11）と「Person」テーブル（図2-12）を作ります。

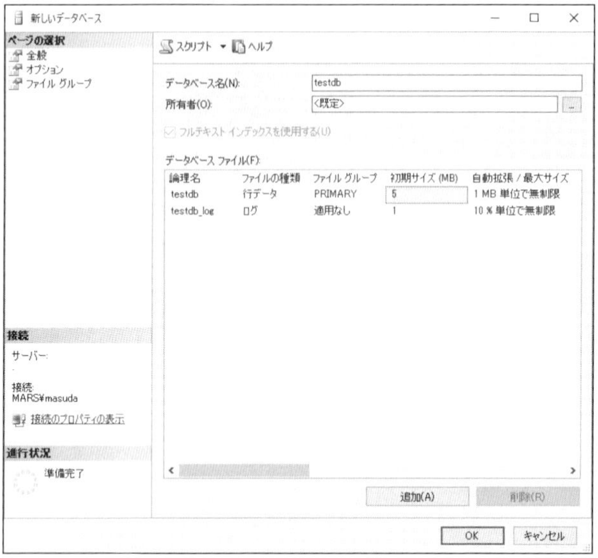

図2-11　新しいデータベースを作成

　データベースの名前は「testdb」としておきましょう。このtestdbデータベースにアクセスするためにはログインアカウントが必要となりますが、ASP.NET MVCのサンプルプロジェクトからアクセスが簡単になるようにWindows認証でログインできるようにしておきます。こうすることで、接続文字列が「Server=.;Database=testdb;Trusted_Connection=True」のように簡単になります。異なるサーバーやデータベースやアクセスする場合には「Server=○○」や「Database=○○」の部分を適宜書き換えてください。「Server=.」は、プロジェクトが動作しているコンピューターで稼働しているデータベースにアクセスするという意味です。

　Personテーブルの構造は図2-12のように作ります。主キーとなる「id」列を作成する以外は自由に作って構いません（表2-1）。ここでは、データを作りやすいように「name」列と「age」列の2つだけを追加しておきます。ASP.NET MVCのスキャフォールディング機能を使うときには、数値型の主キーが必要となります。このID列を使って各データの更新や削除などの操作を行います。

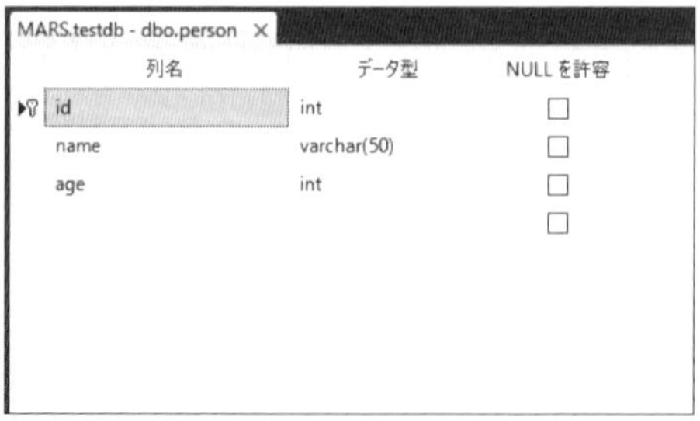

図2-12　Personテーブルの構造

表2-1　テーブル構造

列名	データ型	その他の設定事項
id	int	主キー　「IDENTITYの設定」を「はい」
name	varchar(50)	
age	int	

　クエリを使ってPersonテーブルを作成する場合には、リスト2-1のようなクエリを実行します。このクエリを実行しても、同じPersonテーブルが得られます。

リスト2-1　**Person**テーブルの作成クエリ

```
CREATE TABLE [dbo].[person](
    [id] [int] IDENTITY(1,1) NOT NULL,
    [name] [varchar](50) NOT NULL,
    [age] [int] NOT NULL,
 CONSTRAINT [PK_person1] PRIMARY KEY CLUSTERED
(
    [id] ASC
))
```

　Personテーブルの中身を検索できるように、いくつかのデータをあらかじめ入れておきます（図2-13）。SQL Server Management Studioでは、対象のテーブルに対して直接編集をすることができます。オブジェクトエクスプローラーで対象のテーブルを右クリックして［上位200行の編集］を選択することによって、テーブル内にデータを挿入することができます。データの追加だけでなく、既存のデータの変更や削除もできます。ID列は自動でインクリメントされるので、name列とage列の内容を入れておきます。

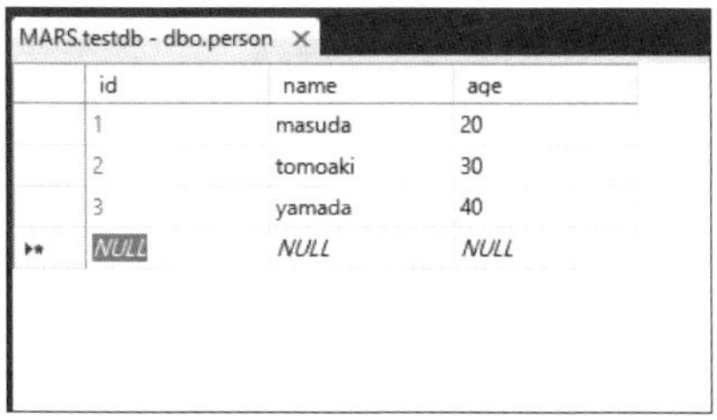

図2-13　Personテーブルのデータ

2.2.3 | **Modelクラスを作成する**

　参照となるデーターベースとテーブルの準備ができたので、ASP.NET MVCのModelクラスを作成します。ちなみにデータベースにアクセスするアプリケーションを作成するときに、「コードファースト」と呼ばれるコードからデータベースのテーブルを構築する方法がありま

す。C#で作成したModelクラスの通りにデータベースに手早くテーブルを作成できる手軽な手段です。ラピッドプログラミング的にアプリケーションを構築するときに使われます。

ただし、今回のようなWebアプリケーションの場合は、既存のデーターベースに合わせてコーディングを行うことを想定して、データーベースのテーブルからModelクラス（Entity Framework）を作ることにします。

.NET Coreのアプリケーションでは、Entity Frameworkのクラスをコマンドラインから作成します。dotnetコマンドにはさまざまなパラメーターが用意されています。従来の.NET Framework 4.5でのEntity Frameworkクラスの作成では、GUIのダイアログを使いクラスを自動生成させますが、.NET Coreではコマンドライン（PowerShell）による作成になります。これは、.NET CoreがWindows上だけではなく、LinuxやMacの上でも動作できるようになっていることが理由です。Windows以外の環境を含めたとき、各種のツールがGUIでマウスを使って操作をするのではなく、コマンドラインで動くことにより.NET Coreの環境で共通に使えるツールの量が増えます。いずれ各環境に合わせたGUIツールも出てくるとは思いますが、.NET Coreの初期段階としてはこのようなコマンドラインのツールに慣れておくとよいでしょう。

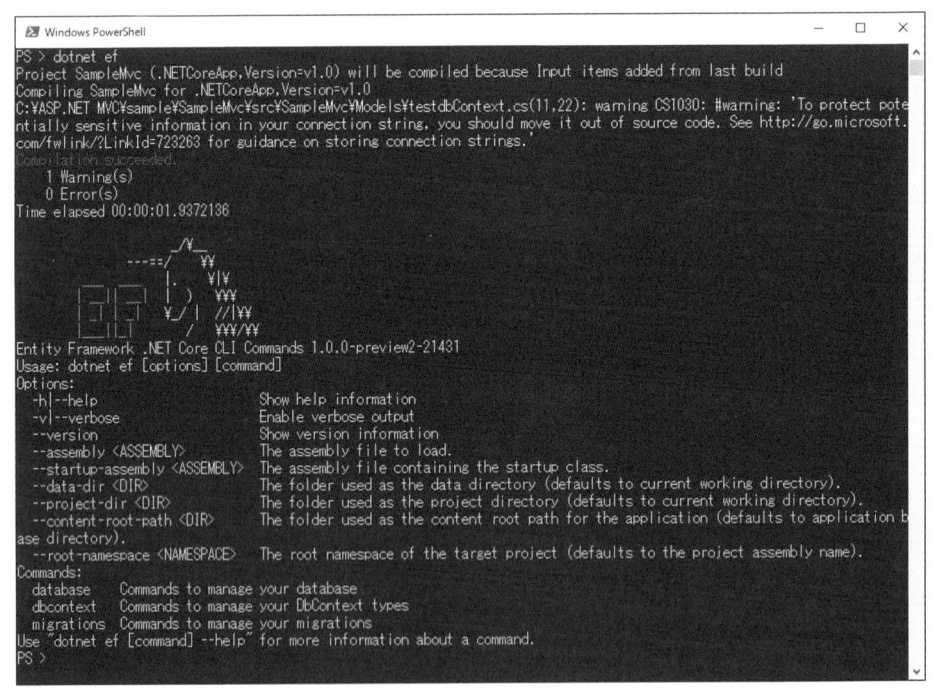

図2-14　dotnet efコマンド

ここではdotnet efコマンドをPowerShellで実行させています。コマンドはプロジェクトのルートディレクトリで実行させます。プロジェクトのパスは、ソリューションエクスプローラーでプロジェクトを選択したときの［プロパティ］ウィンドウの［Folder Path］プロパティの値で確認ができます。

プロパティ
SampleMvc General
General
File Name
SampleMvc.xproj
Folder Path
C:¥ASP.NET MVC¥sample¥SampleM
Root namespace
SampleMvc

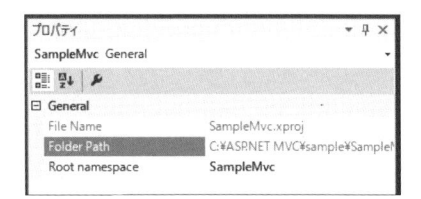

図2-15　プロジェクトのパス

このパスをコピーして、PowerShellのプロンプトで「cd」コマンド（ディレクトリを移動させるコマンド）を使いPowerShellのカレントディレクトリを移動させます。ほかにもエクスプローラーの拡張機能を使い、指定したフォルダーのコマンドプロンプトのウィンドウを開く方法もありますので、いくつか試してみてください。

プロジェクトのルートディレクトリに移動したら、dotnet efコマンドを実行します。データーベースのテーブルからModelクラスを作るために、リスト2-2のようなパラメーターで実行をします（図2-16）。

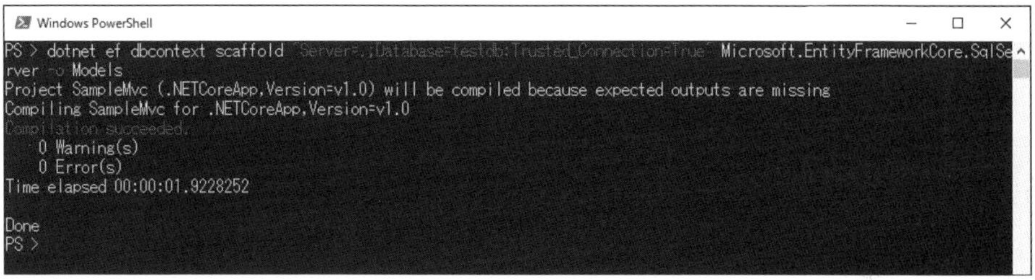

Windows PowerShell
PS > dotnet ef dbcontext scaffold "Server=.;Database=testdb;Trusted_Connection=True" Microsoft.EntityFrameworkCore.SqlServer -o Models
Project SampleMvc (.NETCoreApp,Version=v1.0) will be compiled because expected outputs are missing
Compiling SampleMvc for .NETCoreApp,Version=v1.0
Compilation succeeded.
0 Warning(s)
0 Error(s)
Time elapsed 00:00:01.9228252
Done
PS >

図2-16　コマンドの実行

リスト2-2　コマンド

```
dotnet ef dbcontext scaffold 接続文字列 ➲
Microsoft.EntityFrameworkCore.SqlServer -o 出力フォルダー
```

例

```
dotnet ef dbcontext scaffold "Server=.;Database=testdb; ➲
Trusted_Connection=True" ➲
 Microsoft.EntityFrameworkCore.SqlServer -o Models
```

接続文字列は、先に作成したtestdbデータベースにアクセスするための設定になります。接続先のデータベースは「SQL Server」であるため、「Microsoft.EntityFrameworkCore.SqlServer」クラスライブラリを使ってアクセスを行います。そして、作成したModelクラスは［Models］フォルダーに出力するという意味になります。

指定したデータベース内にあるテーブルを一気にModelクラスとして作成するために、たくさんのテーブルがある場合には少し時間が掛かるかもしれません。余分なテーブルやModelクラスは適宜削除して使います。

　dotnet efコマンドを2回目に実行したときには、元のModelクラスがあるためにエラーが表示されます。このときは、ファイルを強制的に上書きするための「-f」スイッチを付けて実行します。

　dotnet efコマンドで作成した各種のModelクラスは自動的にプロジェクトに追加されます。指定先を［Models］フォルダーにしておくと、図2-17のように複数のModelクラスが追加されていることが分かります。

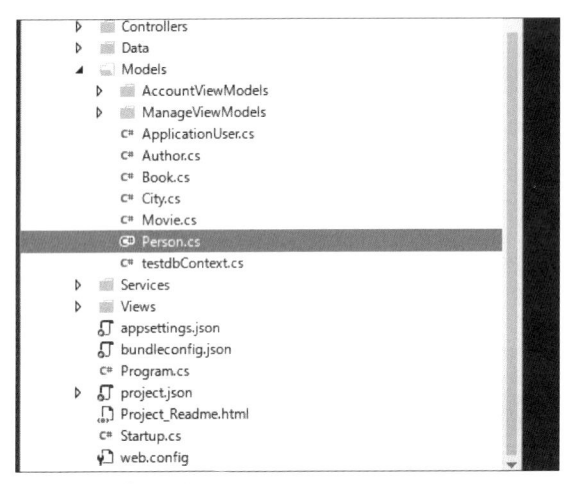

図2-17　作成されたModelクラス

リスト2-3　**Person**クラス

```
using System;
using System.Collections.Generic;

namespace SampleMvc.Models
{
    public partial class Person
    {
        public int Id { get; set; }
        public string Name { get; set; }
        public int Age { get; set; }
    }
}
```

　自動生成されたPersonクラスを見ると、データベース上のint型のID列やAge列がC#のint型になり、データベース上の「varchar(50)」がstring型に変換されていることが分かります（リスト2-3）。また、プロパティの名前もデータベース上では「id」や「name」のように小文字になっていたものが、変換後のPersonクラスでは「Id」や「Name」のように大文字で始まる名前に変換されています。このように、テーブルのカラム名とクラスのプロパティ名とは若干違いがあるため注意が必要です。たいていの場合は自動変換で大丈夫なのですが、C#

の予約語に重なる列名やプロパティに別名を付けたい場合には、別途手作業の修正が必要になります。これらの変更は、Personクラスと同時に生成されるtestdbContext.csファイル（「testdb」部分はデータベース名になる）に対して行います。

2.2.4 Startup.csを修正する

データベースアクセスの設定などは、Startup.csファイル内のConfigureServicesメソッドを修正します。ASP.NET MVCを認証ありで作成したときには、ConfigureServicesメソッドにアカウント管理のためのデータベースを利用するための接続文字列「DefaultConnection」が設定されています。この「DefaultConnection」の設定値は、appsettings.jsonファイルの「ConnectionStrings」内の設定から読み出しています。

このデフォルトでアクセスする値を書き換えてもよいのですが、今回は別のDbContextを作成してサービスに追加します。リスト2-4の①のように、dotnet efコマンドで作成された「testdbContext」を追加します。こうすることで、ASP.NET MVCアプリケーションを実行したときに、testdbデータベースへのアクセスが自動的に開かれます。

リスト2-4 **Startup.cs**ファイル内の**ConfigureServices**メソッドの修正

```
public void ConfigureServices(IServiceCollection services)
{
    // Add framework services.
    services.AddDbContext<ApplicationDbContext>(options =>
        options.UseSqlServer(Configuration.GetConnectionString⮐
("DefaultConnection")));

    services.AddIdentity<ApplicationUser, IdentityRole>()
        .AddEntityFrameworkStores<ApplicationDbContext>()
        .AddDefaultTokenProviders();
    // データベースにアクセスする
    services.AddDbContext<testdbContext>();  ←①

    services.AddMvc();

    // Add application services.
    services.AddTransient<IEmailSender, AuthMessageSender>();
    services.AddTransient<ISmsSender, AuthMessageSender>();
}
```

2.2.5 スキャフォールディングを実行する

ここまで準備ができたら、ソリューションエクスプローラーを使ってスキャフォールディング機能を実行します。データベースから作成したModelクラスを基にして、ControllerクラスとCRUD機能を持つViewクラスを自動で作成します。

　ソリューションエクスプローラーで［Controller］フォルダーを右クリックして、［新規ス
キャフォールディングアイテム］あるいは［コントローラー］を選択します（図2-18）。

図2-18　新規スキャフォールディングアイテム

　［スキャフォールディングを追加］ダイアログで、どのようなControllerを作成するのかを
選択します。ここでは先に作成したEntitiy FrameworkのModelクラスを使うので、［MVC
Controller with views, using Entity Frame］を選択します（図2-19）。CRUD機能を持った
ControllerとViewが生成されます。

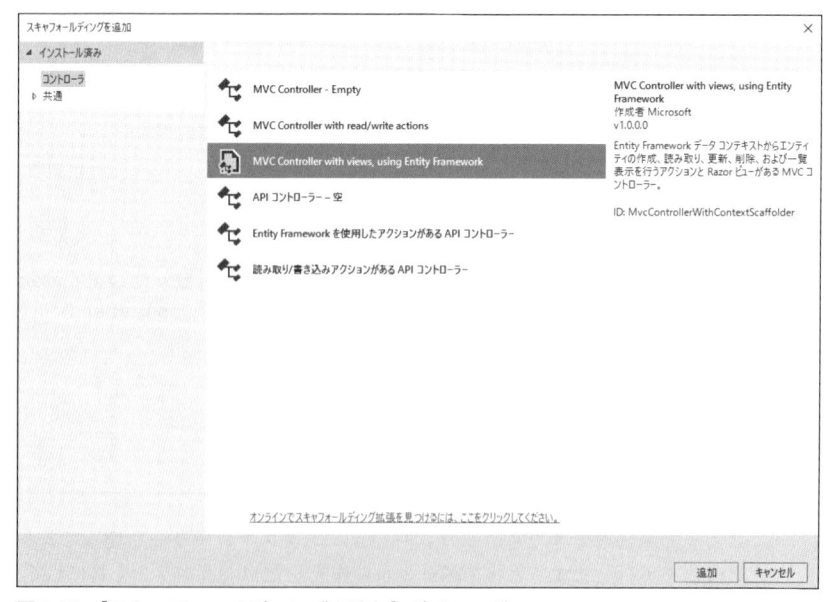

図2-19　［スキャフォールディングを追加］ダイアログ

　　Viewが必要ないWeb APIの場合には［Entitiy Frameworkを使用したアクションがある
APIコントローラー］を選択するとよいでしょう。また、それぞれのアクションメソッドを最
初から作りたい場合には、空のControllerクラスを作るための［MVC Controller - Empty］や
［APIコントローラー - 空］を使うことができます。

　　［追加］ボタンをクリックすると、ControllerクラスにModelクラスを結び付けるための［コ
ントローラーの追加］ダイアログが開かれます。

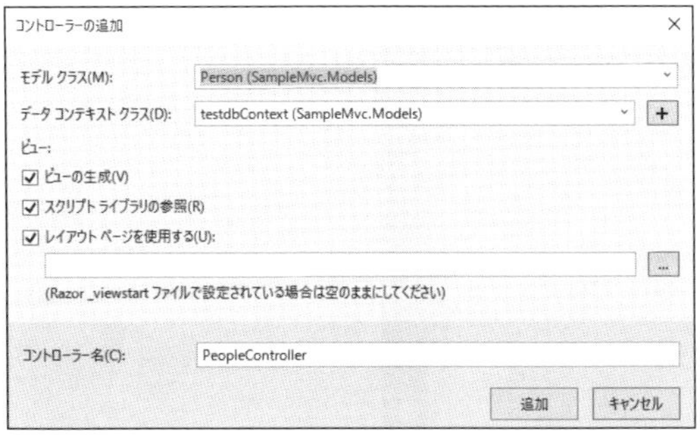

図2-20　［コントローラーの追加］ダイアログ

　　Controllerクラスが利用するModelクラスをリストから選択します。［モデルクラス］のリ
ストには、［Models］フォルダー以外のクラスも含まれているため、目的のModelクラス以外
のものがたくさん表示されます。そこでModelクラスの先頭の文字の「P」をキーボードで入
力して、［Person (SampleMvc.Models)］を自動で表示させるとよいでしょう。

　　［データコンテキストクラス］は、Modelクラスがアクセスするデータベースの接続情報な
どを保持しているクラスです。SampleMvcプロジェクトでは、アカウント認証を行うための
［ApplicationDbContext (SampleMvc.Data)］と、Personテーブルをアクセスするための
［testdbContext (SampleMvc.Models)］の2つの項目があります。ここでは、先にdotnet efコ
マンドで作成した［testdbContext (SampleMvc.Models)］を選択しておきます。

　　［コントローラー名］は、対象となるModelクラスの名前の複数形になります。今回は
「Person」というクラス名を付けたので、複数形として「PeopleController」が自動で設定され
ています。「People」の部分がそのままViewにアクセスするときのフォルダー名となります。
MVCパターンを利用する場合はできるだけ標準のままがよいのですが、このコントローラー
名を業務に合わせて変えることも可能です。

　　設定が終わったら［追加］ボタンをクリックして、ControllerクラスとViewクラスを自動
生成します。

　　作成をするためのプログレスバーが暫く表示された後に、ソリューションエクスプロー
ラーを確認してください（図2-21）。［Controllers］フォルダーの中に「PeopleController.cs」
ファイルと、［Views］フォルダーの中に「People」フォルダーができていることが分かります。
［People］フォルダーの中には、データを操作するための5つのViewが作成されています。

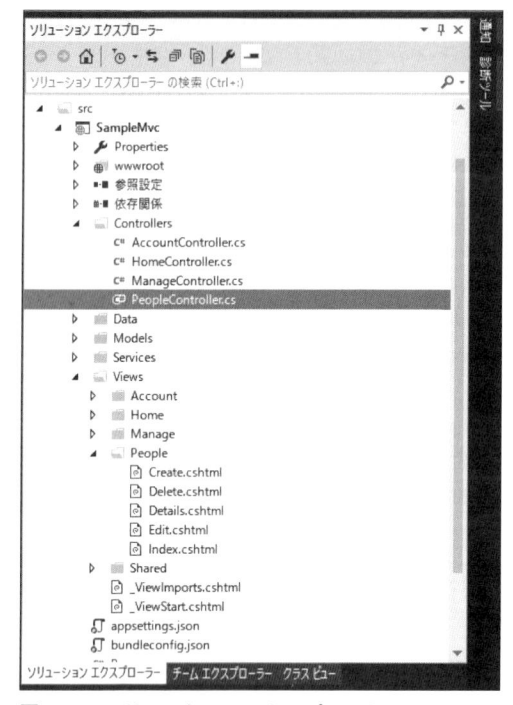

図2-21 ソリューションエクスプローラー

2.2.6 動作を確認してみる

それぞれのファイルの詳細は後で確認をするとして、ひとまず動作をみてみましょう。標準ツールバーから［IIS Express］をクリックしてデバッグ実行をします。SampleMvcプロジェクトのトップページが開かれるので、ブラウザーのアドレスを「http://localhost:53817/People」のように変更して再表示させます（図2-22）。

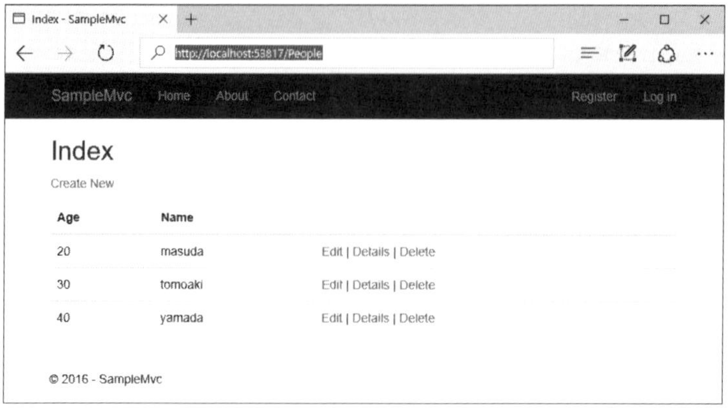

Age	Name			
20	masuda	Edit	Details	Delete
30	tomoaki	Edit	Details	Delete
40	yamada	Edit	Details	Delete

Index
Create New

© 2016 - SampleMvc

図2-22 Indexページ

「People」のようにフォルダー名だけを指定した場合は「Index.cshtml」のページが表示されます。Indexページでは、データーベースから検索したデータがリスト表示されています。このページから、データの挿入や編集などを行うことができます。テーブル上に数千件ものデータがある場合には、ページ送りや検索などの機能を追加しないと実用に耐えませんが、数十件程度のデータならばこのまま利用することも可能でしょう。

新しいデータを追加するために、[Create New]のリンクをクリックしてみましょう。ブラウザーのページが切り替わってCreateページが表示され、ブラウザーのアドレスが「http://localhost:53817/People/Create」に変わります。Personテーブルには、「id」と「age」、「name」の3つのカラムがありますが、Createページでデータを入力する項目は「Age」と「Name」だけになります。これは主キーとなるid列は、データを挿入したときに自動で更新されるためです。初期値を「1」として、データを作るたびに「2」「3」「4」と自動でカウントアップしていきます。

ではここでAgeの項目を「100」に、Nameの項目を「あたらしい人」として追加してみましょう（図2-23）。

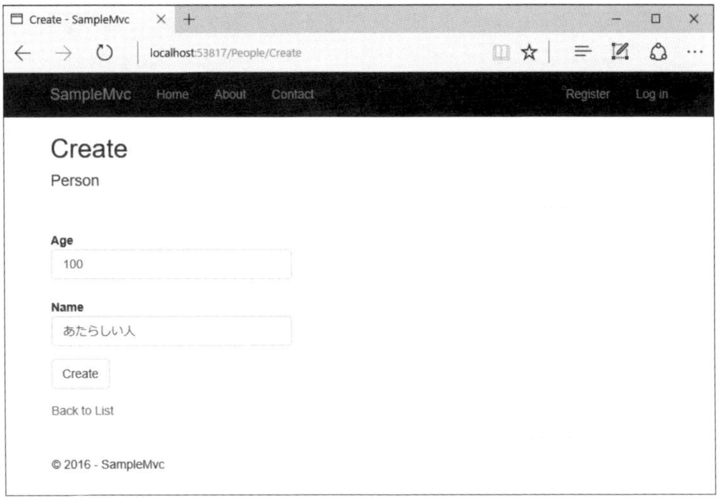

図2-23　Createページ

[Create]ボタンをクリックすると、元のIndexページに戻ります。このとき4番目のデータとして追加されていることが確認できます（図2-24）。

先ほど年齢（Age）の項目に「100」という数字を入れたので正しいデータが作成できましたが、Ageの項目に「abc」のような数値ではなく文字列を入力して[Create]ボタンをクリックすると、Indexページには戻らずCreateページのままエラーが表示されます。スキャフォールディング機能を使うと、入力時のチェック機能も自動的に追加されています。数値や文字列の長さ、日付などのような簡単な入力チェックだけならば、スキャフォールディング機能を使ってマスターテーブルを操作することが可能になっています。

既存のデータを編集する場合には、編集する項目の[Edit]のリンクをクリックします。新規に作成した「あたらしい人」の[Edit]のリンクをクリックしてみてください。

Createページと似たようなEditページに移動します（図2-25）。ブラウザーのアドレスを見

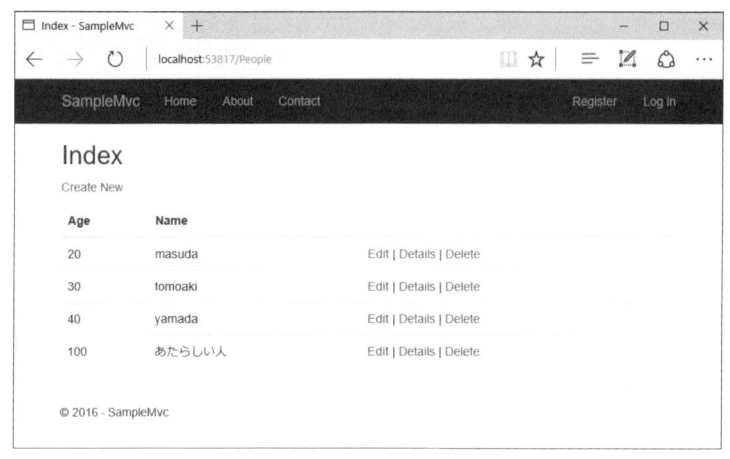

図2-24　データの挿入

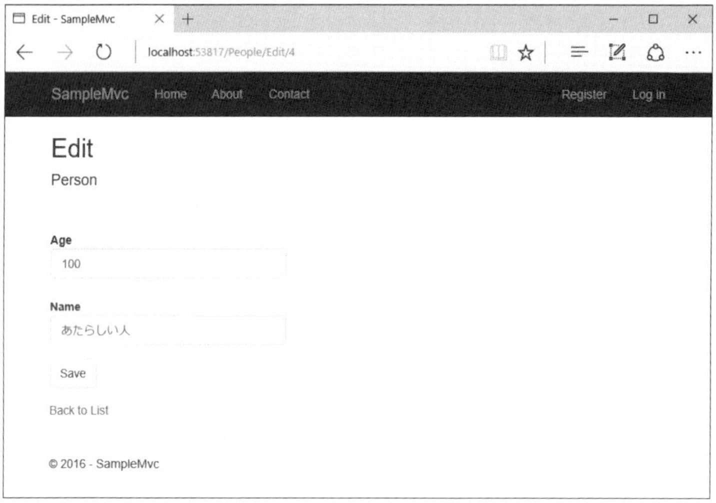

図2-25　Editページ

　てみると「http://localhost:53817/People/Edit/4」のように、Editフォルダーの後に「4」の
ような番号がついています。この番号が、Personテーブルのid列の番号になっています。id
が「4」のときには、先ほど作成した「あたらしい人」が表示されています。この番号を「1」
にすると別のデータが表示されます。

　Editページのように1つのデータを編集対象にする場合は、主キーとなるid列をアドレス
に含めて受け渡しをしています。同じように、Indexページから [Details] のリンクをクリッ
クしたときも「http://localhost:53817/People/Details/4」のようにid列の番号が引き継がれ
ます。

　最後に、データを削除して確認を終わりにしましょう。Indexページに戻って「あたらしい
人」のデータの [Delete] のリンクをクリックします。

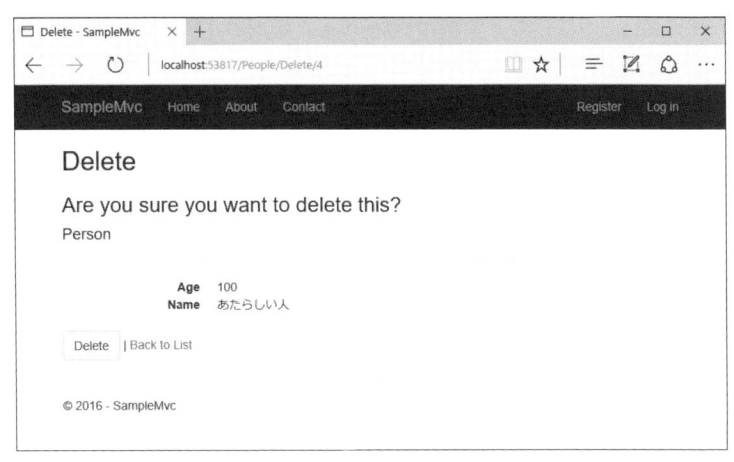

図2-26　Deleteページ

　Deleteページは、データを削除してよいかどうかの問合せのページになります（図2-26）。スキャフォールディング機能のテンプレートのままなので「Are you sure you want to delete this?」のように英文になっていますが、これはDelete.cshtmlを書き換えることで日本語に直せます。いきなりデータを削除するのではなく、問合せのページをワンクッション置いてくれるところもスキャフォールディング機能のよいところです。

　ブラウザーのアドレスは「http://localhost:53817/People/Delete/4」のように、EditページやDetailsページと同じようにidを含んだアドレスになっています。このidを持つデータに対して削除の処理を行うことが分かります。

　削除をキャンセルする場合は、ブラウザーの［戻る］ボタンでIndexページを再表示するか、［Back to List］のリンクをクリックしてキャンセルをします。ここでは［Delete］ボタンをクリックして、「あたらしい人」のデータを削除してみましょう。

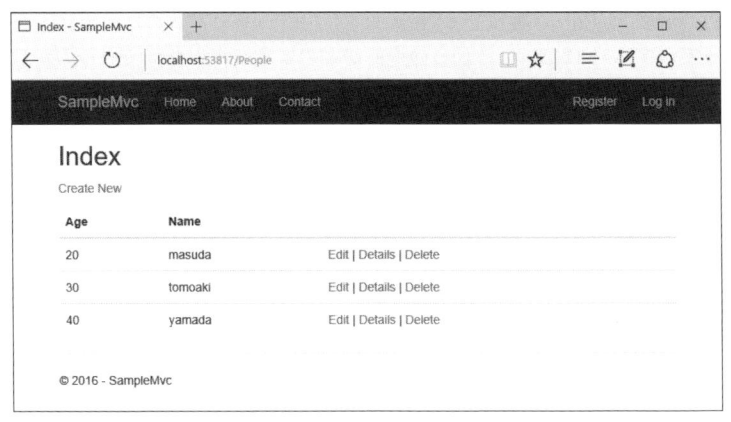

図2-27　Indexページを再表示

　正常にデータが削除されると、Indexページが再表示されます（図2-27）。「あたらしい人」

のデータが削除されて、もとの3件だけのデータが表示されています。

　準備の部分は少々ややこしいですが、このようにスキャフォールディング機能を使うと、テーブルの表示や更新する機能を一括で作ることができます。id列のように主キーが数値型として指定されていることやデータ量が数十件程度であることなどの一定の制限はありますが、通常使われるようなマスターテーブルの編集ページを作るときに役に立つでしょう。状況によっては、簡単に素早くアクセスページを作っておきたい場合と、実行したときにきめ細かくデータにアクセスしたい場合があります。スキャフォールディング機能は、素早くアクセスページを作ることに適しているので、テーブル構造をプログラムに合わせて工夫できるような場合に非常に有効です。

　次からは、スキャフォールディング機能で自動生成したページを詳しく見ていきましょう。

2.3 | 一覧 (Index) ページの生成

　スキャフォールディング機能を使って自動生成したControllerクラスとViewクラスを詳しく見ていきます。最初は、一覧を表示するためのIndexページの解説です。データの一覧を表示するための簡単なページですが、データアクセスをしてControllerクラスからViewクラスへの基本的な技術が詰まっています。

2.3.1 | Indexページの役割

　データベース内のデータをユーザーに一覧表示するためにIndexページがあります。Indexページはブラウザーで開く場合でも「http://localhost:53817/People/」のようにフォルダー名のみを指定してアクセスするため、一種のメニューページ的な意味合いを持っています。

　スキャフォールディング機能では、データの一覧を表示すると同時にそのデータを編集するためのボタン (Edit、Details、Delete) を付けて、それぞれのページにジャンプできるようになっています (図2-28)。これらの機能がどのように実現されているのかを詳しく見ていきましょう。

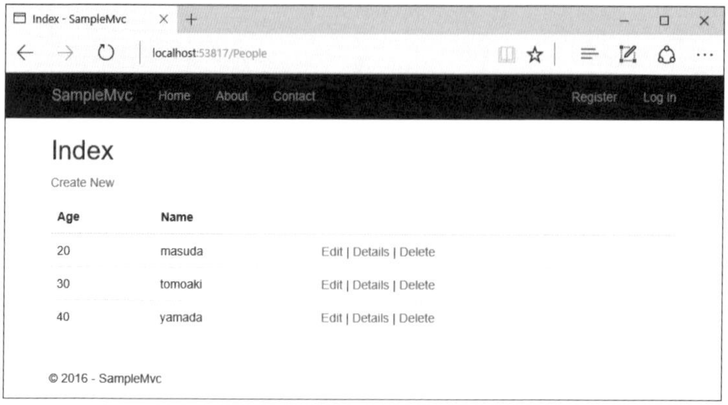

図2-28　Indexページ

2.3.2 | **PeopleControllerクラスのIndexメソッド**

Indexページは、PeopleControllerクラスのIndexメソッド（リスト2-5）内でデータを検索してページを表示させています。この機能は非常に簡単なものです。

リスト2-5 **Index**メソッド

```
// GET: People
public async Task<IActionResult> Index()
{
    return View(await _context.Person.ToListAsync());  ←①
}
```

①の行で、_context.Person を使いデータベースのPersonテーブルにアクセスします。そして、テーブル内のデータをすべてリスト化するために、ToListAsyncメソッドを呼び出します。データベースのアクセスは非同期処理で行われるために、async/awaitキーワードが使われています。

検索したデータは、Viewメソッドを使ってIndexページに渡されます。ここでは①で行ったPersonテーブルのすべての検索データを渡しています。

Personテーブル内のデータが大量にある場合には、Indexページにたくさんのデータが送られてしまうためにブラウザーでの表示に時間が掛かってしまいます。そのような場合は、検索したデータを少なくするためにTakeメソッドを使い取得する件数を絞ったり、検索条件をWhereメソッドで指定したりします。

例えば、①の行でTakeメソッドを使ってリスト2-6のように書き換えることによって、先頭の100件だけを表示できます。

リスト2-6 **先頭の100件だけ表示する**

```
return View(await _context.Person.Take(100).ToListAsync());
```

先頭行をスキップするSkipメソッドと、検索する件数を絞るTakeメソッドを組み合わせることによって、ブラウザーで表示するときのページング処理を実装することが可能です。

スキャフォールディングで生成したIndexメソッドでは、非同期で行うToListAsyncメソッドを使っていますが、同期処理を行うToListメソッドを使うこともできます。ToListメソッドを使った場合には、async/awaitキーワードを外し、Indexメソッドの戻り値をIActionResultインターフェイスに変更します（リスト2-7）。

リスト2-7 **同期処理の Index**メソッド

```
public IActionResult Index()
{
    return View(_context.Person.ToList());
}
```

Controllerクラスの各メソッドは、必ずIActionResultインターフェイスを返していること

が分かります。Viewメソッドは、ViewResultというクラスのオブジェクトを生成しますが、ActionResultクラスというIActionResultインターフェイスを実装したクラスを継承しています。

ActionResultクラスを継承しているクラスは、Indexメソッドを利用しているViewを返すためのViewResultクラスのほかにも、ページを直接ジャンプするためのRedirectResultクラス、バイナリデータを返すためのFileResultクラス、JSONデータを返すためのJsonResultクラスなどがあります。これらのほかのクラスは主にWeb APIのControllerクラスで使われます。詳しい使い方は「第5章　Controllerの活用」や「第8章　Web API」で解説します。

2.3.3 │ Index.cshtmlページ

次にIndexページのすべてのコードを眺めてみましょう（リスト2-8）。40行程度の短いコードですが、データを表示するための機能が一通り詰まっています。このコードを丹念に見ることで、ASP.NET MVCを用いてデータを表示する方法が見えてきます。

リスト2-8　**Index.cshtml**

```
@model IEnumerable<SampleMvc.Models.Person>  ←①

@{  ←②
    ViewData["Title"] = "Index";  ←③
}

<h2>Index</h2>

<p>
    <a asp-action="Create">Create New</a>  ←④
</p>
<table class="table">
    <thead>
        <tr>
            <th>
                @Html.DisplayNameFor(model => model.Age)  ←⑤
            </th>
            <th>
                @Html.DisplayNameFor(model => model.Name)
            </th>
            <th></th>
        </tr>
    </thead>
    <tbody>
@foreach (var item in Model) {  ←⑥
        <tr>
            <td>
                @Html.DisplayFor(modelItem => item.Age)  ←⑦
            </td>
```

```
            <td>
                @Html.DisplayFor(modelItem => item.Name)
            </td>
            <td>
                <a asp-action="Edit" asp-route-id="@item.↻
Id">Edit</a> |  ←⑧
                <a asp-action="Details" asp-route-id="@item.↻
Id">Details</a> |
                <a asp-action="Delete" asp-route-id="@item.↻
Id">Delete</a>
            </td>
        </tr>
}
    </tbody>
</table>
```

　Indexページで使われている機能の概要をつかめば、これをもとにして別の表示の仕方にすることもできます。例えば、Indexページではtableタグを使って表形式でPersonテーブルの内容を表示していますが、liタグを使いリスト表示に変更することもできます。詳細ページへのジャンプなどは「Edit」のような文字ではなくアイコンに変更したり、表示している項目そのものにリンクを貼ることもできるでしょう。

2.3.4 │ **@modelの厳密な結び付け**

　拡張子が「.cshtml」となるViewページではRazorというHTML形式を拡張した構文が使われています。Razor構文では、通常のHTML記述と混ぜてC#の文法を使うことができます（拡張子が「.vbhtml」ならばVisual Basicの文法を使うことができます）。ASP.NET MVCでは、ControllerクラスとViewクラスのデータのやり取りとして、Modelプロパティが使われます。先に解説したControllerクラスのIndexメソッドでは「_context.Person.ToListAsync()」としてPersonテーブルの検索データをメソッドで作成していますが、このデータはそのままView.Modelプロパティに設定されています。

　ViewページでView.Modelプロパティを利用するときに、そのままでは動的な型（dynamic）となるためインテリセンスが効きません。View.Modelプロパティがどのような型なのかを知らせるために、@modelキーワードを使って型を設定します（リスト2-9）。

リスト2-9　**Index.cshtml**での**@model**キーワード指定

```
@model IEnumerable<SampleMvc.Models.Person>  ←①
```

　①では、ControllerのIndexメソッドの戻り値が、Personクラスのコレクションであることを示しています。このようにすることで、Viewページ内でインテリセンスが有効になり、コンパイル時のチェックが可能になります。

　Indexページのようなリスト表示をする場合には@modelキーワードを使ってコレクションを設定し、Detailsページのような1つのデータを表示する場合にはPersonクラスそのもの

を設定します。

2.3.5 ViewDataの利用

ViewDataコレクションは、ページ間やControllerクラスとViewクラスのデータの受け渡しに使われます。データベースから検索したデータはModelクラスを使って受け渡しをすることが多いのですが、ページタイトルや表示するときのフラグのようなものもModelクラスに入れてしまうと煩雑になってしまいます。このようなちょっとしたデータのときには、ViewDataコレクションを使います。

ViewDataコレクションの使い方は簡単です（リスト2-10）。ViewDataコレクションに名前を設定して値を設定しておき、取り出すときに名前を指定して値を取り出します。データは型が失われてobject型になってしまうため、使うときには適宜キャストが必要になります。

リスト2-10 **Index.cshtml**

```
@{   ◀─①
    ViewData["Title"] = "Index";   ◀─②
}
```

②では、ViewDataコレクションに「Title」という名前をつけて「Index」という文字列を設定しています。このデータは、全体のページレイアウトを表示するための_Layout.cshtmlで使われています（リスト2-11）。共通レイアウトについては「第4章　Viewの活用」で詳しく説明します。

リスト2-11 **_Layout.cshtml**の抜粋

```
<!DOCTYPE html>
<html>
<head>
    <meta charset="utf-8" />
    <meta name="viewport" content="width=device-width, initial-↺
scale=1.0" />
    <title>@ViewData["Title"] - SampleMvc</title>
```

ViewDataコレクションを使ったコードを記述している部分は、①のように「@{」と「}」で囲まれています。これは、C#のコードをHTML記述に混ぜるためのRazor構文の仕組みです。②のように代入文を指定するときや複数行のコードを記述する場合には「@{」と「}」を使って、C#のコードを囲みます。

値だけを参照する場合には、簡易的に「@ViewData["Title"]」のように「@」に直接続けて変数を指定することもできます。これらは記述したいコードによって書き分けていきます。Indexページでは、表示する項目が多いため「@」だけを用いた簡易的な方法が主に使われています。

2.3.6 │ 拡張したＡタグの利用

　ASP.NET MVCでは、HTML記述のいくつかのタグが拡張されています。Indexページではデータを新規作成するために、①のように「Create New」でリンクを作成しています（リスト2-12）。このときＡタグを使っていますが、本来のＡタグにはない「asp-action」という属性が使われています。Razor構文では「asp-」で始まる属性を見つけたときに、独自の拡張を行います。これを「タグヘルパー」といいます。

リスト2-12　拡張したＡタグ

```
<p>
    <a asp-action="Create">Create New</a>  ◀①
</p>
```

リスト2-13　変換されたＡタグ

```
<p>
    <a href="/people/Create">Create New</a>  ◀①'
</p>
```

　ASP.NET MVCの場合、特定のViewのリンクを固定で設定してしまうと、後からの変更に弱くなってしまいます。今回のようにPersonテーブルをアクセスするためのCRUD機能は、［Views］フォルダーの［People］フォルダー内に集まっています。このため、それぞれのページへのアクセスは「http://localhost:53817/People/Edit/1」のように、必ず「People」を含むアドレスになります。しかし、この「People」という文字列をそれぞれのページに書き込んでしまうと、将来［People］フォルダーの名前を変更したときにあちこちのページを書き換えなければいけません。また、同じフォルダーにアクセスするにも関わらず、アドレスの中に何度も「People」という文字列が出てくるのは大変です。

　このため、拡張されたasp-action属性を使い、指定したViewページの名前だけを「Create」として記述しておきます。この拡張属性は、ASP.NET MVCで変換されてブラウザーで表示するときには「/people/Create」のように自動的に変換されます。

　タグヘルパーについては「第4章　Viewの活用」で詳しく説明していきます。

2.3.7 │ Html.DisplayNameForメソッドでタイトルを表示

　theadタグを使ってタイトルを表示している部分が⑤になります（リスト2-14）。Htmlヘルパーを使って、Modelクラスの各プロパティに結び付いているタイトルを取得しているところです。

リスト2-14　**Html.DisplayNameFor**メソッド

```
<thead>
    <tr>
```

```
        <th>
            @Html.DisplayNameFor(model => model.Age)  ←①
        </th>
        <th>
            @Html.DisplayNameFor(model => model.Name)
        </th>
        <th></th>
    </tr>
</thead>
```

Html.DisplayNameForm メソッドの引数はラムダ式になります。対象となるモデル（この場合はPersonクラス）のどのプロパティを表示するのかを返します。①では、Personクラスの Age プロパティに結び付いているタイトルが表示されるようなります。

もう1つは、Personクラスの Name プロパティです。データベースより生成したPersonクラスには、タイトルを表示するための Display 属性が設定されていないため、プロパティの名前（Age や Name）がそのまま使われています（リスト2-15）。

リスト2-15　元の**Person**クラス

```
public partial class Person
{
    public int Id { get; set; }
    public string Name { get; set; }
    public int Age { get; set; }
}
```

リスト2-16　**Display**を設定した**Person**クラス

```
public partial class Person
{
    public int Id { get; set; }
    [Display(Name = "名前")]
    public string Name { get; set; }
    [Display(Name = "年齢")]
    public int Age { get; set; }
}
```

リスト2-16のようにDisplay属性を設定して、Nameプロパティに表示するときにタイトルを設定すると、表示を日本語にすることができます（図2-29）。Html.DisplayNameForメソッドを使い、Modelクラスのプロパティのタイトルを設定しているところに全て反映されるため、ページ間の一括変更が容易になっています。

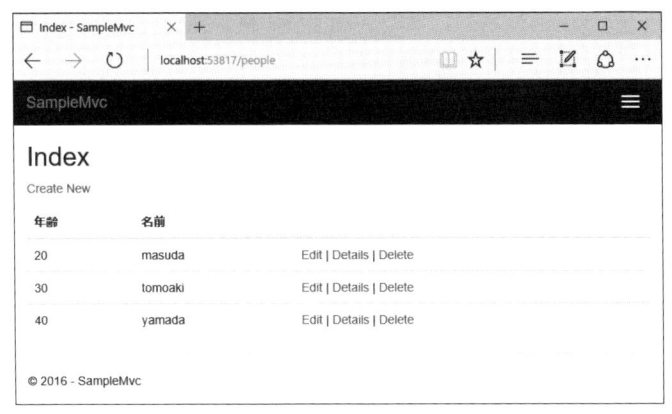

図2-29　Index ページの表示を変更

　Model クラスへの属性は、UI 表示をするための Display 属性のほかにも、フォーマットを設定するための DisplayFormat 属性や、データの型を補足するための DataType 属性があります。これらを使うことにより、Entity Framework を使ったときのデータ表示やアクセス方法を変えることができます。

2.3.8 ｜ foreach で繰り返し処理を使う

　Model プロパティには、Person クラスのコレクションが設定されているので、これを1つずつ取り出して画面に表示させます。C# ではコレクション内の要素を順番に取り出すための foreach 文があります。スキャフォールディング機能で自動生成したコードにも foreach 文が使われています（リスト2-17）。

リスト2-17　繰り返し処理

```
@foreach (var item in Model) {  ◀─①
    <tr>
        <td>
            @Html.DisplayFor(modelItem => item.Age)  ◀─②
        </td>
        <td>
            @Html.DisplayFor(modelItem => item.Name)
        </td>
    ...
}
```

　C# のコードであることを示すために、foreach の前に「@」を付けます。Model プロパティが取り出した要素は「item」という変数に代入されます。先に @model キーワードで型を設定しているため、それぞれの要素を示す item 変数を使うときにインテリセンスが利用できます。
　table タグを使うときには、列を表す tr タグとその中にあるデータを示すための td タグを表

示する必要あります。このようにC#のforeach文を使いながら、繰り返し処理の中でHTMLタグを混在させてレイアウトを組み立てます。

②で使われるHtml.DisplayForメソッドは、それぞれのデータを表示するための補助メソッドです。foreach文でAgeプロパティとNameプロパティの値が繰り返し表示されます。Html.DisplayForメソッドで表示するときに、Personクラスのプロパティに設定したDisplayFormat属性が利用されます。日付のフォーマットや数値を表示するときのフォーマットを変えたいときは、リスト2-18のようにDisplayFormat属性のDataFormatStringプロパティに表示するためのフォーマットを設定します（図2-30）。この書式は、string.Formatメソッドと同じになります。

リスト2-18 **DisplayFormat**を設定した**Person**クラス

```
public partial class Person
{
    public int Id { get; set; }
    [Display(Name = "名前")]
    public string Name { get; set; }
    [Display(Name = "年齢")]
    [DisplayFormat(DataFormatString ="{0} 歳")]
    public int Age { get; set; }
}
```

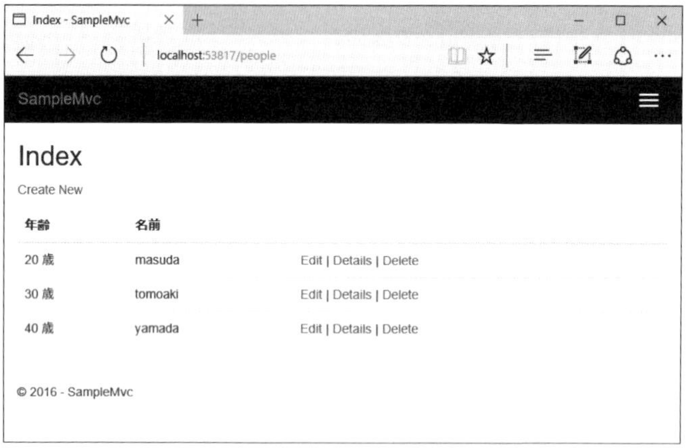

図2-30 Indexページの表示を変更

DisplayFormat属性もDisplay属性と同じようにModelクラスを統一的に表示するときに利用します。

2.3.9 パラメーターを利用した拡張Ａタグの利用

　データを編集するときは、編集対象のidを指定します。スキャフォールディング機能で生成したIndexページでは、Ａタグを拡張した「asp-route-id」属性にidを指定して、リンク先のアドレスを作成しています（リスト2-19）。

　①では、1つのPersonオブジェクトを編集するときに、asp-route-id属性に「@item.Id」を指定しています。@itemは、foreach文で指定しているitem変数です。ViewのModelクラスがPersonクラスのコレクションになるため、item変数はPersonクラスそのものになります。このため「@item.Id」は、繰り返し処理の中でのPersonクラスのIdプロパティの値を保持しています。

リスト2-19　パラメーターを指定したＡタグ

```
<td>
  <a asp-action="Edit" asp-route-id="@item.Id">Edit</a> |    ◄─①
  <a asp-action="Details" asp-route-id="@item.Id">Details</a> |
  <a asp-action="Delete" asp-route-id="@item.Id">Delete</a>
</td>
```

リスト2-20　変換されたＡタグ

```
<td>
  <a href="/people/Edit/1">Edit</a> |    ◄─①'
  <a href="/people/Details/1">Details</a> |
  <a href="/people/Delete/1">Delete</a>
</td>
```

　Personテーブルのid列の値となるため、先頭から順番に1、2、3のような値が設定されています。ブラウザーでソースの表示を行うと、Editのリンクがどのように設定されているかを見ることができます（リスト2-20）。この①'のリンクは、先頭の列の表示のものになります。

　このＡタグを利用すると、「Edit」の文字ではなくアイコンにリンクを付けたり、名前（Name）のDetailsページへのリンクを作れます（リスト2-21、図2-31）。

リスト2-21　名前（Name）にDetailsへのリンクを付ける

```
@foreach (var item in Model) {
        <tr>
            <td>
                @Html.DisplayFor(modelItem => item.Age )
            </td>
            <td>
                <a asp-action="Details" asp-route-id="@item.Id">    ◄─②
                    @Html.DisplayFor(modelItem => item.Name)
                </a>
            </td>
            <td>
```

```
                        <a asp-action="Edit" asp-route-id="@item.⏎
Id">Edit</a> |
                        <a asp-action="Details" asp-route-id="@item.⏎
Id">Details</a> |
                        <a asp-action="Delete" asp-route-id="@item.⏎
Id">Delete</a>
                </td>
            </tr>
    }
```

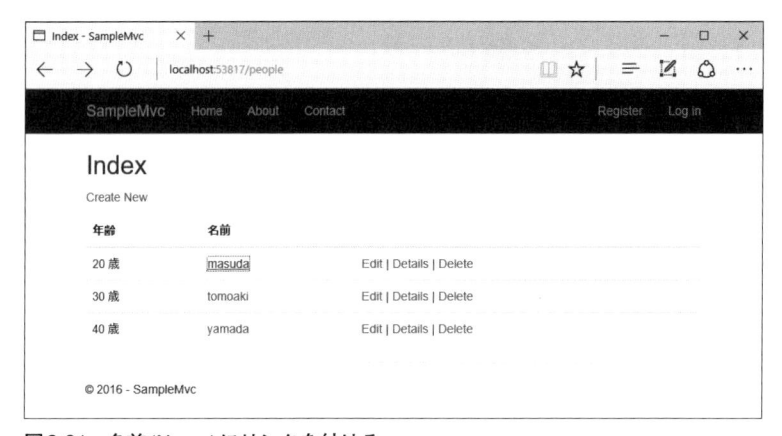

図2-31　名前(Name)にリンクを付ける

　②のように、Name プロパティを表示している部分を、A タグで囲みます。A タグのasp-
action属性やasp-route-id属性は、元のDetailsページへのジャンプと同じものを使っています。
　このように既にIndexページで使っている記述を活用しながら、ページを修正していくと
間違いが少ないでしょう。

2.3.10 | Idを表示させる

　最後に、Person テーブルのidを表示させてIndexページの解説を終わりにしましょう。
　主キーであるidは本来ならば見えないほうがいいのですが、テストするときにEditページ
などで直接指定できると便利でしょう。スキャフォールディングでは、Personクラスの Age
プロパティとNameしか表示されていませんが、Idプロパティの表示を追加します。
　同時に、名前（Nameプロパティ）と年齢（Ageプロパティ）の表示順も変えてみます。

リスト2-22　Idを表示

```
<table class="table">
    <thead>
        <tr>
```

```
        <th>
            @Html.DisplayNameFor(model => model.Id)    ←①
        </th>
        <th>
            @Html.DisplayNameFor(model => model.Name)
        </th>
        <th>
            @Html.DisplayNameFor(model => model.Age)
        </th>
        <th></th>
    </tr>
</thead>
<tbody>
@foreach (var item in Model) {
    <tr>
        <td>
            <a asp-action="Details" asp-route-id="@item.Id">
                @Html.DisplayFor(modelItem => item.Id)    ←②
            </a>
        </td>
        <td>
            @Html.DisplayFor(modelItem => item.Name)
        </td>
        <td>
            @Html.DisplayFor(modelItem => item.Age)
        </td>
        <td>
            <a asp-action="Edit" asp-route-id="@item.↩
Id">Edit</a> |
            <a asp-action="Details" asp-route-id="@item.↩
Id">Details</a> |
            <a asp-action="Delete" asp-route-id="@item.↩
Id">Delete</a>
        </td>
    </tr>
}
    </tbody>
</table>
```

　①で他のプロパティのタイトルと同じように、Idのタイトルを表示させています。Personクラスでは Id プロパティに Display 属性を付けていないために、そのまま「Id」として表示されます。

　②では、Id プロパティの値を表示します。また、詳細ページ（Details ページ）へのリンクを Id に付け替えています。

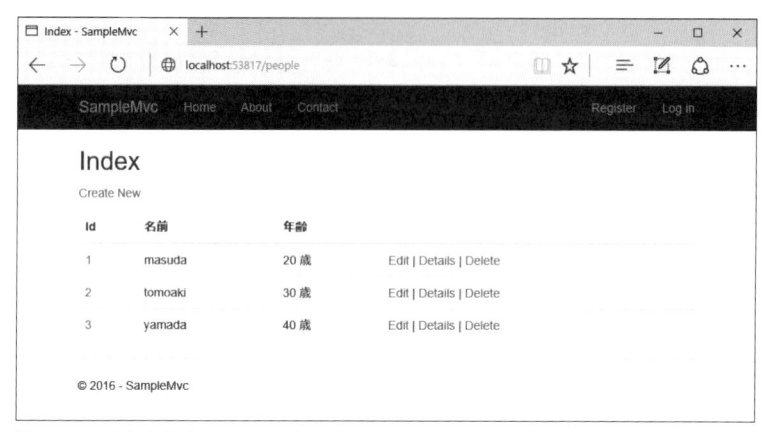

図2-32　Idを表示する

　テーブルの表示が、Id、名前（Name）、年齢（Age）の順に変わったことが分かります。Id
のリンクをクリックすると、それぞれのDetailsページにジャンプをします。
　ユーザーインターフェイスを直観的に使いやすくしたほうが、マニュアルの記述も少なく
なりデータベースの保守を行うときのミスが減ります。項目の編集（EditやDeleteなど）を
アイコンにすることで、デフォルトのスキャフォールディングのページからより使いやすい
ページに変えることができるでしょう。
　次は詳細ページ（Details）の解説をします。

2.4 ｜ 詳細（Details）ページの生成

　では、スキャフォールディング機能で自動生成したDetailsの詳細を見ていきましょう。
Detailsページは、Indexページと同じようにデータベースからデータを表示する機能を持つ
ページです。Indexページが一覧をリスト化して表示するのに対して、Detailsページはテー
ブルにある1列のデータに対して表示を行います。

2.4.1 ｜ Detailsページの役割

　Detailsページは、Indexページにある指定項目の［Details］リンクをクリックしたときに
遷移します（図2-33）。Indexページで修正したように、Index.cshtmlを修正して［Id］をク
リックしたときにも遷移ができるようにもできます。
　IndexページからDetailsページを開くと、ブラウザーのアドレスには「http://
localhost:53817/People/Details/1」のように、「Details」というページの名前と「1」のような
番号が表示されます。この番号が主キーとなり、指定Idを持つPersonのデータをDetailsペー
ジに表示しています。
　Personテーブルは3つの列しかないためIndexページにすべての情報（Id、Name、Age）

を表示していますが、テーブル内の列数が多くなるとIndexページに全ての情報を表示することはできません。このため、Indexページには主要な情報を表示させておき、詳細な情報が必要となったときにDetailsページで確認するという役割があります。

図2-33　Detailsページ

2.4.2 | PeopleControllerクラスのDetailsメソッド

Detailsページは、PeopleControllerクラスのDetailsメソッド内でIdを検索してページを表示させています。

Indexページからリンクされたときには常にIdが指定されますが、ユーザーが直接指定したときにはIdが指定されていない場合や不正なIdが指定されていることも考えられます。「http://localhost:53817/People/Details/dummy」のように数値ではないIdが指定されるかもしれません。

これらのことを考慮するために、Detailsメソッドでは、Idの内容をチェックして、ページが存在しないことを知らせるページ（HTTP 404 エラー）を返す仕組みを入れてあります（リスト2-23）。

リスト2-23　**Details**メソッド

```
// GET: People/Details/5
public async Task<IActionResult> Details(int? id)
{
    if (id == null)  ←①
    {
        return NotFound();
    }

    var person = await _context.Person.SingleOrDefaultAsync(m => ●
m.Id == id);  ←②
    if (person == null)  ←③
```

```
    {
        return NotFound();
    }

    return View(person);    ←④
}
```

図2-34　該当するIdがない場合

　Detailsメソッドの引数であるidは、アドレスで指定される番号の部分になります。

　この番号が指定されていなかったり文字列となって数値に変換できない場合は、idの値がnullになります。これを①でチェックをして、NotFoundメソッドを呼び出します。NotFoundメソッドは、NotFoundResultオブジェクトを返すだけのメソッドです。NotFoundResultオブジェクトはHTTPプロトコルで404というエラーコード（ページが存在しないというエラー）をクライアントに返すので、ブラウザー側で図2-34のようなエラーページが表示されます。

　②で指定したidで、データベースを検索します。その結果、検索にマッチしなかった場合は、同じように③でNotFoundメソッドを呼び出します。スキャフォールディング機能の自動生成では、NotFoundメソッドを呼び出していますが、Redirectメソッドを使うことにより、エラー時に指定のアドレスにジャンプさせることができます。例えば「return Redirect("/");」のように書き換えると、エラー時には自動的にトップページに移動します（リスト2-24）。これはログインに失敗したときなどによく使われます。

リスト2-24　エラー時にトップページにジャンプする

```
if (id == null)
{
    return Redirect("/");
}
```

　指定したIdのデータがあったときには、④でViewメソッドをPersonオブジェクトを引数にして呼び出します。このデータが、ViewクラスとなるDetailsページのModelプロパティに設定されます。

2.4.3 Details.cshtmlページ

　次にDetailsページのすべてのコードを眺めてみます（リスト2-25）。Indexページと似たようなページですが、1つのデータだけを表示するために、繰り返し処理のforeach文はありません。

リスト2-25　**Details.cshtml**

```
@model SampleMvc.Models.Person   ◀①

@{
    ViewData["Title"] = "Details";   ◀②
}

<h2>Details</h2>

<div>
    <h4>Person</h4>
    <hr />
    <dl class="dl-horizontal">
        <dt>
            @Html.DisplayNameFor(model => model.Age)   ◀③
        </dt>
        <dd>
            @Html.DisplayFor(model => model.Age)   ◀④
        </dd>
        <dt>
            @Html.DisplayNameFor(model => model.Name)
        </dt>
        <dd>
            @Html.DisplayFor(model => model.Name)
        </dd>
    </dl>
</div>
<div>
    <a asp-action="Edit" asp-route-id="@Model.Id">Edit</a> |   ◀⑤
    <a asp-action="Index">Back to List</a>
</div>
```

　Indexページと重複する部分の説明は少し省略しながらDetailsページの詳細な動作を見ていきましょう。スキャフォールディング機能で生成されるDetailsページは、定義を表すdl、dt、ddタグが使われていますが、レイアウトを変えてtableタグを利用したり、普通の文章のようにpタグで整形してもよいでしょう。

2.4.4 | @modelの厳密な結び付け

Indexページでは、Modelプロパティへの結び付けにPersonクラスのコレクションが使われていましたが、DetailsページではPersonクラスそのものが結び付けられています。

リスト2-26 `Details.cshtml`での`@model`キーワード

```
@model SampleMvc.Models.Person  ←①
```

①は、PeopleControllerクラスのDetailsメソッドで設定されるPersonオブジェクトになります。@modelキーワードで結び付けることによって、Razor構文で記述するときにインテリセンスが働きます。

2.4.5 | ViewDataの利用

Indexページと同じように、ViewDataコレクションのタイトルを設定しておきます。

リスト2-27 `Details.cshtml`でのタイトル設定

```
@{
    ViewData["Title"] = "Details";  ←①
}
```

ページを切り替えると、ブラウザーのタイトルに「Details - SampleMvc」と表示されます。詳細ページは、Idごとに異なるため全てのページで「Details - SampleMvc」のような統一したページでは都合が悪いかもしれません。そのような時は、タイトルにIdやNameプロパティを入れます。

リスト2-28 名前をタイトルに入れる

```
@{
    ViewData["Title"] = "Details (" + Model.Name + ")" ;
}
```

このように、Model.Nameプロパティを入れることで、タイトルに「「Details (masuda) - SampleMvc」と表示させることができます。

2.4.6 | Htmlヘルパーの利用

Indexページと同じように、Html.DisplayNameForメソッドでプロパティのタイトルを表示し、Html.DisplayForメソッドでデータそのものを表示しています。

リスト2-29　**Details.cshtml**での**Html.DisplayNameFor**メソッド

```
<dl class="dl-horizontal">
    <dt>
        @Html.DisplayNameFor(model => model.Age)  ←①
    </dt>
    <dd>
        @Html.DisplayFor(model => model.Age)  ←②
    </dd>
```

①により、Indexページで修正したPersonクラスに合わせて、Display属性で指定した日本語のタイトルが使われます。②により、DisplayFormat属性で指定したフォーマットに合わせて表示が変更されます。

リスト2-30　修正した**Person**クラス

```
public partial class Person
{
    public int Id { get; set; }
    [Display(Name = "名前")]
    public string Name { get; set; }
    [Display(Name = "年齢")]
    [DisplayFormat(DataFormatString ="{0} 歳")]
    public int Age { get; set; }
}
```

このように、Display属性やDisplayFormat属性を設定しておくと、どのページでも同じようにデータを表示することが可能です。

2.4.7 | パラメーターを利用した拡張Ａタグの利用

Indexページで利用したAタグと同じように、パラメーターをasp-route-id属性で指定します。

リスト2-31　**Details.cshtml**での**asp-route-id**属性指定

```
<div>
    <a asp-action="Edit" asp-route-id="@Model.Id">Edit</a> |  ←①
    <a asp-action="Index">Back to List</a>
</div>
```

指定するときのIdは、ModelオブジェクトにPersonクラスが設定されているため「@Model.Id」のように指定します。

2.4.8 | 少し複雑なDetailsページ

Personテーブルの場合は、列数が3つしかない簡単なテーブルのため、スキャフォールディング機能で生成したDetailsページはさほど難しくはありません。しかし、複数のテーブルが外部連携している場合には、生成したままのDetailsページではうまく動かないところがあります。例えば、書籍（Book）テーブルと著者（Author)テーブルと出身地（Prefecture）テーブルを連携させた場合、書籍の著者としてAuthorテーブルから選択したり、著者の出身をCityテーブルから選択できるような工夫が必要です。

このような少し複雑なIndexページとDetailsページの関係は、「第6章　List-Detailの関係」で詳しく扱います。

2.5 | 新規登録（Create）ページの生成

データを新規登録するためのCreateページの詳細を見ていきましょう。Createページは、IndexページやDetailsページとは異なり、ユーザーからの入力があるページです。Createページではユーザーが不正なデータを入力した場合には、データベースに挿入せずにユーザーにエラーを返します。データベースに正しいデータ入るように検証する機能がCreateページには必要になります。

2.5.1 | Createページの役割

ユーザーはCreateページで新しいデータを入力します（図2-35）。Personテーブルでは主キーであるid列は自動的にインクリメントされるため、名前（name）と年齢（age）の2つの項目を入力する必要があります。名前は文字列を入力しますが、年齢は数値になります。例えば、年齢に「abc」のような文字列を入力した場合には、エラーとして扱わなければいけません。

Createページでは、ユーザーが値を入力するページの表示、ユーザーから入力されたデータの検証、データをデータベースに挿入の3つの機能を持ちます。入力ページの表示はViewのCreate.cshtmlで行い、データの検証とデータベースへの挿入はControllerのCreateメソッドで実現しています。

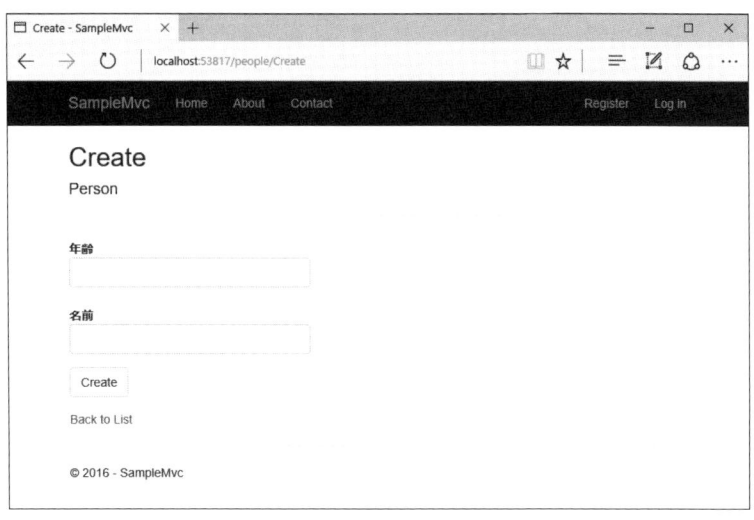

図2-35 Createページ

2.5.2 | PeopleControllerクラスのCreateメソッド

Createページは、Indexページの［Create New］のリンクをクリックすることでページを表示します。この後、Createページで［Create］ボタンをクリックしたときにデータベースにデータを挿入します。

それぞれの動作は、PeopleControllerクラスの異なるCreateメソッドを呼び出します。

リスト2-32 **Create**メソッド（表示時）

```
public IActionResult Create()  ◀─①
{
    return View();
}
```

IndexページからCreateページを表示させようとしたときには、リスト2-33の①のCreateメソッドが呼び出されます。ブラウザーのアドレスが「http://localhost:53817/People/Create」になります。ページを表示するメソッドなので、特に処理をすることもなくViewメソッドを呼び出して、そのままCreate.cshtmlページを表示します。

リスト2-33 **Create**メソッド（登録時）

```
[HttpPost]  ◀─②
[ValidateAntiForgeryToken]
public async Task<IActionResult> Create([Bind("Id,Age,Name")] ◑
Person person)  ◀─③
{
```

```
    if (ModelState.IsValid)  ←④
    {
        _context.Add(person);  ←⑤
        await _context.SaveChangesAsync();
        return RedirectToAction("Index");  ←⑥
    }
    return View(person);  ←⑦
}
```

　Createページで項目を入力した後に［Create］ボタンを押したときに呼び出されるメソッドが、リスト2-33の③になります。Createページに入力されたデータは「POST」形式で送られてきます。POST形式はHTTPプロトコルの本文してデータが送られている形式です。「GET」形式とは異なりアドレスに埋め込まず、大きなデータを安全にやり取りすることができます。

　このCreateメソッドがPOST形式でデータを受けることを示すために、②でHttpPost属性を付けておきます。ブラウザーからPOST形式で送られたデータは、Createメソッドの引数となるPersonオブジェクトにマッピングされます。

　ただし、マッピングするときに入力エラーが発生してることがあります。年齢の項目に数値に変換できないような文字列を入力したり、Modelクラスで設定している制限（MaxLength属性やRange属性）に引っ掛かったときには、④のModelState.IsValidプロパティの値がfalseになります。このときは、⑦でそのまま受け取ったデータを返してViewメソッドを呼び出します。ブラウザーでは再びCreateページとなり、エラーメッセージが表示されます（図2-36）。

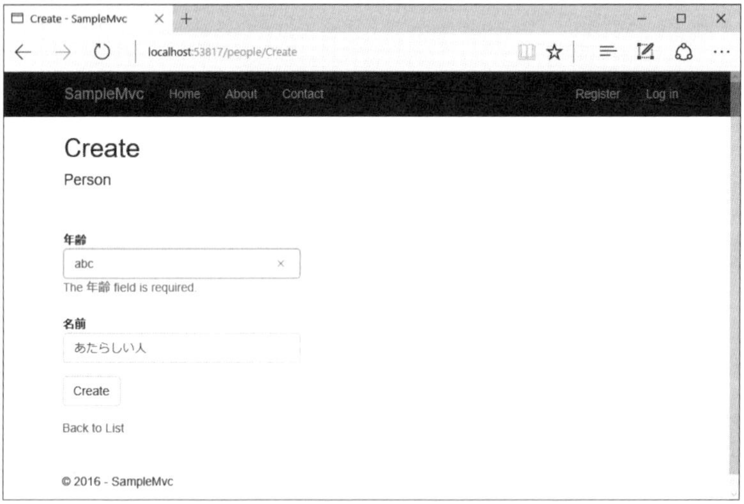

図2-36　Createページのエラー表示

　正常に入力データの検証が済むと、⑤でコンテキストに入力データをAddメソッドで追加し、SaveChangesAsyncメソッドでデータベースに反映します。

　そして、⑥のようにRedirectToActionメソッドを使い、元のIndexページにジャンプします。スキャフォールディング機能で生成したCreateメソッドでは、ModelState.IsValidプロパティのみでデータの検証をチェックしていますが、Createメソッド内で⑤の処理を行う前にチェックするコードを入れても構いません。

　Modelクラス（Personクラス）の検証属性ではなく、Controllerクラス内の状態で条件をチェックすることがあるでしょう。そのような場合は、リスト2-34のようにCreateメソッド内でpersonオブジェクトの内容をチェックします。このときエラーメッセージをModelState.AddModelErrorメソッドを使って返すことができます。

リスト2-34　条件を設定した**Create**メソッド

```
public async Task<IActionResult> Create([Bind("Id,Age,Name")] ➥
Person person)
{
    if (ModelState.IsValid)
    {
        if ( person.Age < 20 )
        {
            ModelState.AddModelError("Age", "二十歳未満です");
            return View(person);
        }
        _context.Add(person);
        await _context.SaveChangesAsync();
        return RedirectToAction("Index");
    }
    return View(person);
}
```

　Createビューのエラー表示はHtml.ValidationSummaryメソッドやHtml.ValidationMessageメソッドを使うことができます。

2.5.3 ｜ Create.cshtmlページ

　Createページ（リスト2-35）は、IndexページやDetailsページとは異なり、ユーザーが入力するための項目があります。ブラウザーから入力する項目（inputタグなど）はformタグによって囲まれています。

リスト2-35　**Create.cshtml**

```
@model SampleMvc.Models.Person

@{
    ViewData["Title"] = "Create";
}

<h2>Create</h2>
```

```
<form asp-action="Create">   ←①
    <div class="form-horizontal">
        <h4>Person</h4>
        <hr />
        <div asp-validation-summary="ModelOnly" class="text-↩
danger"></div>
        <div class="form-group">
            <label asp-for="Age" class="col-md-2 control-label">↩
</label>   ←②
            <div class="col-md-10">
                <input asp-for="Age" class="form-control" />   ←③
                <span asp-validation-for="Age" ↩
class="text-danger" />   ←④
            </div>
        </div>
        <div class="form-group">
            <label asp-for="Name" class="col-md-2 control-label">↩
</label>
            <div class="col-md-10">
                <input asp-for="Name" class="form-control" />
                <span asp-validation-for="Name" ↩
class="text-danger" />
            </div>
        </div>
        <div class="form-group">
            <div class="col-md-offset-2 col-md-10">
                <input type="submit" value="Create" ↩
class="btn btn-default" />   ←⑤
            </div>
        </div>
    </div>
</form>

<div>
    <a asp-action="Index">Back to List</a>
</div>

@section Scripts {
    @{await Html.RenderPartialAsync("_ValidationScriptsPartial")↩
;}   ←⑥
}
```

　Createページのレイアウトを変更する場合は、①のformタグで囲んである部分に注意して、それぞれの入力部分であるinputタグとエラー表示のためのspanタグを移します。

2.5.4 | Formタグを生成する

　ブラウザーからユーザー入力を行うためにはformタグを使います。ASP.NET MVCのタグヘルパーでは、formタグにasp-action属性を追加して、action属性とmethod属性を同時に設定するようにしています（リスト2-36）。

リスト2-36　**Create.cshtml**の**asp-action**属性（リスト2-35の一部）

```
<form asp-action="Create">  ←①
    ...
</form>
```

リスト2-37　変換された**form**タグ

```
<form action="/people/Create" method="post">
    ...
</form>
```

　リンクを設定するＡタグと同じように、変換後のformタグのコード（リスト2-37）を見るとViewの［people］フォルダーが補完されています。また、［Create］ボタンをクリックしたときにHTTPプロトコルのPOSTメソッドが実行されるように「method="post"」が追加になります。

2.5.5 | 入力項目を表示する

　ブラウザーでの入力項目は主にinputタグが使われます。ここでは年齢（Age）を入力するためのinputタグ（リスト2-38）がどのように変換されるのかを見ていきましょう。

リスト2-38　**Create.cshtml**の年齢（**Age**）を入力するための**input**タグ（リスト2-35の一部）

```
<label asp-for="Age" class="col-md-2 control-label"></label>  ←②
<div class="col-md-10">
    <input asp-for="Age" class="form-control" />  ←③
    <span asp-validation-for="Age" class="text-danger" />  ←④
</div>
```

リスト2-39　変換された**input**タグ

```
<label class="col-md-2 control-label" for="Age">年齢</label>  ←②'
<div class="col-md-10">
  <input class="form-control" type="number" data-val=⊃
"true" ...  ←③'
      id="Age" name="Age" value="" />
  <span class="text-danger field-validation-valid"  ←④'
```

```
        data-valmsg-for="Age" data-valmsg-replace="true" />
    </div>
```

②で項目のタイトルを表示しています。labelタグのasp-for属性にPersonクラスのプロパティを設定して、対象のプロパティのDisplay属性を表示します。Ageプロパティでは、Display属性に「年齢」を設定しているので、②'のlabelタグにタイトルが表示されています。

③の入力項目はinputタグのasp-for属性にプロパティを設定します。これもModelであるPersonクラスのAgeプロパティにある各種の属性をチェックします。検証を行うためのRange属性などの設定が、変換後の③'に設定されます。ここでは紙面の都合上、検証用のデータを省略していますが、data-val-range属性やdata-val-required属性が自動で設定されています。これらの値を用いて⑥にある検証Javascriptを実行して、ブラウザー側でチェックされます。

クライアント側でエラーが検出された場合は、④のspanタグに出力されます。

2.5.6 [Create]ボタンを作成する

データを入力して、サーバーに送信するための[Create]ボタンは、リスト2-40の⑤のinputタグになります。

リスト2-40 Create.cshtmlのサーバーに送信するための[Create]ボタン（リスト2-35の一部）

```
<input type="submit" value="Create" class="btn btn-default" />  ◀─⑤
```

リスト2-41 変換後の[Create]ボタン

```
<input type="submit" value="Create" class="btn btn-default" />  ◀─⑤'
```

変換後のコードは特に変わりません（リスト2-41）。type属性にsubmitが設定されているので、この[Create]ボタンをクリックすることで、①にあるformタグのactionが実行されます。

2.5.7 検証結果を表示する

入力項目の検証は、クライアントサイドとサーバーサイドの2種類の検証があります。サーバーサイドの検証は[Create]ボタンをクリックされた後で、サーバー側のControllerクラスのCreateメッド内で実行されます。

一方でクライアントサイドの検証では、⑥の部分でブラウザーのJavaScriptを使ってチェックがされています（リスト2-42）。

リスト2-42 **Create.cshtml**のクライアントサイド検証（リスト2-35の一部）

```
@section Scripts {
    @{await Html.RenderPartialAsync("_ValidationScriptsPartial");}    ←⑥
}
```

　年齢（Age）の項目には数値が入力されるはずですが、「aaa」のように文字列を入力すると
カーソルが他の項目に移ったときに即座に検証ロジックが実行されます。

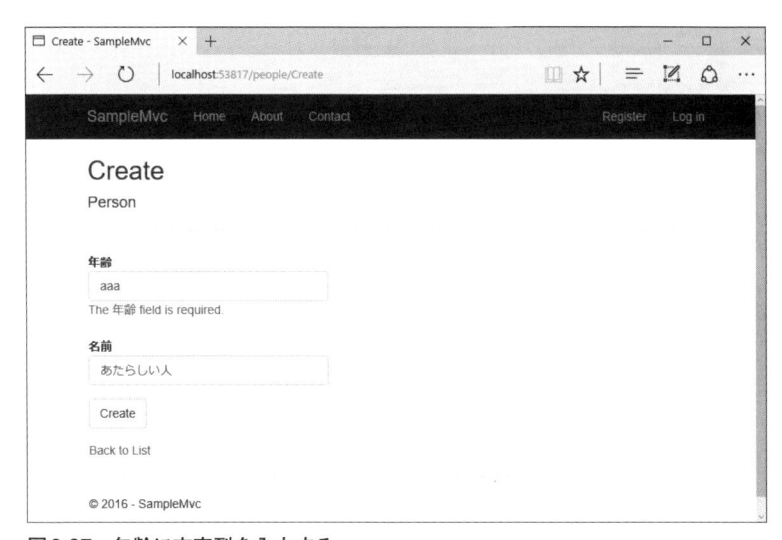

図2-37　年齢に文字列を入力する

　図2-37では、年齢に数値を要求するので「The 年齢 field is required.」とエラーメッセージ
が表示されています。

2.5.8 │ Personクラスに検証を追加する

　Modelクラスである Person クラスに MaxLength 属性や Range 属性を付けることにより、
クライアントサイドでの検証を行うことができます（リスト2-43、図2-38）。詳しくは「第3
章　Modelの活用」で解説をしますが、Person クラスに属性を追加して実際に試してみま
しょう。

リスト2-43 **Person**クラスへの検証の追加

```
public partial class Person
{
    public int Id { get; set; }
    [Display(Name = "名前")]
    [MaxLength(10, ErrorMessage = "名前は10文字以内でお願いします")]
    public string Name { get; set; }
```

```
    [Display(Name = "年齢")]
    [DisplayFormat(DataFormatString = "{0} 歳")]
    [Range(18,100,ErrorMessage ="年齢は18歳から100歳までです")]
    public int Age { get; set; }
}
```

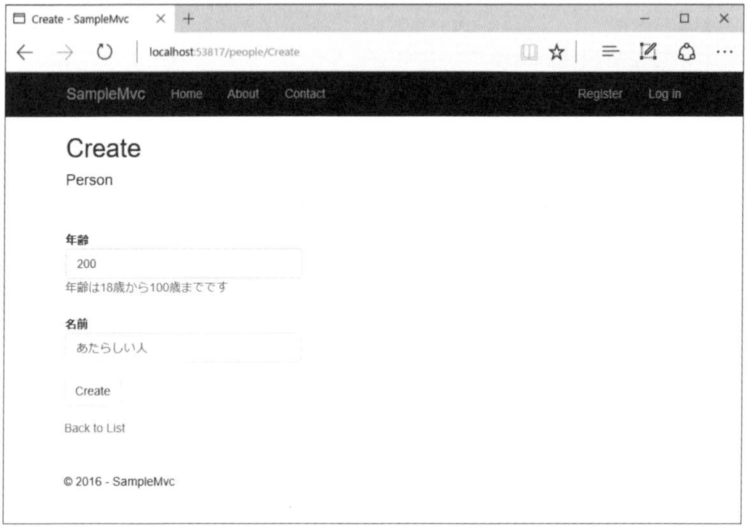

図2-38　年齢が範囲外のとき

　このように数値の範囲や文字列の長さを制限したい場合には、Modelクラスの検証用の属性を付けると便利です。検証自体もクライアントサイドで行われるためサーバーへのアクセスが無く、ユーザーへのレスポンスが早くなります。

　ただし、Modelクラスの属性に設定してしまうため、動的に変更することができません。状況に応じて条件が変化する場合や、複雑な組み合わせで検証する場合には、Controllerクラスの Create メソッドでチェックロジックを記述するとよいでしょう。

2.6 編集（Edit）ページの生成

　続いてデータを更新するためのEditページの詳細を見ていきましょう。EditページはCreateページと同じ仕組みになっています。Createページを開いたときには何も入力されていない状態になっていますが、Editページの場合は既存のデータが入力されている状態になります。Detailsページのように主キー（id列）で検索し、データを取得します。そして、Createページのように入力ができるページを作成することになります。

2.6.1 │ Editページの役割

　ユーザーはEditページで既存のデータを修正します。スキャフォールディング機能で自動生成した場合、Indexページの一覧から［Edit］のリンクをクリックするか、Detailsページの［Edit］のリンクをクリックしてEditページを開きます（図2-39）。

　ブラウザーのアドレスには「http://localhost:53817/people/Edit/1」のように、idが指定されています。このidはIndexページやDetailsページから遷移する以外にも、ユーザーがアドレスを編集して入力することができます。このため、Detailsページと同じように不正なidが入っていないかどうかをチェックする必要があります。

　また、Editページでデータを入力した後に［Save］ボタンをクリックしてデータベースに登録を行いますが、複数のユーザーが同時操作を行っていたときの考慮が必要になります。これらの仕組みは、スキャフォールディング機能で自動生成されるControllerクラスのEditメソッドに記述されています。

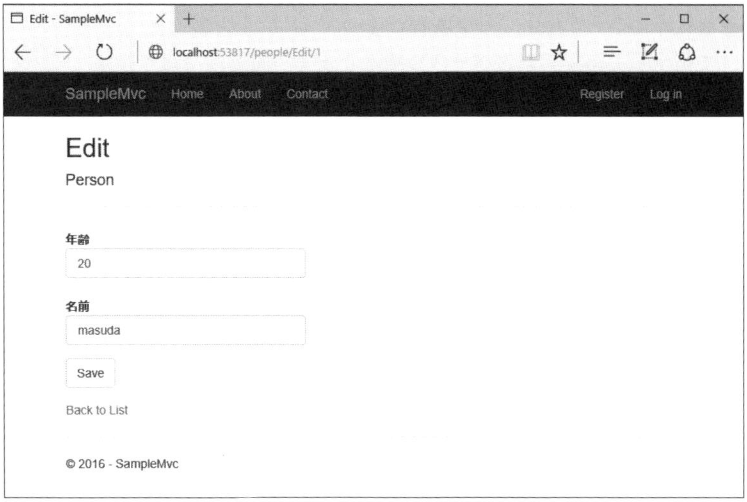

図2-39　Editページ

2.6.2 │ PeopleControllerクラスのEditメソッド

　Editページは、IndexページやDetailsページから［Edit］のリンクをクリックして指定のデータ編集できるようにします。このため、ページを開いたときに呼び出される表示用と、［Save］ボタンをクリックしてデータベースへ登録を行うための2つのEditメソッドがあります。

リスト2-44　**Edit**メソッド（表示時）

```
public async Task<IActionResult> Edit(int? id)  ←①
{
```

```
    if (id == null)  ◀─②
    {
        return NotFound();
    }

    var person = await _context.Person.SingleOrDefaultAsync(m => ➲
m.Id == id);  ◀─③
    if (person == null)  ◀─④
    {
        return NotFound();
    }
    return View(person);  ◀─⑤
}
```

　表示用のEditメソッド（リスト2-44）は、Detailsメソッドと同じ作りになります。①で、id
を指定されてEditメソッドが呼び出されます。不正な呼び出しを行った場合には、idがnull
のままになるため②でチェックを行います。

　③で指定したidでデータベースを検索します。間違ったidを指定していた場合には、検索
結果がnullになるため④でエラー表示を行います。

　データが正しく取得できた場合は、⑤のようにViewメソッドの引数にpersonオブジェク
トを渡してEidtページを表示します。

リスト2-45　**Edit**メソッド（登録時）

```
[HttpPost]  ◀─⑥
[ValidateAntiForgeryToken]
public async Task<IActionResult> Edit(int id, [Bind(➲
"Id,Age,Name")] Person person)  ◀─⑦
{
    if (id != person.Id)  ◀─⑧
    {
        return NotFound();
    }

    if (ModelState.IsValid)  ◀─⑨
    {
        try
        {
            _context.Update(person);  ◀─⑩
            await _context.SaveChangesAsync();
        }
        catch (DbUpdateConcurrencyException)
        {
            if (!PersonExists(person.Id))
            {
                return NotFound();
            }
            else
```

```
            {
                throw;
            }
        }
        return RedirectToAction("Index");   ←⑪
    }
    return View(person);   ←⑫
}
```

　登録時のEditメソッド（リスト2-45）の大枠はCreateメソッドと同じなのですが、既存の
データを更新するためにidを指定するため少しチェックが多くなっています。
　⑥の属性はEditメソッドがPOST形式で呼び出されるためのチェックです。これはCreate
メソッドと同じになります。
　⑦でEditメソッドの引数をPersonクラスにマッピングをします。送られてきたデータの中
に、更新するためのidが入っていない場合は、⑧でエラーになります。通常のEditページか
ら［Save］ボタンをクリックしたときは常にidが入っているのですが、独自なページを作成
したりデータを偽装したときの念のためのチェックになります。
　⑨でModelState.IsValidプロパティの値をチェックします。falseの場合は、元のデータを
表示するため⑫までジャンプします。
　データの更新は、Updateメソッドを使って⑩で行います。データベースに反映するために
SaveChangesAsyncメソッドを呼び出します。
　このとき例外が発生する可能性があります。複数のユーザーが同時にアクセスしていたと
きには、更新しようとしていたデータが既に削除されている可能性があります。この場合に
は例外が発生します。

2.6.3 │ **Edit.cshtmlページ**

　Editページは、Createページとほぼ同じ構造になっています（リスト2-46）。ユーザーから
入力を受け付けるためのinputタグがformタグに囲まれています。
　1つだけ異なる箇所は、データのid（主キー）を保持しているところです。登録時のEditメ
ソッドでチェックしていたように、POSTメソッドのデータとして渡されるidと、ブラウザー
のアドレスに含まれるidとの整合性チェックができるようになっています。

リスト2-46　**Edit.cshtml**

```
@model SampleMvc.Models.Person

@{
    ViewData["Title"] = "Edit";
}

<h2>Edit</h2>

<form asp-action="Edit">   ←①
```

```
            <div class="form-horizontal">
                <h4>Person</h4>
                <hr />
                <div asp-validation-summary="ModelOnly" class="text-↻
danger"></div>
            <input type="hidden" asp-for="Id" />   ◄②
                <div class="form-group">
                    <label asp-for="Age" class="col-md-2 control-label">↻
</label>
                    <div class="col-md-10">
                        <input asp-for="Age" class="form-control" />
                        <span asp-validation-for="Age" class=↻
"text-danger" />
                    </div>
                </div>
                <div class="form-group">
                    <label asp-for="Name" class="col-md-2 control-label">↻
</label>   ◄③
                    <div class="col-md-10">
                        <input asp-for="Name" class="form-control" />
                        <span asp-validation-for="Name" class=↻
"text-danger" />
                    </div>
                </div>
                <div class="form-group">
                    <div class="col-md-offset-2 col-md-10">
                        <input type="submit" value="Save" class=↻
"btn btn-default" />   ◄④
                    </div>
                </div>
            </div>
</form>

<div>
    <a asp-action="Index">Back to List</a>
</div>

@section Scripts {
    @{await Html.RenderPartialAsync("_ValidationScriptsPartial");}   ◄⑤
}
```

　Editページも Createページと同じようにレイアウトを変更できます。①の form タグで囲ま
れた部分に注意すれば、自由にレイアウトを変更しても大丈夫です。

2.6.4 ┃ **Formタグを生成する**

　ブラウザーからユーザー入力を行うためにはformタグを使います（リスト2-47）。Create
ページと同じように、変換後はaction属性とmethod属性が同時に設定されるようになってい
ます（リスト2-48）。

リスト2-47　**Edit.cshtml**（リスト2-46の一部）

```
<form asp-action="Edit">  ←①
    ...
</form>
```

リスト2-48　変換された**form**タグ

```
<form action="/people/Edit" method="post">
    ...
</form>
```

2.6.5 ┃ **idを保持する**

　データの整合性を合わせるために、inputタグに隠し属性（hidden）を付けてEditページを
作成しています（リスト2-49）。この項目は画面に表示されませんが、［Commit］ボタンで登
録を行ったときに通常のinputタグのデータと一緒にサーバーに送られます。

リスト2-49　**Edit.cshtml**（リスト2-46の一部）

```
<input type="hidden" asp-for="Id" />  ←②
```

　画面に表示されないので、レイアウトを変えるときにこのタグを消さないように注意して
ください。

2.6.6 ┃ **入力項目を表示する**

　入力項目部分はCreateページと同じです。labelタグとinputタグにasp-for属性を付けるこ
とにより、ModelとなるPersonクラスのAgeプロパティと結びつけています。

リスト2-50　**Edit.cshtml**の入力項目部分（リスト2-46の一部）

```
<label asp-for="Name" class="col-md-2 control-label"></label>  ←③
<div class="col-md-10">
  <input asp-for="Name" class="form-control" />
  <span asp-validation-for="Name" class="text-danger" />
</div>
```

2.6.7 | [Save] ボタンを作成する

　データを入力して、サーバーに送信するための [Save] ボタンは、リスト2-51の④のinput
タグになります。

リスト2-51　**Edit.cshtml**の[**Save**]ボタン（リスト2-46の一部）

```
<input type="submit" value="Save" class="btn btn-default" />  ◀④
```

　Createページの [Create] ボタンと同じです。この [Save] ボタンをクリックしたときに、
Controllerクラスの登録用のEditメソッドが呼び出されます。

2.6.8 | 検証結果を表示する

　検証の仕組みもCreateページと同じものが使われます。

リスト2-52　**Edit.cshtml**の検証コード（リスト2-46の一部）

```
@section Scripts {
    @{await Html.RenderPartialAsync("_ValidationScriptsPartial");}  ◀⑤
}
```

　Modelクラスに検証用の属性を付けた場合は、CreateページとEditページの両方に適用さ
れます。同じ検証ロジックが実行されるため2つのページの違いを気にする必要はありません。
　ただし、独自にCreateメソッド内で検証ロジックを作ったときには、Editメソッドでも同
じような検証ロジックが実行されるように追加しておきます。共通の検証ロジックのメソッ
ドを作成しておき、ControllerクラスのCreateメソッドとEditメソッドのModelState.
IsValidプロパティのチェックあたりに追加するとよいでしょう。

2.7 | 削除（Delete）ページの生成

　最後に指定したデータを削除するためのDeleteページの詳細を見ていきましょう。Delete
ページは、これから削除するデータを一度表示した後に、ユーザーに確認をして削除を実行
します。既存のデータの表示はDetailsページと同じものです。このページに削除を実行する
ための [Delete] ボタンを追加しています。

2.7.1 | Deleteページの役割

　ユーザーはIndexページで削除対象のデータを選んで [Delete] のリンクをクリックしま
す。このとき直ぐにデータを削除するのではなく、一度データの内容を表示させてユーザー

に再確認をします（図2-40）。この確認のためのDeleteページで［Delete］ボタンをクリック
したときに、実際の削除が行われます。

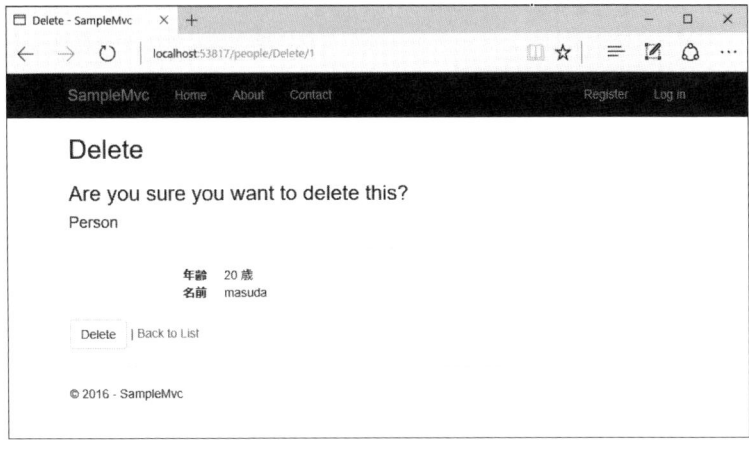

図2-40　Deleteページ

2.7.2 | PeopleControllerクラスのDeleteメソッド

Deleteページは、Indexページから［Delete］のリンクをクリックしてデータを表示します。
このため、ページを開いたときに呼び出される確認用のメソッドと、［Delete］ボタンをク
リックしてデータベースから削除を実行するメソッドの2つがあります。

リスト2-53　**Delete**メソッド（確認時）

```
public async Task<IActionResult> Delete(int? id)  ←①
{
    if (id == null)  ←②
    {
        return NotFound();
    }

    var person = await _context.Person.SingleOrDefaultAsync(m => ➲
m.Id == id);  ←③
    if (person == null)  ←④
    {
        return NotFound();
    }

    return View(person);  ←⑤
}
```

　確認用のDeleteメソッド（リスト2-53）は、Detailsメソッドや表示用のEditメソッドと同じ作りになります。

　①で、idを指定されてDeleteメソッドが呼び出され、不正な呼び出しが行われたときには②でエラーを返します。

　③でデータを検索して、データが見つからない場合は④でエラーを返します。データがあるときには⑤で、personオブジェクトを渡してDeleteページを表示をします。

リスト2-54　**Delete**メソッド（実行時）

```
[HttpPost, ActionName("Delete")]  ◀─⑥
[ValidateAntiForgeryToken]
public async Task<IActionResult> DeleteConfirmed(int id)  ◀─⑦
{
    var person = await _context.Person.SingleOrDefaultAsync(m => ⊃
m.Id == id);  ◀─⑧
    _context.Person.Remove(person);  ◀─⑨
    await _context.SaveChangesAsync();
    return RedirectToAction("Index");  ◀─⑩
}
```

　データを削除するためのDeleteメソッド（リスト2-54）は、POST形式で実行されるため⑥でチェックを行います。

　ブラウザーのアドレスにidが含まれているので、⑦で引数として受け取ります。

　データを削除するために、idを指定して一度⑧のように検索を行います。

　検索して見つかったデータに対して、⑨のようにRemoveメソッドで削除を行います。データベースへの反映はSaveChangesAsyncメソッドを実行します。

　データを削除したら、トップページに戻すためにRedirectToActionメソッドに「Index」を指定して呼び出します。Indexページを表示するときに再検索を行うため、既に削除した項目は一覧に出てきません。

　スキャフォールディング機能で生成したDeleteメソッドでは、ユーザーが同時アクセスをして既にデータが削除されてしまっていた時に、⑧の戻り値がnullになります。これを回避するために、複数のユーザーが操作する可能性がある場合は、リスト2-55のようにnullのチェックを行うように修正します。

リスト2-55　削除済みを考慮する

```
public async Task<IActionResult> DeleteConfirmed(int id)
{
    var person = await _context.Person.SingleOrDefaultAsync(m => ⊃
m.Id == id);
    if (person != null)
    {
        _context.Person.Remove(person);
        await _context.SaveChangesAsync();
    }
    return RedirectToAction("Index");
}
```

2.7.3 │ Delete.cshtmlページ

　Deleteページは、データの内容を表示するDetailsページと同じ仕組みになります（リスト2-56）。Modelクラスのタイトルを表示するためにHtml.DisplayNameForメソッドを使い、プロパティの値を表示するためにHtml.DisplayForメソッドを使っています。

リスト2-56 **Delete.cshtml**

```
@model SampleMvc.Models.Person

@{
    ViewData["Title"] = "Delete";
}

<h2>Delete</h2>

<h3>Are you sure you want to delete this?</h3>
<div>
    <h4>Person</h4>
    <hr />
    <dl class="dl-horizontal">
        <dt>
            @Html.DisplayNameFor(model => model.Age)
        </dt>
        <dd>
            @Html.DisplayFor(model => model.Age)
        </dd>
        <dt>
            @Html.DisplayNameFor(model => model.Name)
        </dt>
        <dd>
            @Html.DisplayFor(model => model.Name)
        </dd>
    </dl>

    <form asp-action="Delete">  ◀─①
        <div class="form-actions no-color">
            <input type="submit" value="Delete" class="btn btn-↩
default" /> |  ◀─②
            <a asp-action="Index">Back to List</a>
        </div>
    </form>
</div>
```

　削除を実行するためのDeleteメソッドの呼び出しは、①の部分でformタグを作成してSubmitボタンを置きます。

2.7.4 │ Formタグを生成する

［Delete］ボタンを実行するためにformタグを使います（リスト2-57）。

リスト2-57 **Delete.cshtml**

```
<form asp-action="Delete">  ◀①
    ...
</form>
```

リスト2-58 **変換されたformタグ**

```
<form action="/people/Delete" method="post">
    ...
</form>
```

［Delete］ボタンをクリックすると、POST形式でControllerクラスのDeleteメソッドが呼び出されます。何のデータも送っていないので、このsubmitはGET形式でもよいと思われるかもしれません。しかし、これはWebサイトのクローラー（検索ロボット）対策になります。クローラーはリンクを辿ってWebサイトを探索するために、［Delete］ボタンの呼び出しをGET形式にすると、ControllerクラスのDeleteメソッドが通常のリンクと同じようにクローラーによって呼び出されてしまいます。そうすると、クローラーがデータベースのデータをすべて消してしまう恐れが出てきます。このため削除のようなクローラーで実行されたくないメソッドに関しては、POST形式にしてガードを掛けておきます。

2.7.5 │ ［Delete］ボタンを作成する

削除を実行するためのボタンは、リスト2-59の②の［Delete］ボタンになります。

リスト2-59 **Delete.cshtml**

```
<input type="submit" value="Delete" class="btn btn-default" /> |  ◀②
```

EditページやCreateページのsubmitボタンと同じになります。この［Delete］ボタンをクリックすることによって、Controllerクラスの実行用のDeleteメソッドが呼び出されます。このとき削除するidは、アドレスに含まれる番号になります。

2.8 │ この章のチェックリスト

この章では、Visual Studioを利用してASP.NET MVCアプリケーションを作成しました。データベースをアクセスするための方法はいくつかありますが、スキャフォールディング機能を使うと自動的にCRUD機能を持つページを作ってくれます。このページはマスターテー

ブルのような簡単なテーブルであれば、そのまま使うこともできるぐらいの機能が揃っています。

✔ チェックリスト

① スキャフォールディングとは、英語で　A　という意味である。ASP.NET MVC のスキャフォールディング機能を使うと、　A　のままでも使えるし、あとから機能を追加することも可能である。

② ASP.NET MVCでプロジェクトを作成するとソリューションエクスプローラーに　B　と　C　と　D　の3つのフォルダーが作成される。スキャフォールディング機能を実行すると、　B　にあるEntity FrameworkのModelクラスを利用して、　C　にはControllerクラスが、　D　にはViewクラスが自動生成される。

③ ASP.NET MVCでは、Modelクラスの単語の　E　が、Controllerクラスに付けられる。　E　の名称は、そのままViewを呼び出すときのフォルダー名として使われる。デフォルトで　E　が推奨されているが、設定で変えることもできる。

④ ASP.NET MVCのViewクラスでは、拡張子が　F　のファイルが使われる。このファイルではRazor構文が使われ　G　形式とC#のコードを混在させることができる。

⑤ CreateページやEditページで使われるformタグは、データを　H　形式でサーバーに送るために使われている。Controllerのメソッドには　I　という属性を付けてガードを掛けている。

答え

①A　足場
②B　Models　　　C　Controllers　　　D　Views
③E　複数形
④F　cshmtl　　　G　HTML
⑤H　POST　　　I　HttpPost

第 3 章
Modelの活用

この章からASP.NET MVCの詳しい機能について解説していきましょう。まずは、MVCパターンの「Model」に関する解説です。Modelクラスはデータベースから自動生成したり、逆に独自のModelクラスを作ってデータベースに反映することができます。Modelクラスではデータそのものを扱うだけでなく「アノテーション」を使った入力制限も情報として付加できることを確認していきます。

3.1 | Entitiy Frameworkの活用

ASP.NET MVCでは、データベースへアクセスする方法として、「第2章　スキャフォールディングの利用」で解説したデータベースからModelクラスを作る方法と、逆にModelクラスのコードからデータベースを作成する方法の2つがあります。後者は「コードファースト」と呼ばれる手法です。どちらも、データベースにアクセスするために、Entity Frameworkを使います。Entity Frameworkは、データベースとC#のオブジェクトクラスとを相互にやり取りするORマッピングの一種です。ASP.NET MVCアプリケーションを作る途中には、データベースのテーブル構造が変わったり、逆にModelクラスの構造が変わることがあります。このような場合にも柔軟に対応できるような仕組みがASP.NET MVCには備わっています。

MVCパターンのModelクラスに注目しながら、それらの仕組みを詳細に解説していきましょう。

3.1.1 | dotnet efコマンドを使う

第2章で解説したスキャフォールディング機能を使って、Modelクラスの詳細を見ていきましょう。この章で再度新たにサンプルを構築します。第2章の手順に従って、Visual Studioで「SampleDBModelMvc」という名前の新規プロジェクトを作成します。そして第2章で作成したtestdbデータベースのPersonテーブルにアクセスするModelクラスを、コマンドラインを使って次のように記述します（リスト3-1）。

リスト3-1 **Model**クラスを作る**dotnet ef**コマンド

```
dotnet ef dbcontext scaffold  ←①
  "Server=.;Database=testdb;Trusted_Connection=True"  ←②
  Microsoft.EntityFrameworkCore.SqlServer  ←③
  -o Models  ←④
```

説明の都合上、複数行に分けてありますが、実際は1行にして実行します。

①は、データベースからModelクラスを作成するためのコマンドです。データベースのテーブルにアクセスするための方法が「dbcontext」というコマンドになり、出力するために「scaffold」というパラメーターを指定します。ASP.NET MVCのテンプレートを使って認証ありのプロジェクトを作成すると、プロジェクトの［Data］フォルダーの中にApplicationDbContext.csというファイルができています。ログイン認証などを扱うテーブルなどは、あらかじめ作成されてあるApplicationDbContextクラスを通してアクセスを行います。

②で、データベースに接続するための接続文字列を指定します。この例ではローカルサーバーの「testdb」というデータベースにWindows認証でアクセスをします。このデータベースにアクセスするDbContextは、「testdbContext」という名前になります。この名前は、「-c」スイッチを使って別の名前を指定することもできます。

③は、SQL ServerにアクセスするためのEntity Frameworkライブラリです。

④で出力先のModelクラスのフォルダーを指定します。このスイッチを付けないと、カレントフォルダーでModelクラスが作成されてしまうので、必ず「-o Models」としてASP.NET MVCプロジェクトの［Models］フォルダーを指定するようにします。

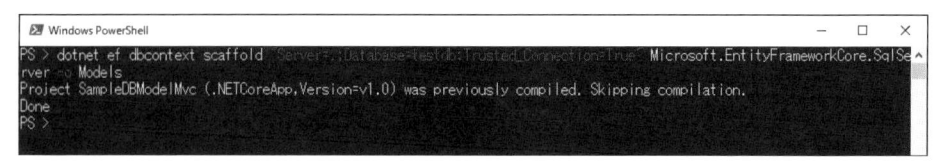

図3-1 PowerShellで実行

dotnet efコマンドの実行が成功すると、コマンドラインに「Done」と表示され、ソリューションエクスプローラーの［Models］フォルダーにデータベース上のテーブルから作成されたModelクラスが追加されます（図3-1、3-2）。

指定したデータベース上にあるテーブルを全て出力するので、あらかじめテーブルを整理しておくか、-tスイッチを付けて出力するテーブルを指定します（リスト3-2）。

図3-2 ソリューションエクスプローラー

リスト3-2　**-t**スイッチで出力テーブルを指定

```
dotnet ef dbcontext scaffold
  "Server=.;Database=testdb;Trusted_Connection=True"
  Microsoft.EntityFrameworkCore.SqlServer
  -o Models -t Person
```

Modelクラスを作るときのコマンドスイッチはリスト3-3の通りです。

リスト3-3　**dotnet ef dbcontext scaffold**のヘルプ

```
Usage: dotnet ef dbcontext scaffold [arguments] [options]

Arguments:
  [connection]  The connection string of the database
  [provider]    The provider to use. For example, Microsoft.EntityFrameworkCore.SqlServer

Options:
  -a|--data-annotations            Use DataAnnotation attributes to configure the model where possible. If omitted, the output code will use only the fluent API.
  -c|--context <name>              Name of the generated DbContext class.
  -f|--force                       Force scaffolding to overwrite existing files. Otherwise, the code will only proceed if no output files would be overwritten.
  -o|--output-dir <path>           Directory of the project where the classes should be output. If omitted, the top-level project directory is used.
  --schema <schema>                Selects a schema for which to generate classes.
  -t|--table <schema.table>        Selects a table for which to generate classes.
  -e|--environment <environment>   The environment to use. If omitted, "Development" is used.
  -h|--help                        Show help information
  -v|--verbose                     Enable verbose output
```

　作成したModelクラスは自動的にASP.NET MVCのプロジェクトに追加されます。出力先を「-o Models」と指定しているので、プロジェクトの［Models］フォルダーに「Person.cs」と「testdbContext.cs」の2つのファイルが追加されます。

3.1.2 | Modelクラスの詳細

　生成されたModelクラス（Personクラス）の詳細を見ていきましょう（リスト3-4）。SQL Server Management StudioでPersonテーブルの構造を開いて（図3-3）、具体的に見比べていきます。

リスト3-4　**Person**クラス

```
using System;
using System.Collections.Generic;

namespace SampleDBModelMvc.Models
{
    public partial class Person   ←①
    {
```

```
        public int Id { get; set; }  ←②
        public string Name { get; set; }  ←③
        public int Age { get; set; }
    }
}
```

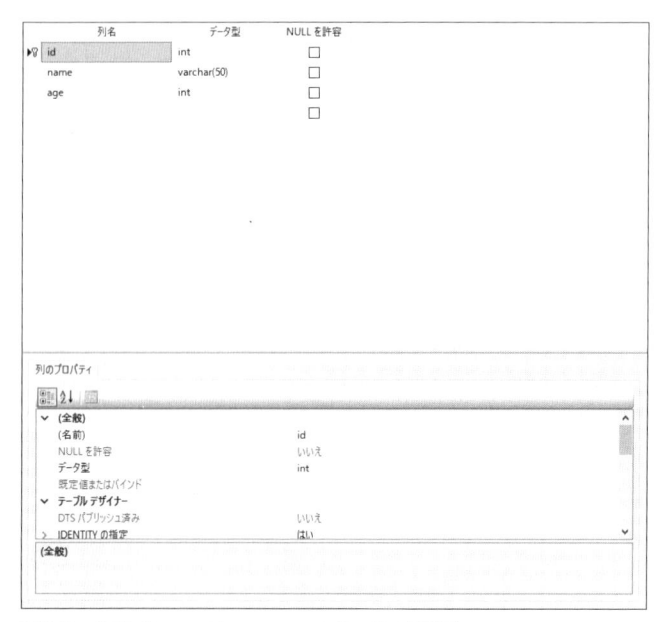

図3-3 SQL Server Management Studioの表示

　①のようにテーブルの名称はそのままModelクラスの名称になります。SQL Serverではデフォルトで文字列の大文字小文字を区別しないため「person」と「Person」は同じに扱われますが、C#では大文字小文字が区別されるので「Person」のように先頭が大文字のクラス名で統一されています。

　②のようにクラスのプロパティが、テーブルの列名に対応しています。クラス名と同じようにデータベースのテーブル内では「id」のように小文字になっていても、プロパティでは「Id」と変換されています。これらの大文字小文字の整合性はDbContextクラスで記述されています。

　③のように文字列の場合には、Modelクラスではstring型が直接使われます。データベースのPersonクラスではname列のデータ型を「varchar(50)」のように50文字で制限していますが、変換済みのPersonクラスでは文字数の制限がないことに注意してください。ASP.NET MVCでは入力時のチェックはJavaScriptを使ってクライアントサイドで行われるため、MaxLengthなどのアノテーションの属性を付けてガードします。

　このようにテーブル間の連携のない単純なテーブルの場合は、非常に簡単なModelクラスが生成されます。連携のあるテーブルについては「3.2　EFのコンフィグレーション変更を反映」で説明します。

3.1.3 | DbContextクラスの詳細

　次にデータベースアクセスを一括して取り扱うDbContextクラスを見ていきましょう（リスト3-5）。DbContextクラスでは、データベースからModelクラスの各プロパティの取り扱いや相互の型の整合性を合わせています。Controllerクラスでデータを扱うときにコードが複雑にならないように、テーブルから検索するSQLのSELECT文やテーブルにデータを挿入するINSERT文などをうまく隠蔽しています。

リスト3-5　**testdbContext**クラス

```
using System;
using Microsoft.EntityFrameworkCore;
using Microsoft.EntityFrameworkCore.Metadata;

namespace SampleDBModelMvc.Models
{
    public partial class testdbContext : DbContext
    {
        protected override void OnConfiguring(DbContextOptions◯
Builder optionsBuilder)  ◀①
        {
            #warning To protect potentially sensitive information ◯
in your connection string, you should move it out of source code. ◯
See http://go.microsoft.com/fwlink/?LinkId=723263 for guidance on ◯
storing connection strings.
            optionsBuilder.UseSqlServer(@"Server=.;Database=◯
testdb;Trusted_Connection=True");
        }

        protected override void OnModelCreating(ModelBuilder ◯
modelBuilder)  ◀②
        {
            modelBuilder.Entity<Person>(entity =>  ◀③
            {
                entity.Property(e => e.Id).HasColumnName("id");  ◀④
                entity.Property(e => e.Age).HasColumnName("age");
                entity.Property(e => e.Name)  ◀⑤
                    .IsRequired()
                    .HasColumnName("name")
                    .HasColumnType("varchar(50)");
            });
        }
        public virtual DbSet<Person> Person { get; set; }  ◀⑥
    }
}
```

　①のようにdotnet efコマンドで自動生成されたDbContextクラスでは、データベースの接

続情報がOnConfiguringメソッド内にそのまま記述されています。接続文字列をこのままにしても動作しますが、セキュリティ上は望ましくありません。コード内のコメントで警告されているように、別の設定ファイルなどに移動させておきます。あとから、ログイン情報のApplicationDbContextクラスと同じように、Startupクラスでappsettings.jsonファイルから呼び出すように変更をします。

②では各Modelクラスの情報をModelBuilderオブジェクトに保存しておきます。不要なModelクラスがある場合は、このOnModelCreatingメソッドから削除します。

Personクラスの設定が③になります。先ほど解説した単純構造のPersonクラスにデータベースの情報を付加します。④のように、データベース上では「id」という小文字の名前の列名を、Personクラスでは「Id」プロパティとして扱うように設定します。

数値型はたいていの場合はint型に変換されるのでそれほど複雑ではありませんが、⑤のように文字列型の場合には少しややこしくなります。C#のstring型はnullになりますが、PersonテーブルのName列は「NOT NULL」（NULLを許容しない）となっているため、IsRequiredメソッドを使って必ずなんらかの文字列が入るように設定しておきます。型の情報としては「varchar(50)」のようにテーブルの列の型をそのまま保持しています。

Controllerクラスが生成されるとき、DbContextオブジェクトがそのまま渡されます（リスト3-6）。それぞれのテーブルにアクセスしやすいように、⑥のようにコレクションのプロパティが用意されています。

リスト3-6　**Controller**クラスのコンストラクター

```
public class PeopleController : Controller
{
    private readonly testdbContext _context;

    public PeopleController(testdbContext context)
    {
        _context = context;
    }
```

このDbSetコレクションは、IQueryableインターフェイスを持つためLINQ構文が使えます。LINQ構文ではデータベースへのアクセスが遅延実行され、Whereメソッドによりデータの絞り込みなどを行えるため、直接データベースにSQL文を実行しているのと遜色ないスピードでアクセスします。

CakePHPやRailsのようなMVCパターンのフレームワークでは、このようなデータベースとオブジェクト指向のマッピング（ORマッピング）技術が必須になります。C#やVisual Basicのような.NET言語でMVCパターンのWebアプリケーションを作る場合、データベースアクセス部分をLINQというSQL文に似たスタイルで記述できることは大きな利点です。

3.1.4 ┃ 接続情報を**appsettings.json**に追い出す

データベースアクセスのための接続情報をtestdbContextクラスから取り除いてappsettings.jsonに追い出しましょう。［Models］フォルダーにある「testdbContext.cs」（リスト

3-7)、プロジェクトと同じフォルダーにある「Startup.cs」内のStartupクラス（リスト3-8）、そしてアプリケーションの設定ファイルであるappsettings.json（リスト3-9）の3か所に手を加えます。

リスト3-7　testdbContext クラスの修正

```
public partial class testdbContext : DbContext
{
    public testdbContext(DbContextOptions<testdbContext> options)    ←①
        : base(options)
    {
    }
    protected override void OnConfiguring(DbContextOptionsBuilder ↺
optionsBuilder)    ←②
    {
        // appsettings.json に移動する
        // #warning To protect potentially sensitive information ↺
in your connection string, you should move it out of source code. ↺
See http://go.microsoft.com/fwlink/?LinkId=723263 for guidance on ↺
storing connection strings.
        // optionsBuilder.UseSqlServer(@"Server=.;Database=testdb;↺
Trusted_Connection=True");
    }
```

dotnet efコマンドでデータベースから作成したDbContext（今回の場合はtestdbContext）クラスは、コードの中にデータベースへの接続情報が書かれています。これはASP.NET MVCアプリケーションの練習にはよいのですが、実際に動作するシステムで接続情報を変えようとしたとき、コードの再ビルドが必要になってしまいます。

OnConfiguringメソッドをオーバーライドして接続情報を設定している②をコメントアウトします。後から確認の必要がなければ、OnConfiguringメソッドを削除してもよいでしょう。

①のようにtestdbContextクラスのコンストラクターを作成して、オブジェクトの生成時に接続情報を渡せるように変更しておきます。

リスト3-8　Startup クラスの修正

```
public class Startup
{
...
    // This method gets called by the runtime. Use this method ↺
to add services to the container.
    public void ConfigureServices(IServiceCollection services)
    {
        // Add framework services.
        services.AddDbContext<ApplicationDbContext>(options =>    ←③
            options.UseSqlServer(Configuration.GetConnection↺
String("DefaultConnection")));

        services.AddIdentity<ApplicationUser, IdentityRole>()
```

```
        .AddEntityFrameworkStores<ApplicationDbContext>()
        .AddDefaultTokenProviders();
    // データベースにアクセスする
    services.AddDbContext<testdbContext>(options =>   ←④
        options.UseSqlServer(Configuration.GetConnection⤷
String("DBConnection")));

    services.AddMvc();
    // Add application services.
    services.AddTransient<IEmailSender, AuthMessageSender>();
    services.AddTransient<ISmsSender, AuthMessageSender>();
    }
```

　③はASP.NET MVCのテンプレートプロジェクトが作成している設定です。ログイン認証のための接続情報を、SetupクラスのConfigurationプロパティを使って取り出します。このConfigurationプロパティが読み出すファイルがappsettings.jsonファイルになります。

　④のように既存のデータベースにアクセスできる情報をConfigurationプロパティを使って読み込みます。ここでは「DBConnection」という名前を使って、読み込むようにしています。この名前は自由に決めることができます。

リスト3-9　`appssetting.json`の修正

```
{
  "ConnectionStrings": {
    "DefaultConnection": "Server=(localdb)¥¥mssqllocaldb;Database⤷
=aspnet-SampleDBModelMvc1-9c5b2182-eaa7-4c13-9d45-de86eadf⤷
1913;Trusted_Connection=True;MultipleActiveResultSets=true",   ←⑤
    "DBConnection": "Server=.;Database=testdb;Trusted_⤷
Connection=True"   ←⑥
  },
  "Logging": {
    "IncludeScopes": false,
    "LogLevel": {
      "Default": "Debug",
      "System": "Information",
      "Microsoft": "Information"
    }
  }
}
```

　最後にappssetting.jsonファイルに「DBConnection」の設定を書いておきます。

　もともと書かれていた設定情報と同じように、JSON形式で⑤に続けて設定をします。これはdotnet efコマンドを使ってデータベースからPersonクラスを書き出したときと同じ接続文字列になります。

　このように、⑥でappssetting.jsonに書いてある「DBConnection」の情報を、Startupクラスの④で読み取り、読み取った接続情報を基に①にあるtestdbContextオブジェクトが作成される、という手順になります。

接続情報が変わったときには、再ビルドをするのではなく、appssetting.jsonファイルの設定を書き換えだけで済みます。

3.1.5 スキャフォールディング機能を実行する

動作を確認するためにスキャフォールディング機能を実行して各ページを作ってみましょう。

ソリューションエクスプローラーで［Controllers］フォルダーを右クリックして、［追加］→［新しいスキャフォールディングアイテム］を選択します。

［スキャフォールディングの追加］ダイアログ（図3-4）で、［MVC Controller with views, using Entity Framework］を選択して［追加］ボタンをクリックします。

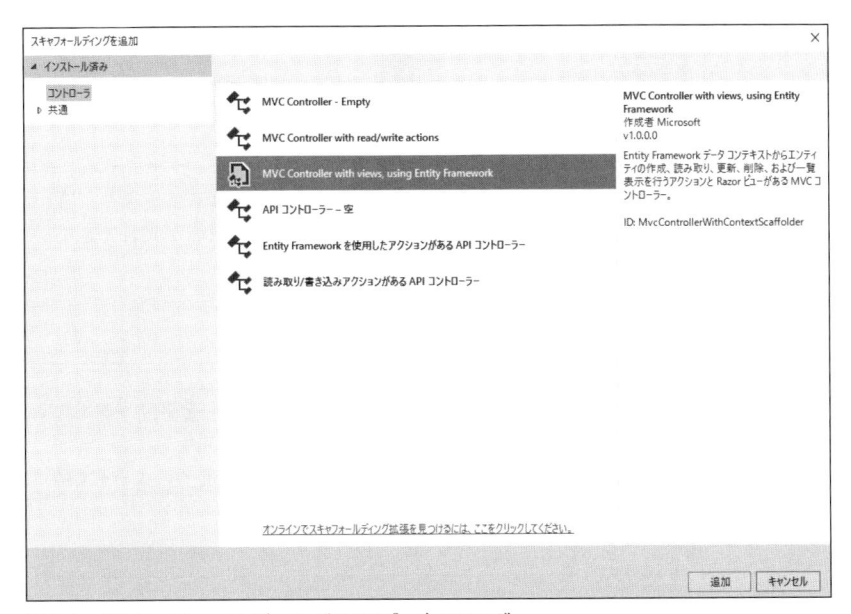

図3-4 ［スキャフォールディングを追加］ダイアログ

［コントローラーの追加］ダイアログ（図3-5）で、モデルクラスに［Person (SampleDBModelMvc.Models)］を指定、データコンテキストクラスに［testdbContext(SampleDBModelMvc.Models)］を指定します。

コントローラー名に「PeopleController」と表示されていることを確認して、［追加］ボタンをクリックします。

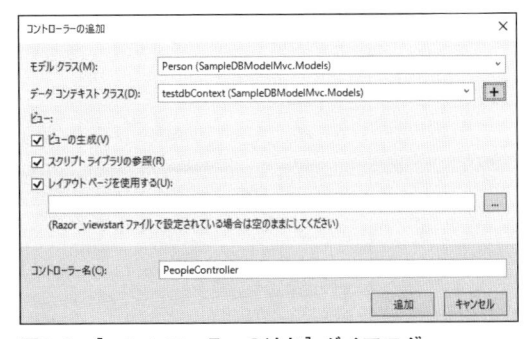

図3-5 ［コントローラーの追加］ダイアログ

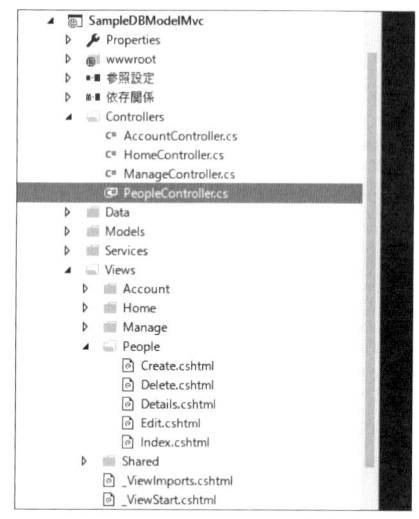

図3-6　ソリューションエクスプローラー

ソリューションエクスプローラーでPeopleController.csファイルと、[Views/People]フォルダーができていれば、正常にスキャフォールディング機能が実行できています（図3-6）。

3.1.6 | 動作を確認してみる

では、Visual Studioの標準ツールバーで［IIS Express］をクリックして、デバッグ実行をして動作を確認していきましょう。

ブラウザーのアドレスを「http://localhost:62716/people」のように編集して、Indexページを表示させます。

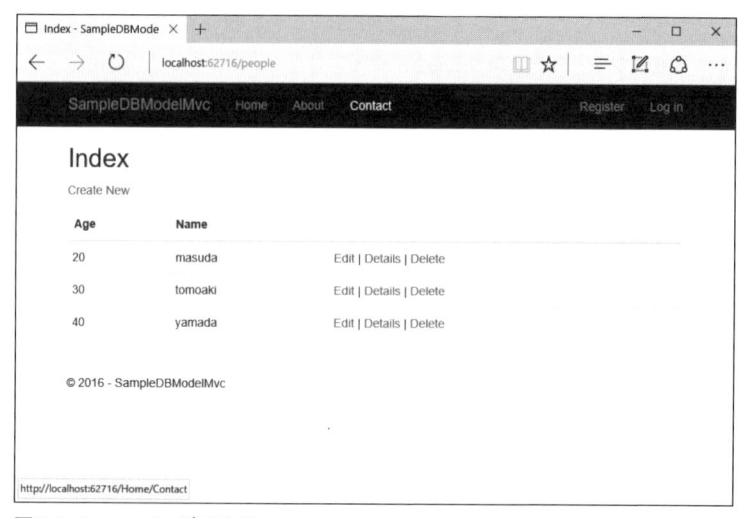

図3-7　Indexページの表示

　　Indexページの［Edit］のリンクをクリックして、既存のデータを編集できるEditページへ
ジャンプさせます。

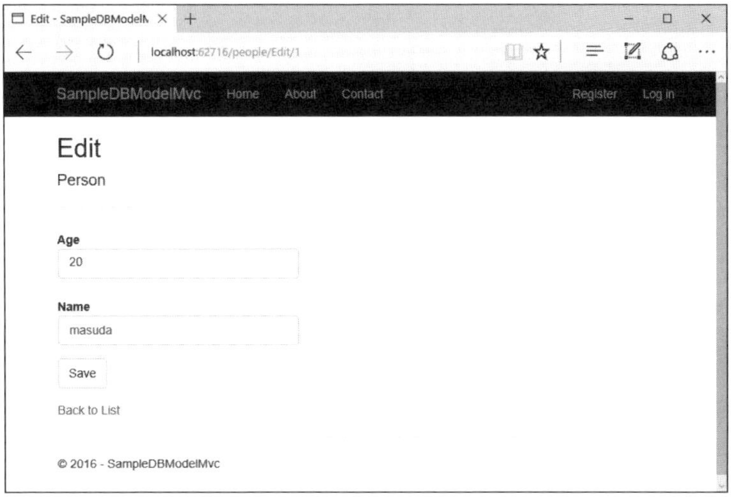

図3-8　Editページの表示

　　それぞれのページの表示やジャンプした先は、第2章で作成したスキャフォールディング
機能と変わりません。ただし、接続情報がappssetting.jsonファイルに追い出されるように
なったため、少し本格的なシステムに近づきました。

　　次は、データベース上のテーブル構造が変わった場合に、既存のASP.NET MVCアプリ
ケーションに反映する方法を解説します。

3.2 | データベースの変更を反映

　　開発プロセスがアジャイル方式を採用しているときは、まだテーブル構造が完成しないう
ちにWebアプリケーション開発を進めることがあります。これまで、データベース上の
Personテーブルを扱ってきましたが、このテーブルのほかに都道府県を扱うPerfectureテー
ブルを追加して、Personテーブルに出身地IDを付けるような変更を想定してみましょう。複
数テーブルのリレーションとテーブルの列が一気に増えますが、ASP.NET MVCアプリケー
ションの場合は、それほど手間なくテーブル構造の再反映をできることが分かるでしょう。

3.2.1 | 新しいテーブル構造

　　Personテーブルに出身地を示す列を追加してみましょう。出身地は都道府県を指定するよ
うにしますが、このとき文字列で「東京都」のように設定してしまうとデータの重複が発生し

てしまい、データ量が無駄になってしまいます。そこで都道府県IDを付けるようにします。都道府県を示すPerfectureテーブルを作っておいて、「1」から「47」番までのIDをあらかじめ割り振っておきましょう。

列名	データ型	NULL を許容
id	int	☐
name	varchar(10)	☐
		☐

図3-9　Perfecture テーブル

列名	データ型	NULL を許容
id	int	☐
name	varchar(50)	☐
age	int	☐
perfecture_id	int	☐
		☐

図3-10　Person テーブル

　都道府県のPerfectureテーブルは非常に簡単なものです。主キーとなる数値型のID列と、名称を示すName列しかありません（図3-9）。

　Personテーブルには、「perfecture_id」という列を作ります（図3-10）。連携する列の名前は自由に付けてもよいのですが、スキャフォールディング機能を使ってModelクラスを生成したときに分かりやすくなるように「テーブル名」+「ID」のようにつけておきます。この場合は「PerfectureID」のように大文字と小文字を混ぜてもよいでしょう。

　なお、Personテーブルにperfecture_id列を追加するときは、あらかじめテーブル内のデータを削除しておきます。

　SQL Server Management Studioでテーブルが作成できたら、PersonテーブルとPerfectureテーブルのリレーションシップを設定します。

3.2.2 ｜ リレーションシップを設定する

　Personテーブルに「perfecture_id」という列を作ってPerfectureデータへを示すようにしましたが、これをデータベースに教えておくのがリレーションシップ（外部連携）です。「外部キー」とも呼ばれます。

　PersonテーブルとPerfectureテーブルの連携の仕方を知っていれば、SQL文のINNER JOINやWHEREを使い結合ができるのですが、この連携をどうやってEntity Framework内に伝えるかどうかが問題になってきます。複数のテーブルがあるときに、テーブルのどの列が他のテーブルのどの列に対応しているかをリレーションシップとしてあらかじめ設定しておくことで、dotnet efコマンドで作成するModelクラスにも連携の情報が出力されます。

図3-11　［外部キーリレーションシップ］ダイアログ

　SQL Server Management Studioでリレーションシップを設定するときは、外部キーを作るテーブル構造の適当な列を右クリックして［リレーションシップ］を選択します。表示された［外部キーリレーションシップ］ダイアログで［追加］ボタンをクリックして、新しいリレーションシップを作成した後で［全体］→［テーブルと列の指定］にある［...］ボタンをクリックします。

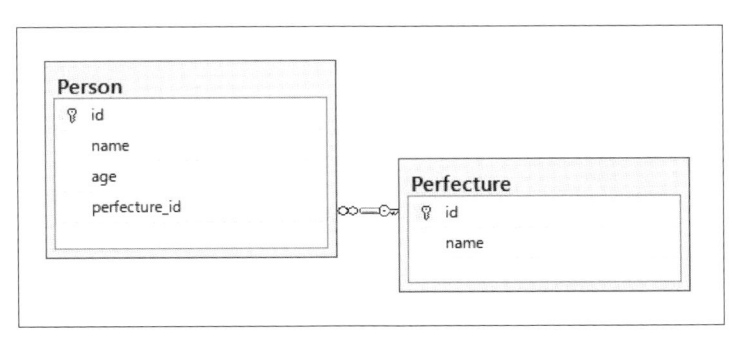

図3-12　［テーブルと列］ダイアログ

　［テーブルと列］ダイアログで、主キーと外部キーを設定します（図3-12）。主キーのほうのテーブルは［Perfecture］テーブルを選択して、列名に［id］を指定します。これに対応するものが外部キーの［perfecture_id］列になります。

図3-13　ダイアグラム

　ダイアグラムを作成すると、PersonテーブルとPerfectureテーブルの関係は図3-13のようになります。Personテーブルのperfecture_id列が示すのがPerfectureのid列になります。無限大と鍵のアイコンの違いは、鍵が主キーとなって「1」を表して、無限大が対応する列が複数あることを示す「0..*」を示しており、多対1の関係になります。

リスト3-10　Personテーブルの新規作成クエリ

```sql
CREATE TABLE [dbo].[Person](
    [id] [int] IDENTITY(1,1) NOT NULL,
    [name] [varchar](50) NOT NULL,
```

```
    [age] [int] NOT NULL,
    [perfecture_id] [int] NOT NULL,
 CONSTRAINT [PK_person1] PRIMARY KEY CLUSTERED
)

ALTER TABLE [dbo].[Person]
  WITH CHECK ADD  CONSTRAINT [FK_Person_Perfecture] FOREIGN ⊙
KEY([perfecture_id])
REFERENCES [dbo].[Perfecture] ([id])
```

　SQL Server Management StudioでPersonテーブルの新規作成用のスクリプトを表示させてみると、外部連携（FOREIGN KEY）が指定されていることが分かります（リスト3-10）。

3.2.3 | 都道府県のデータを挿入

　都道府県データは、固定データなのでSQL Server Managemnet Studioを使って、直接Perfectureテーブルに挿入してしまいます。

　SQL Server Managemnet StudioのオブジェクトエクスプローラーでPerfectureテーブルを右クリックして、[上位200行の編集]を選択すると、テーブルの内容を直接編集できます。この画面はExcelのように編集できるので、ちょっとしたデータを修正するのに向いています。

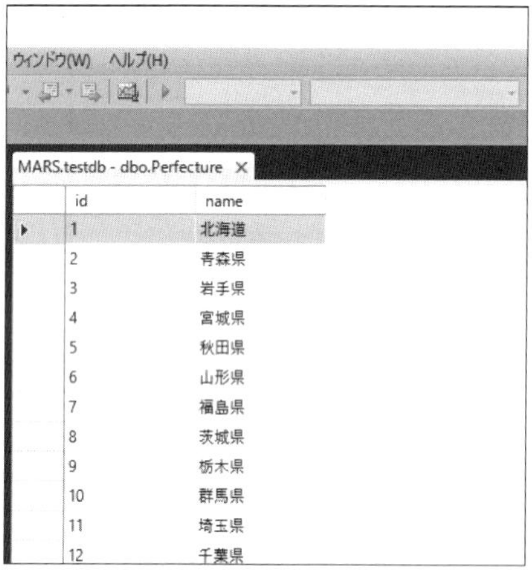

図3-14　Perfectureの編集

　しかし、都道府県のように47個のデータを手作業で入力するには時間が掛かってしまうでしょう。また、テストのために同じデータを何度も作らないといけない場合には、INSERT文を作って新しいクエリを使い、データを一気に挿入する方法がお薦めです。

リスト3-11　**Perfecture**へ挿入

```
insert into Perfecture values ( 1,'北海道' )
insert into Perfecture values ( 2,'青森県' )
insert into Perfecture values ( 3,'岩手県' )
...
insert into Perfecture values ( 47,'沖縄県' )
```

どちらかの方法で、Perfectureテーブルのデータを作成します。

3.2.4 | dotnet efコマンドを再実行する

2つのテーブルのリレーションシップが設定したところで、再びdotnet efコマンドを実行します（リスト3-12）。説明の都合上複数行に分けていますが、実際は1行で指定します。

リスト3-12　**dotnet ef** コマンドを再実行

```
dotnet ef dbcontext scaffold
  "Server=.;Database=testdb;Trusted_Connection=True"
  Microsoft.EntityFrameworkCore.SqlServer
  -o Models -f  ←①
```

基本的なパラメーターは「3.1　Entitiy Frameworkの活用」で解説したdotnet efコマンドの指定と変わりません。以前のdotnet efコマンドをそのまま実行すると、図3-15のように例外が発生して失敗します。

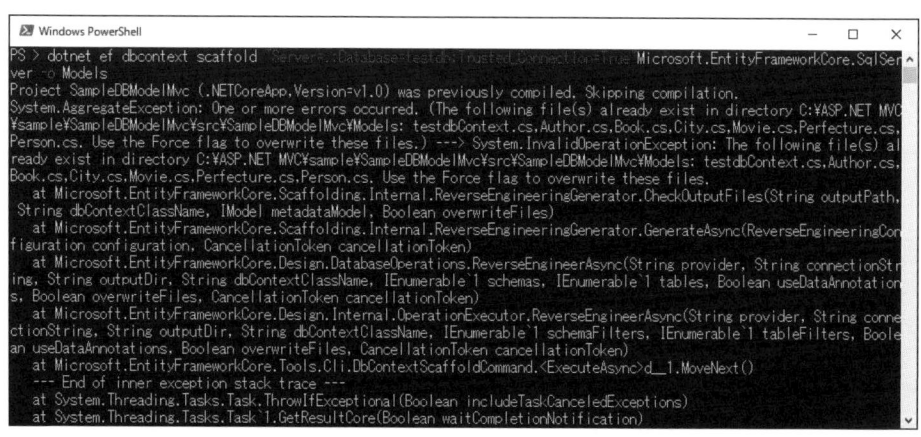

図3-15　Modelクラスの生成に失敗

これは既に［Models］フォルダーにPerson.csやPerfecture.cs、testdbContext.csのファイルが存在するためです。これらのファイルをプロジェクトから削除してしまうと、スキャフォールディング機能を使って生成したControllerクラス内の参照などが切れてしまいまい、

うまくビルドできなくなります。

　これを防ぐためにリスト3-12の①のように強制的に上書きをする「-f」スイッチを付けて実行します。

リスト3-13　テーブルを指定する場合

```
dotnet ef dbcontext scaffold
  "Server=.;Database=testdb;Trusted_Connection=True"
  Microsoft.EntityFrameworkCore.SqlServer
  -o Models -f -t Person -t Perfecture
```

　複数のテーブルを指定するときには「-t」スイッチを使って、Modelクラスを作るテーブルを1つずつ指定します（リスト3-13）。

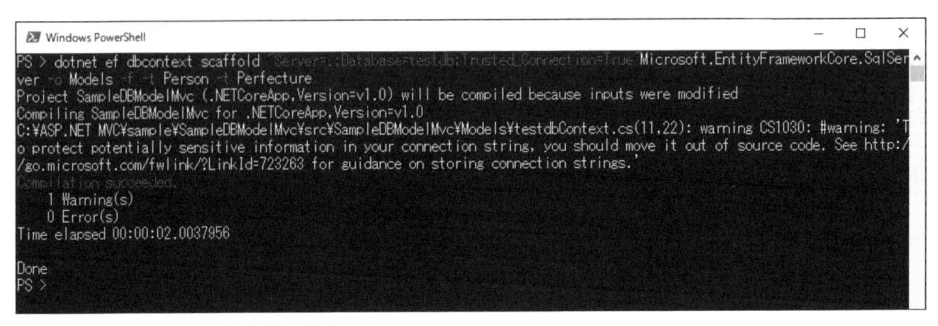

図3-16　Modelクラスの生成に成功

　正常にdotnet efコマンドが実行される（図3-16）と、［Models］フォルダーの中にPersonクラスとPerfectureクラスが生成されています。

3.2.5 | Modelクラスの詳細

　生成されたModelクラスの詳細を見ていきましょう（リスト3-14）。

　もともとのPersonクラスには、IdとName、Ageの3つのプロパティがありましたが、①のようにPerfectureIdプロパティが増えています。これは、先ほどPersonテーブルに追加したperfecture_id列に対応するものです。

リスト3-14　**Person**クラス

```
public partial class Person
{
    public int Id { get; set; }
    public string Name { get; set; }
    public int Age { get; set; }
    public int PerfectureId { get; set; }     ←①
    public virtual Perfecture Perfecture { get; set; }     ←②
}
```

　もう1つ、②にPerfectureオブジェクトを参照できるプロパティが追加されています。これがデータベースでリレーションシップを作成した理由です。PersonテーブルとPerfectureテーブルの結び付きが分っているので、外部連携機能として、Personクラスから都道府県（Perfectureテーブル）の名称が直接取れるようになっています。「Person.Perfecture.Name」とすると都道府県が表示できます。

リスト3-15　**Perfecture**クラス

```
public partial class Perfecture
{
    public Perfecture()
    {
        Person = new HashSet<Person>();
    }

    public int Id { get; set; }
    public string Name { get; set; }

    public virtual ICollection<Person> Person { get; set; }  ◀③
}
```

　Perfectureクラスでは③のようにPersonオブジェクトのコレクションが作られています（リスト3-15）。PersonテーブルとPerfectureテーブルの関係が「多対1」の関係になるので、Perfectureクラスから見ると複数のPersonオブジェクトのデータを扱えるためコレクションになっています。今回はこのコレクションは使いませんが、1つのレコードが複数のデータに連携しているときに役に立ちます。

3.2.6 │ DbContextクラスの詳細

　もう1つの更新ファイルであるtestdbContext.csを詳しく見ていきます（リスト3-16）。DbContextクラスのOnModelCreatingメソッドでは、①のようにPerfectureクラスのテーブル情報が追加されています。

リスト3-16　**DbContext**クラス

```
public partial class testdbContext : DbContext
{
...
    protected override void OnModelCreating(ModelBuilder modelBuilder)
    {
        modelBuilder.Entity<Perfecture>(entity =>  ◀①
        {
            entity.Property(e => e.Id)
                .HasColumnName("id")
                .ValueGeneratedNever();
```

```
        entity.Property(e => e.Name)
            .IsRequired()
            .HasColumnName("name")
            .HasColumnType("varchar(10)");
    });

    modelBuilder.Entity<Person>(entity =>
    {
        entity.Property(e => e.Id).HasColumnName("id");

        entity.Property(e => e.Age).HasColumnName("age");

        entity.Property(e => e.Name)
            .IsRequired()
            .HasColumnName("name")
            .HasColumnType("varchar(50)");

        entity.Property(e => e.PerfectureId).HasColumnName⏎
("perfecture_id");  ◀─②

        entity.HasOne(d => d.Perfecture)  ◀─③
            .WithMany(p => p.Person)
            .HasForeignKey(d => d.PerfectureId)
            .OnDelete(DeleteBehavior.Restrict)
            .HasConstraintName("FK_Person_Perfecture");
    });
}
public virtual DbSet<Perfecture> Perfecture { get; set; }
public virtual DbSet<Person> Person { get; set; }
}
```

　さらに、Personクラスのほうでは②のように「perfecture_id」の列名が「PerfectureId」の
プロパティ名として変換されていることが分かります。

　2つのテーブル間の連携を示すために、③ではHasOneメソッドとWithManyメソッドが使
われています。HasOneメソッドは、Personテーブルからみて1つのPerfectureデータがある
ことを示しています。逆向きにWithManyメソッドでは、Perfectureクラスからみて複数の
Personデータが存在することを示しています。

　これらの設定は多少ややこしいですが、複数のテーブルを連携させて扱うときには重要な
機能です。これを実際にスキャフォールディング機能を使って確認してみましょう。

3.2.7 | スキャフォールディング機能を再実行する

　動作を確認するためにスキャフォールディング機能を実行して各ページを作り直します。
スキャフォールディング機能を実行して、[コントローラーの追加]ダイアログで、以前と同
じようにモデルクラスに[Person (SampleDBModelMvc.Models)]を指定、データコンテキス

トクラスに［testdbContext (SampleDBModelMvc.Models)］を指定します（図3-17）。

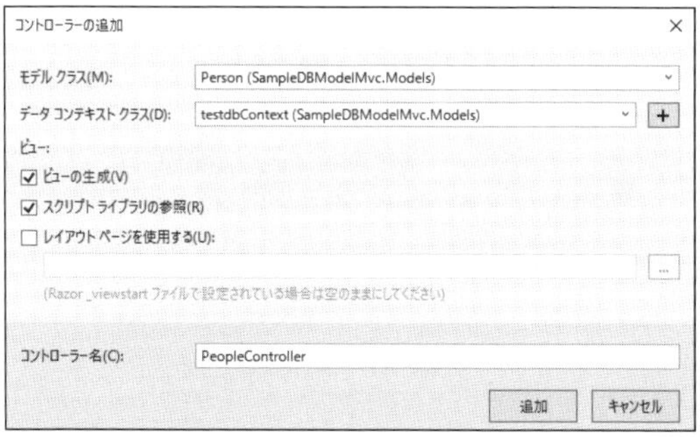

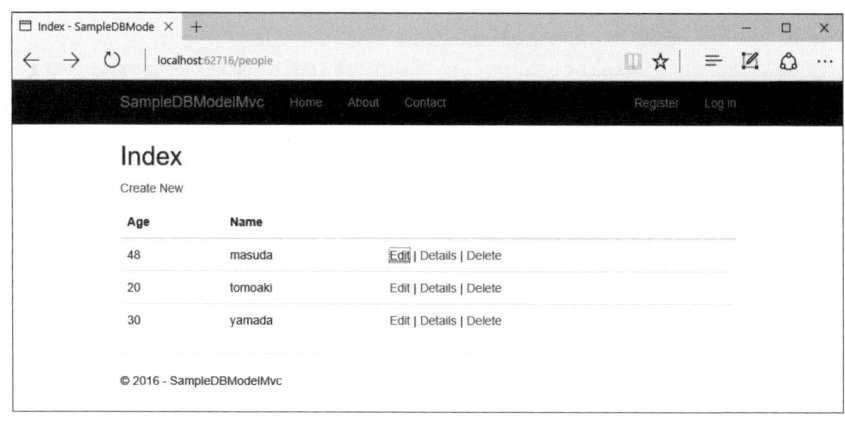

図3-17 ［コントローラーの追加］ダイアログ

　コントローラー名に「People1Controller」のように表示されるので、元のControllerクラスを上書きするために「PeopleController」に変更します。［追加］ボタンをクリックすると、ファイルの置き換えのダイアログが表示されるので［はい］ボタンをクリックして続行します。

　Viewクラスは自動的に上書きされているので、これで新しいPersonテーブルに対応した各種ページが生成されています。

3.2.8 │ 動作を確認してみる

　dbo.Personのデータをいったんクリアしてしまったので、再度［上位200行の編集］メニューを使って任意の内容でサンプルファイルを入力しておきましょう。そして、Visual Studioの標準ツールバーで［IIS Express］をクリックしてデバッグ実行をして動作を確認していきましょう。

　ブラウザーのアドレスを「http://localhost:62716/people」のように編集して、Indexページを表示させます（図3-18）。

図3-18 Indexページの表示

Indexページは以前のPersonテーブルの表示のときと変わりません。［Edit］のリンクをク
リックして既存のデータを編集できるEditページへジャンプさせます。

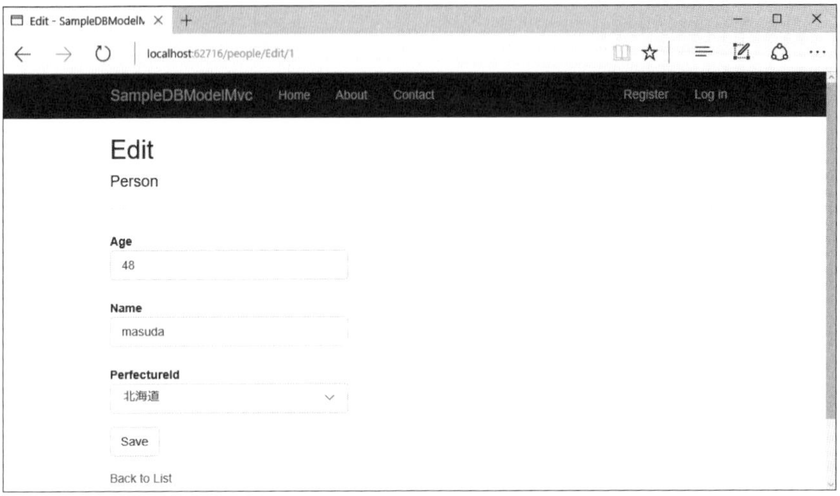

図3-19 Editページの表示

Editページを開くと、「PerfectureId」というタイトルが表示され、都道府県名を指定でき
るコンボボックスが表示されています（図3-19）。データを新規作成したり編集したりすると
きには、この都道府県のリストから選択することができます。

Edit.cshtmlを見ると、リストを表示するためのselectタグが使われています（リスト3-17）。
asp-items属性でリストに表示するデータを設定しています。「ViewBag.PerfectureId」が使
われています。

リスト3-17 Editページの一部

```
<div class="form-group">
    <label asp-for="PerfectureId" class="control-label col-md-2">➔
</label>
    <div class="col-md-10">
        <select asp-for="PerfectureId" class="form-control" asp-➔
items="ViewBag.PerfectureId"></select>
        <span asp-validation-for="PerfectureId" class="text-➔
danger" />
    </div>
</div>
```

PeopleControllerクラスのEditメソッドを見ると、ViewDataコレクションに「Perfec
tureId」という名前を付けて、都道府県（Perfecture）のデータを設定しています（リスト
3-18）。詳細は「第6章　List-Detailの関係」で詳しく説明します。

リスト3-18　**PersonController**クラスの**Edit**メソッド

```
public async Task<IActionResult> Edit(int? id)
{
    if (id == null)
    {
        return NotFound();
    }

    var person = await _context.Person.SingleOrDefaultAsync(m => ➋
m.Id == id);
    if (person == null)
    {
        return NotFound();
    }
    ViewData["PerfectureId"] = new SelectList(_context.➋
Perfecture, "Id", "Name", person.PerfectureId);
    return View(person);
}
```

　このように複数の連携したテーブルに対しても dotnet ef コマンドを使い、連携を保持した Model クラスを作ることができます。さらに ASP.NET MVC のスキャフォールディング機能がうまくリレーションシップの設定を読み取り、Controller クラスや View クラスを生成します。

　データベースに正しいリレーションシップを設定しておくことで、dotnet ef コマンドやスキャフォールディング機能がより有効に働くことが分かるでしょう。

3.3 │ 独自のModelクラス

　次にプロジェクトに独自の Model クラスを作ってから、データベースに反映する方法を使って ASP.NET MVC アプリケーションを作成します。これを「コードファースト」といいます。先に Model クラスを作るため、コードに合わせたテーブルが生成できます。

3.3.1 │ コードファーストとは

　これまで既存のデータベースを使って Model クラスを自動生成してきましたが、Entity Framework ではもう1つ逆向きの Model クラスを作ってからデータベースを自動生成するという「コードファースト」という機能があります。ASP.NET MVC アプリケーションでは、アジャイル開発的に少しずつ設計や画面を組み立てていくことが多いので、開発中にもデータベースの変更があったり実験的に作るために素早くデータベースを作成できると有利な点があります。

　データベースから作成する従来の方法と合わせて、コードファーストによる方法ではどのようにデータベースが作成されるのか、具体的に解説します。「3.1　Entitiy Framework の

活用」で利用したPersonテーブルとPerfectureテーブルの構造を利用しながら、どのような
違いがあるか見ていきましょう。

3.3.2 | 新しいASP.NET MVCプロジェクトを作る

コードファーストを試すための新しいプロジェクトを作ります。プロジェクト名は
「SampleCFModelMvc」としておきます（図3-20）。

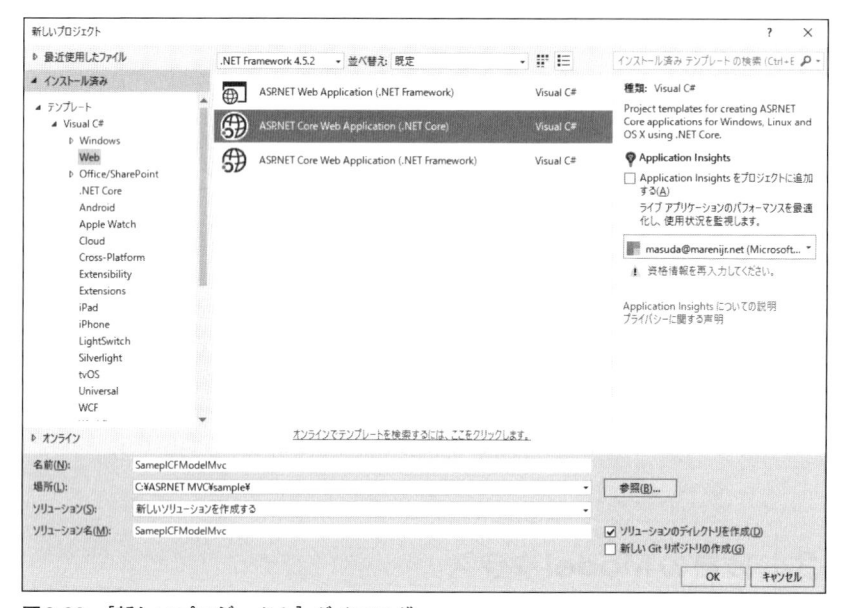

図3-20 ［新しいプロジェクト］ダイアログ

データベースアクセスの設定を利用するために、［認証の変更］から［個別のユーザアカウ
ント］に設定しておきます（図3-21）。

ASP.NET MVCプロジェクトを作成するところは、データベースからModelクラスを自動
生成するときと変わりません。

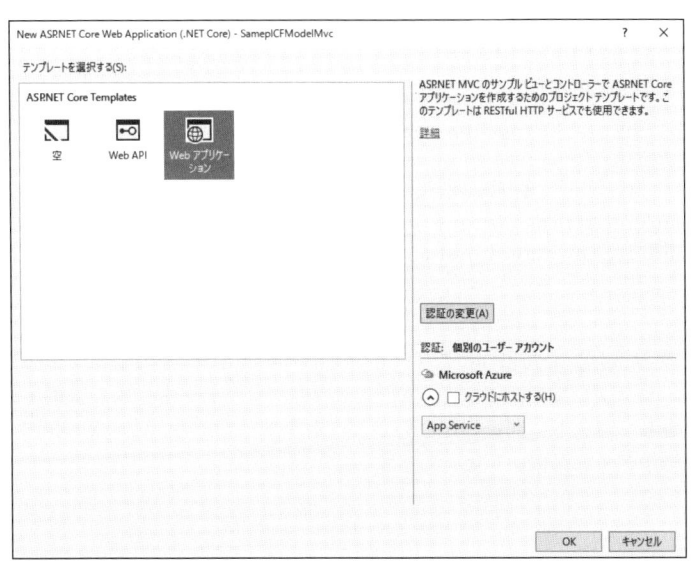

図3-21　［個別のユーザーアカウント］を選択

3.3.3 | Personクラスを作る

データベースから作成する場合は、次にdotnet efコマンドでModelクラスを自動生成しましたが、コードファーストではプロジェクトにModelクラスを作るところからスタートします。

ソリューションエクスプローラーで［Models］フォルダーを右クリックして、［追加］→［クラス］を選択します。

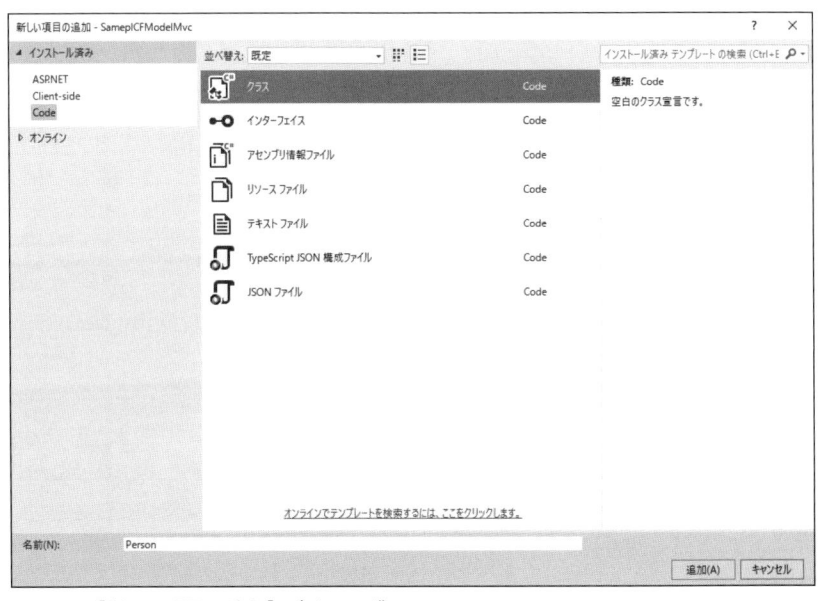

図3-22　［新しい項目の追加］ダイアログ

ファイルの名前を「Person.cs」に変更して［追加］ボタンをクリックします（図3-22）。

リスト3-19　**Person**クラス

```csharp
public partial class Person
{
    public int Id { get; set; }
    public string Name { get; set; }
    public int Age { get; set; }
}
```

　Personクラスは、最初に作った「SampleDBModelMvc」プロジェクトのPersonクラスと同じです。シンプルにIdとName、Ageの3つのプロパティを作成します（リスト3-19）。
　ビルドをしてコードに間違いがないかどうかを確認したら、このModelクラスを使ってスキャフォールディング機能を実行します。

3.3.4 | スキャフォールディング機能を実行する

　スキャフォールディング機能はModelクラスをEntityとして利用しControllerクラスとViewを自動生成するので、データベースに接続している必要はありません。
　ソリューションエクスプローラーで［Controllers］フォルダーを右クリックして、［追加］→［新規スキャフォールディングアイテム］を選択します。

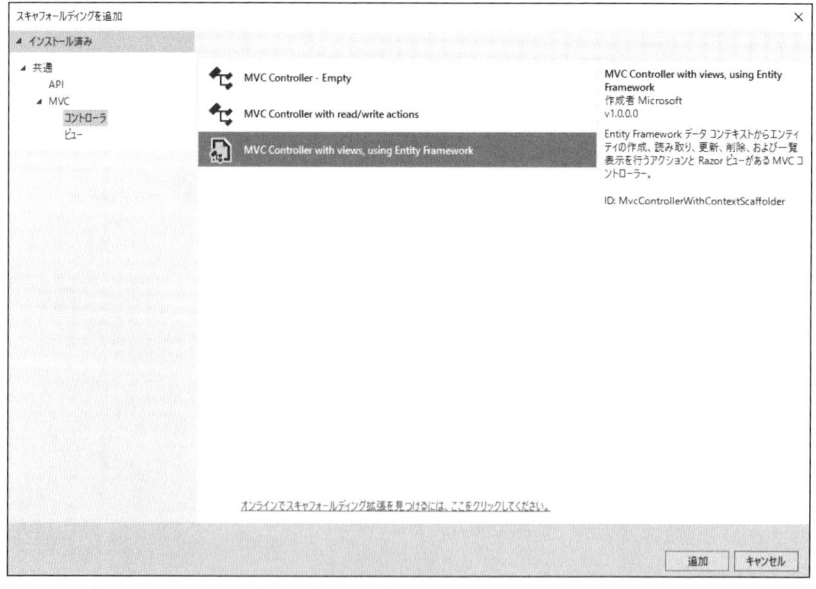

図3-23　［スキャフォールディングを追加］ダイアログ

　[スキャフォールディングを追加] ダイアログでは、[MVC Controller with views, using Entity Framework] を選択して [追加] ボタンをクリックします（図3-23）。

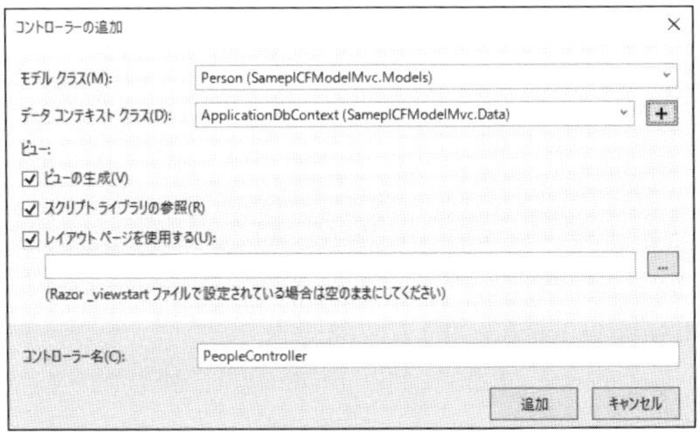

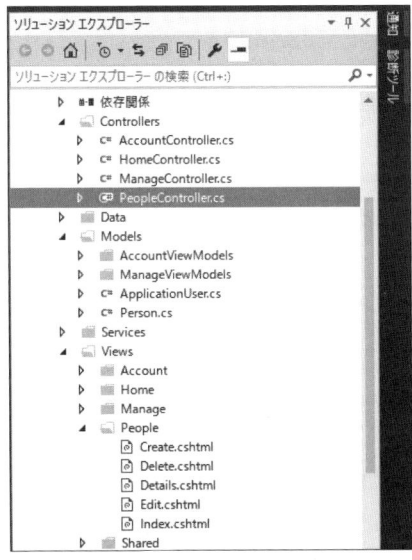

図3-24　[コントローラーの追加] ダイアログ

　[コントローラーの追加] ダイアログで、モデルクラスに [Person (SameplCFModelMvc.Models)] を選びます。データコンテキストクラスは、認証用に作成したデフォルトのデータベースをそのまま使うので、[ApplicationDbContext (SameplCFModelMvc.Data)] を選択します。コントローラー名が「PeopleController」であることを確認して、[追加] ボタンをクリックします（図3-24）。

図3-25　ソリューションエクスプローラー

　ソリューションエクスプローラーでPeopelController.csと [Views/People] フォルダーに各種のViewページができていることを確認します（図3-25）。

3.3.5 初回のデバッグ実行を行う

　データベースの用意ができていない状態で実行するとどんな風になるのかを確認してみましょう。Visaul Studioで［IIS Express］をクリックしてデバッグ実行を行います。ブラウザーでトップページが開かれたら、アドレスを「http://localhost:60794/People」のように変更してみましょう。

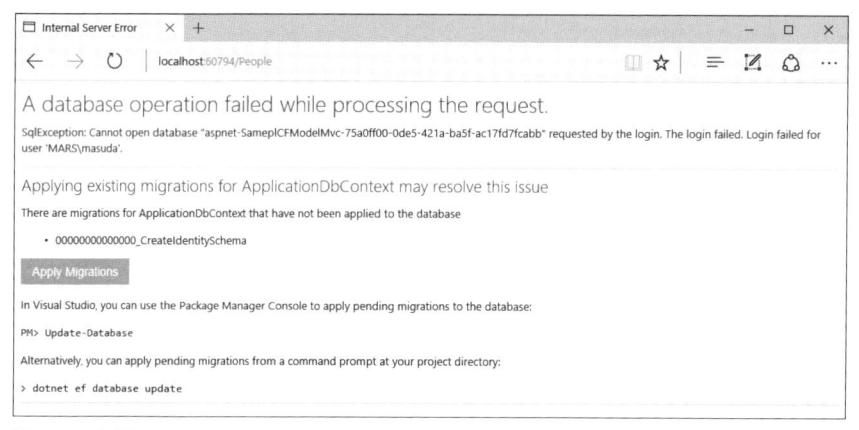

図3-26　初回のエラー

　例外SqlExceptionのが発生しており、データベース「aspnet-SameplCFModelMvc-75a0ff00-0de5-421a-ba5f-ac17fd7fcabb」が開けないことが分かります（図3-26）。
　ここで［Apply Migrations］ボタンをクリックして、再びデバッグ実行をすると、エラーの表示が変わります。

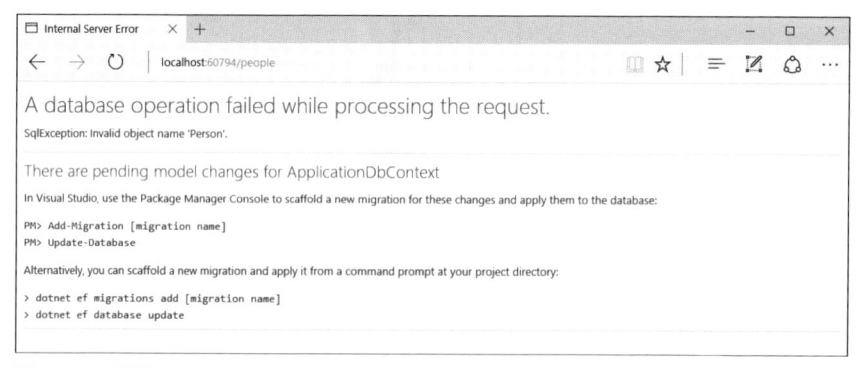

図3-27　2回目のエラー

　例外SqlExceptionのメッセージが「Person」オブジェクトがないことを示しています（図3-27）。デバッグ実行を中止してPowerShellを起動し、プロジェクトのフォルダーに移動します。

　ブラウザーを開いたままで作業をしたい場合は、システムトレイにある「IIS Express」を
停止させるだけでもかまいません。

3.3.6 dotnet ef コマンドを実行する

　ここではPowerShellを開いて次の2つのコマンドを実行します。

リスト3-20　**dotnet ef**コマンドの実行

```
dotnet ef migrations add Initial  ←①
dotnet ef database update  ←②
```

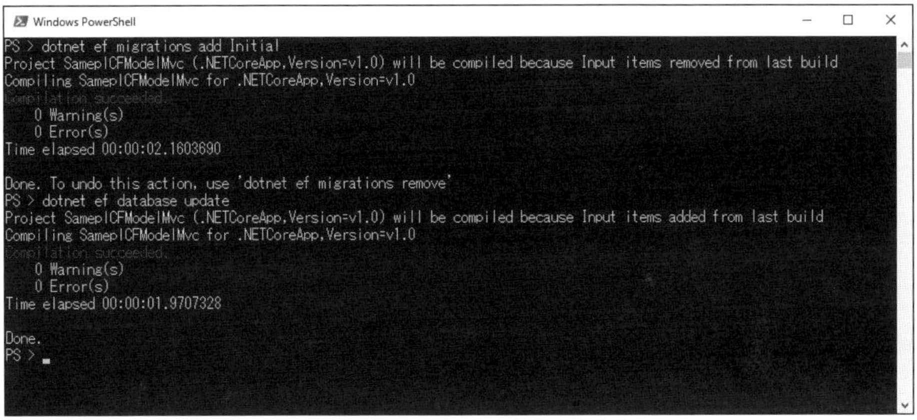

図3-28　dotnet ef コマンドの実行

　リスト3-20の①は、コードファーストで作成したModelクラスの変更をマイグレーション
という形でファイルに保存するコマンドです。マイグレーションするときの名前を「Initial」
としています。ソリューションエクスプローラーを見ると、[Data/Migrations] フォルダー
の中に「20160720075015_Initial.cs」のようなファイルができていることが分かります（図
3-29）。このファイルに書かれている記述を基に、②のコマンドでデータベースを更新します。

図3-29　[Data/Migrasions] フォルダー

②を実行するとマイグレーションで記述された通りにデーターベースが変更されます。どのようなコマンドが実行されるのかは、「20160720075015_Initial.cs」のファイルを開くと確認できます。

3.3.7 | データベースを確認する

データベースにPersonテーブルは、どのように作成されたのかを確認してみましょう。Personテーブルを書き出したデータベースは、appsettings.jsonに接続情報が記述されています（リスト3-21）。

リスト3-21 **`appsettings.json`にある接続情報**

```
"ConnectionStrings": {
  "DefaultConnection": "Server=(localdb)\\mssqllocaldb;Database=⟲
aspnet-SameplCFModelMvc-75a0ff00-0de5-421a-ba5f-ac17fd7fcabb;⟲
Trusted_Connection=True;MultipleActiveResultSets=true"
},
```

データベースのサーバーは「(localdb)\mssqllocaldb」であり、データベース名は「aspnet-SameplCFModelMvc-75a0ff00-0de5-421a-ba5f-ac17fd7fcabb」となっています。このデータベースは、SQL Server Management Studioを使って開くことができます。

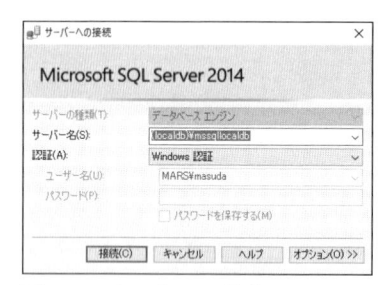

図3-30 サーバーへの接続

［ファイル］→［オブジェクトエクスプローラーを接続］を選択して、［サーバーへの接続］ダイアログを開きます（図3-30）。サーバー名に「(localdb)\mssqllocaldb」と入力して［接続］ボタンをクリックすると、オブジェクトエクスプローラーに指定したサーバーが追加されます。

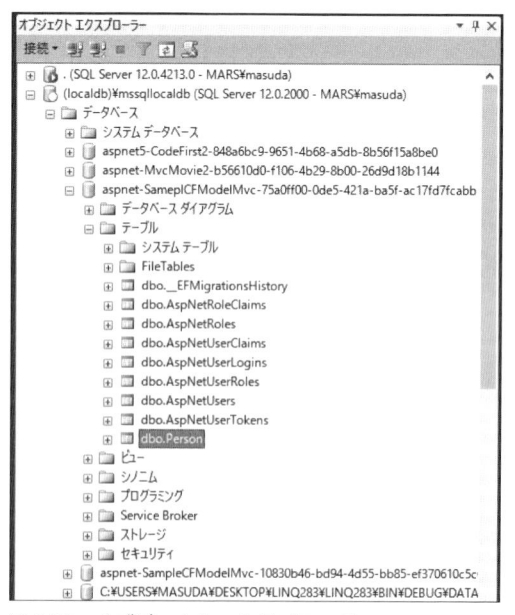

図3-31 オブジェクトエクスプローラー

　［データーベース］を展開して、目的のデータベースを探します。このサーバーには、ASP.
NET MVCアプリケーションで作成したデータベースのほかにもローカルデータとして作成
したものも含まれるため、非常に多くのデータベースがあると思います。実験用のテストプ
ロジェクトで作成したデータベースは不要ですので、適宜削除してもかまいません。

　オブジェクトエクスプローラーで［テーブル］→［dbo.Person］（図3-31）を右クリックして
［構造］を選択すると、Personテーブルの構造を見ることができます（図3-32）。

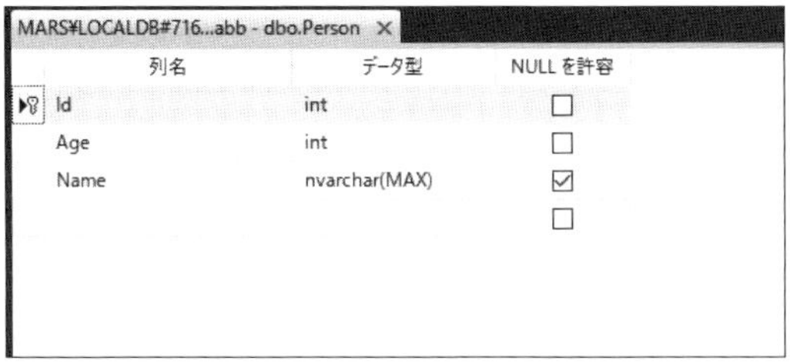

図3-32　Personテーブルの構造

　コードで作成したPersonクラス（リスト3-22）と見比べてみましょう。

リスト3-22　**Person**クラス

```
public partial class Person
{
    public int Id { get; set; }
    public string Name { get; set; }
    public int Age { get; set; }
}
```

　Idプロパティ、Nameプロパティ、Ageプロパティが、順序は少し違っていますが、その
ままPersonテーブルのId列、Name列、Age列に割り当てられています。このPersonテーブ
ルではNameプロパティがstring型のため、PersonテーブルのほうでNULL許容型になって
います。

　Name列の文字最大数が「MAX」のように、多少データベースから作成した時のものとは
違いますが、データベースからPersonテーブルを作成した場合と同じように、コードファー
ストでもPersonテーブルからデータベースにテーブルを作成できています。

3.3.8 ┃ 動作を確認する

　Visual Studioからデバッグ実行してみて動作を確認してみましょう。Personテーブルには
1件もデータがないためにIndexページは空な状態（図3-33）ですが、データベースからModel
クラスを自動生成したときと同じように動作します（図3-34）。

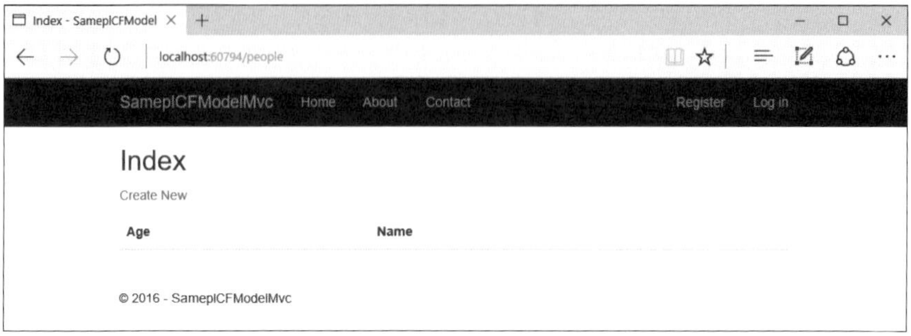

図3-33　Indexページの表示

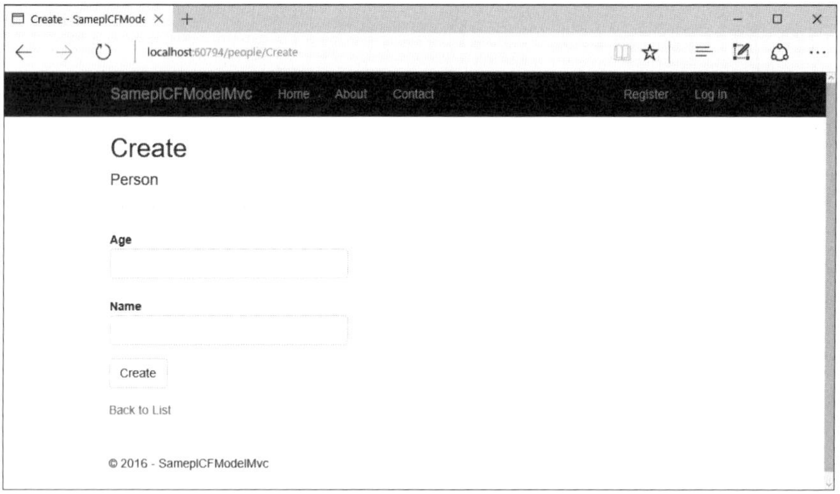

図3-34　Createページの表示

　単純なテーブルであるならば、このように1つのModelクラスを作ってコードファースト
でデータベースを作成すると素早く実験が行えます。データベース自体は「(localdb)¥
mssqllocaldb」のようなローカルサーバーに作成されますが、appsettings.jsonに記述されて
いる接続文字列を変えて通常のSQL Serverを利用するように変更したり、SQL Server
Management Studioでテーブルの作成スクリプトを作って別のSQL Serverに移動させたり
することが可能です。

　引き続き、データベースの構造が更新されることを前提として、コードファーストで
Perfectureクラスの追加とPersonクラスの修正していきます。

3.3.9 | Perfectureクラスを作る

　都道府県のデータとしてPerfectureクラスを作ります。データベースからModelクラスを
作成したときのように、主キーとなるIdプロパティと名称のNameプロパティを用意します
（リスト3-23）。

リスト3-23 **Perfecture**クラス

```
public class Perfecture
{
    public int Id { get; set; }
    public string Name { get; set; }
}
```

データベースからModelクラスを自動生成したときののPerfectureクラスは、Personクラスのコレクションを持っていましたが、ここでは省いています。都道府県から個人のデータを参照することはないとして設計をし直しています。

3.3.10 | Personクラスを修正する

Personクラスに、出身地IDとしてPerfectureIdプロパティを加えます。それと同時に、Perfectureクラスへの外部リンクを示すためにPerfectureプロパティも追加します（リスト3-24）。

リスト3-24 修正した**Person**クラス

```
public class Person
{
    public int Id { get; set; }
    public string Name { get; set; }
    public int Age { get; set; }
    // Perfectureへ外部リンク
    public int PerfectureId { get; set; }
    public Perfecture Perfecture { get; set; }
}
```

これにより、Person.Perfecture.Nameプロパティで都道府県の名称を表示できるはずです。

3.3.11 | マイグレーションしてデータベースを更新する

PerfectureクラスとPersonクラスのコードを保存したら、dotnet efコマンドでマイグレーション情報を保存します。マイグレーションの名前は「ChangePerson」にしておきます（リスト3-25、図3-35）。

リスト3-25 **dotnet ef**コマンド

```
dotnet ef migrations add ChangePerson  ←①
dotnet ef database update  ←②
```

①で追加のマイグレーション情報を作ります。このコマンドを実行すると、ソリューショ

ンエクスプローラーの［Data/Migrations］フォルダーに新しいマイグレーションのコードが追加されます。

②で追加したマイグレーションを実行してデータベースに反映します。データベース上には、Perfectureテーブルが新規作成され、PersonテーブルにPerfectureId列が追加されるはずです。

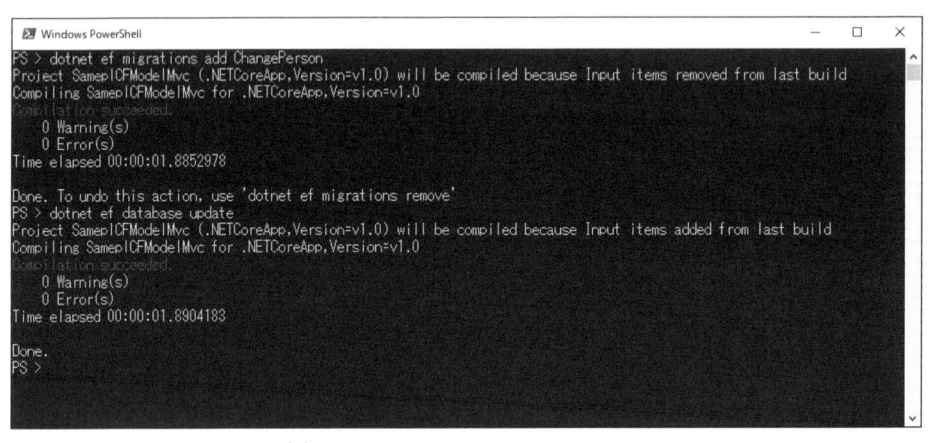

図3-35　dotnet efコマンドの実行

SQL Server Management Studioで2つのテーブル構造を確認してみましょう（図3-26、3-27）。

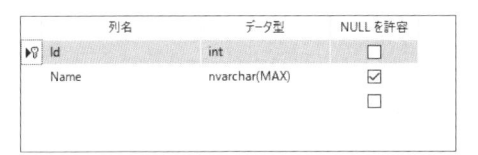

図3-26　Perfectureテーブルの構造

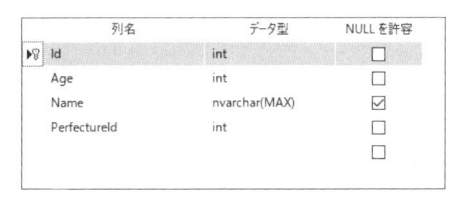

図3-37　Personテーブルの構造

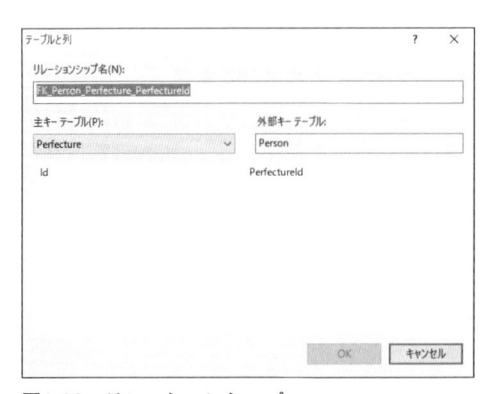

図3-38　リレーションシップ

　データベースからModelクラスを自動生成したときと、ほぼ同じテーブルができています。Personテーブルの PerfectureId列を外部キーにしたリレーションシップもできがっていることが分かります（図3-38）。

　ここまで作成できたら、都道府県のデータを入れておきましょう（リスト3-26）。

リスト3-26　**Perfectureへ挿入**

```
insert into Perfecture values ( 1,'北海道' )
insert into Perfecture values ( 2,'青森県' )
insert into Perfecture values ( 3,'岩手県' )
...
insert into Perfecture values ( 47,'沖縄県' )
```

　SQL Server Management Studioを使って新しいスクリプトで実行するか、ショートカットメニューから［上位200行の編集］を選択してデータを1つずつ挿入します。

　PerfectureテーブルのId列は数値が自動インクリメントされる［IDENTITYの設定］が［はい］になっています。この設定のままだと上記のスクリプトが上手く動かないので、いったん［IDENTITYの設定］を［いいえ］に設定しなおして、Perfectureテーブルの都道府県のデータを挿入します。

3.3.12 スキャフォールディング機能を再実行する

　もう一度、スキャフォールディング機能を実行してPersonクラスにアクセスするCRUD機能のページを自動生成します。

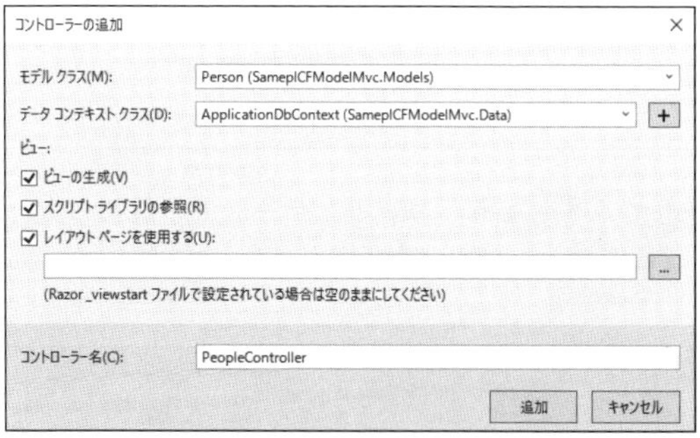

図3-39　［コントローラーの追加］ダイアログ

　［コントローラーの追加］ダイアログで、コントローラー名を「PeopleController」に設定しなおして、ファイルが上書きされるようにします（図3-39）。スキャフォールディング機能が実行されると、都道府県付きのEditページが出力されていることが分かります。

リスト3-27　**Edit.cshtml**

```
<div class="form-group">
```

```
    <label asp-for="PerfectureId" class="control-label col-md-2">⏎
</label>
    <div class="col-md-10">
        <select asp-for="PerfectureId" class="form-control" asp-⏎
items="ViewBag.PerfectureId"></select>
        <span asp-validation-for="PerfectureId" class="text-⏎
danger" />
    </div>
</div>
```

　データベースからModelクラスを作成したときと同じように、都道府県がselectタグで選択できるようになっています（リスト3-27）。

　PeopleController.csを開いて、都道府県のリストを設定しているViewData["PerfectureId"]の設定部分を、「Id」から「Name」に変更しておきます（リスト3-28）。

リスト3-28　**PeopleController.cs**の修正

```
// 変更前
ViewData["PerfectureId"] = new SelectList(_context.Set⏎
<Perfecture>(), "Id", "Id");
// 変更後
ViewData["PerfectureId"] = new SelectList(_context.Set⏎
<Perfecture>(), "Id", "Name");
```

　スキャフォールディング機能の自動生成では、selectタグのデータにValueField（値）もTextFiled（表示文字列）も「Id」が指定されていますが、表示文字列のほうはIdではなく名称にしたいので「Name」に変更します。

3.3.13 | 動作を再確認する

　では、実際の動作を確認してみましょう。コードファーストの最初の実行にはデータがない状態なので、Indexページは空のテーブルが表示されています（図3-40）。

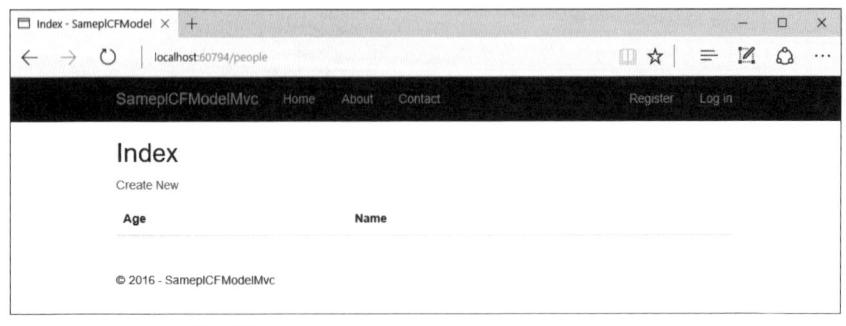

図3-40　Indexページの表示

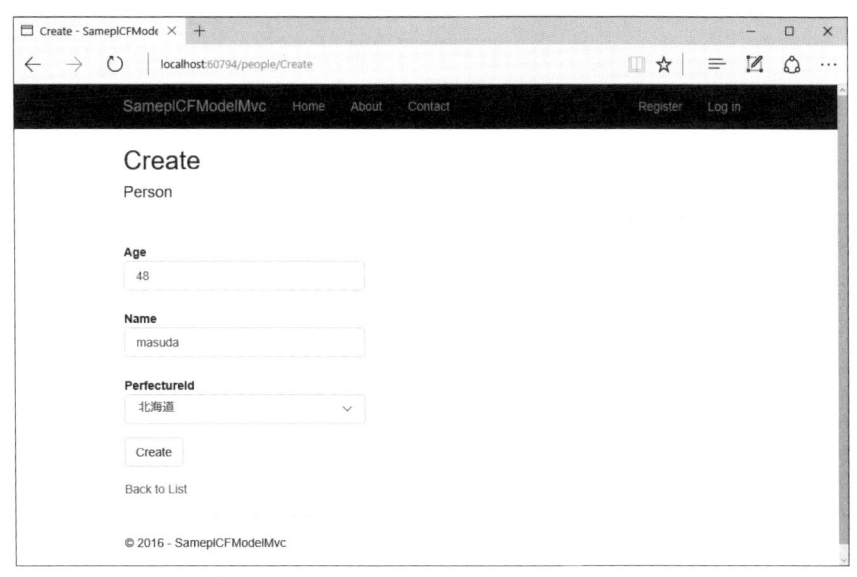

図3-41 Createページの表示

　Indexページで「Create New」のリンクをクリックしてCreateページを表示すると、都道府県をリストから選択できるようになっています（図3-41）。

　これによって、コードファーストを利用してModelクラスからデータベースを更新したとしても、データーベースからModelクラスを生成したときと同じようにスキャフォールディング機能が有効に働くことが分かります。どちらの方法を選ぶかは、開発プロジェクトのスタイルやデータベースの構造を先に決めるのか、あとからじっくり決めるのか、という違いになります。コードファーストの場合は、プログラムに合わせてデータベースを大ざっぱに決めておき、開発が進むたびに少しずつデータ構造を修正していくプロセスに適しています。

3.4 | 入力値の検証

　Modelクラスの各プロパティの検証は、データベースのテーブルに合わせてModelクラスを自動生成した場合も、あるいはコードファースト機能を利用してModelクラスのコードからデータベースを作成した場合も、いずれでも利用ができます。Modelクラスに属性を付けることにより、保持するデータに対して一貫した検証を行えます。

3.4.1 | コードファーストでプロジェクトを作成

　いままで利用してきたPersonクラスをもう少し拡張して、詳しい入力値の検証ができるように作り変えます。この実験用のASP.NET MVCアプリケーションでは、Modelクラスから各種の設定を行うほうが楽なので、コードファーストの機能を使ってデータベースを作成し

ます。

　新しいASP.NET MVCプロジェクトを作って、次のようなPersonクラスを［Models］フォルダー内に作成します（リスト3-29）。

リスト3-29　ベースとなる**Person**クラス

```
public class Person
{
    public int Id { get; set; }
    public string Name { get; set; }          // 名前
    public int? Age { get; set; }             // 年齢
    public int PerfectureId { get; set; }     // 出身地ID
    public Perfecture Perfecture { get; set; }
    public DateTime? Hireate { get; set; }    // 入社日（日付型）   ←①
    public bool IsAttendance { get; set; }    // 出退勤（ブール型）  ←②
    public string Email { get; set; }         // メールアドレス    ←③
    public string Blog { get; set; }          // URLアドレス      ←④
    public string EmployeeNo { get; set; }    // 社員番号（ABC-1234）←⑤
}
```

　元のプロパティのほかに5つのプロパティを増やしています。

　①では、「入社日」プロパティを追加して日付の検証を確認します。

　②では、出勤と退勤をbool値で設定でるようにしています。

　③と④は、文字列型ですが入力時にメールアドレスのフォーマットやURLアドレスのフォーマットを検証します。

　⑤も通常の文字列ですが、「ABC-1234」のようにあるフォーマットに文字列が従っているかどうかをチェックします。これは正規表現を使います。

　都道府県の名称を保持するPerfectureクラスは、ちょっと工夫をします（リスト3-30）。

リスト3-30　**Perfecture**クラス

```
using Microsoft.EntityFrameworkCore;

public class Perfecture
{
    public int Id { get; set; }
    public string Name { get; set; }

        // 初回のみ都道府県のデータを作る
        public static void Initialize( DbContext context )
        {
            var t = context.Set<Perfecture>();
            if ( t.Any() == false )
            {
                // データを作る
                t.AddRange(
                    new Perfecture() { Name = "北海道" },
                    new Perfecture() { Name = "青森県" },
```

```
                      new Perfecture() { Name = "岩手県" },
                      new Perfecture() { Name = "宮城県" },
                      new Perfecture() { Name = "秋田県" },
                      new Perfecture() { Name = "山形県" },
              ...
                      new Perfecture() { Name = "沖縄県" });
                  context.SaveChanges();
              }
          }
      }
  }
```

　コードファーストでデータベースを作成した場合、都道府県データのようなマスターデータをいつ取り込むのかが問題になります。ここでは1つの解決策として、Perfectureクラスに静的なInitializeメソッドを用意しました。テーブル内に1件もなかったら実行されるようにしています。

　このPerfecture.InitializeメソッドをIndexページを表示するときに呼び出すなどして、初回だけ都道府県のデータが作成されるようにします。

3.4.2 | スキャフォールディングとデータベースを作成

　次にスキャフォールディング機能を実行して、PeopleControllerクラスと各種のViewページを自動生成します(図3-42)。

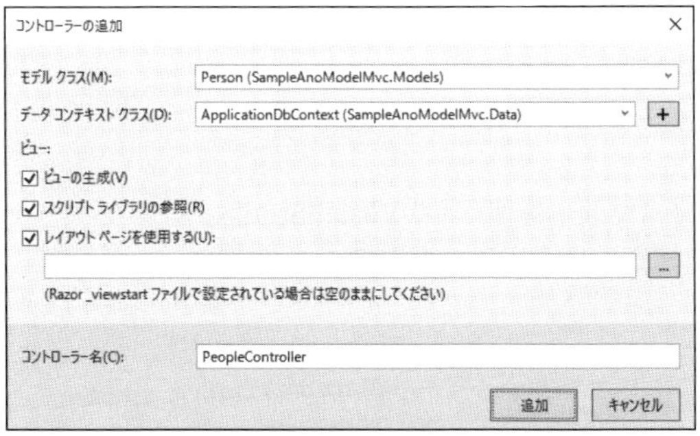

図3-42　[コントローラーの追加]ダイアログ

　PeopleControllerクラスを開いて、コンストラクターにPerfectureクラスの初期化ロジックを入れます(リスト3-31)。

リスト3-31　**PeopleController**クラスを修正

```
public PeopleController(ApplicationDbContext context)
{
    _context = context;
    Perfecture.Initialize(_context);   ←①
```

```
    }
    ・・・（中略）・・・

    // 変更前
    ViewData["PerfectureId"] = new SelectList(_context.Set↺
    <Perfecture>(), "Id", "Id");
    // 変更後
    ViewData["PerfectureId"] = new SelectList(_context.Set↺
    <Perfecture>(), "Id", "Name");
```

　これでIndexページを開いたときなどに、自動的に都道府県のデータがPerfectureテーブルに挿入されるようになります。デバッグ実行を行い、初期のデータベースを作成したら、デバッグを停止し、dotnet efコマンドでマイグレーションの設定とデータベースの反映を行います（リスト3-32）。

リスト3-32　**dotnet ef**コマンドの実行

```
dotnet ef migrations add Initial
dotnet ef database update
```

　これでアノテーション（注釈）はついていませんが、新しく修正したPersonテーブルを更新する各種のページが作られたことになります。
　dotnet efコマンドは、Visual Studio上の「パッケージマネージャコンソール」を使っても実行ができます。［表示］→［その他のウィンドウ］→［パッケージマネージャコンソール］を開いて、次のようなコマンドを実行します（リスト3-33）。

リスト3-33　パッケージマネージャで実行

```
Add-Migration Initial
Update-Database
```

　PowerShellからdotnet efコマンドを使うか、Visual Studio上のパッケージマネージャコンソールでコマンドレットを使うかは、好みで選んでください。

3.4.3 | 動作を確認する

　実際に動作を確認しておきましょう。再びデバッグ実行してブラウザーで「http://localhost:57229/People/」にアドレスを変更します。最初はデータが1件も入っていない状態なので、Indexページは空の状態になります。そのまま［Create New］のリンクをクリックして、データを作成するCreateページを開きます（図3-43）。
　スキャフォールディング機能で自動生成したままのCreateページが表示されています。表示順が元のPersonプロパティと異なっている部分は、「第4章　Viewの活用」で直していきます。
　名前（Name）や年齢（Age）などは自動的に文字列や数値として検証されますが、データ

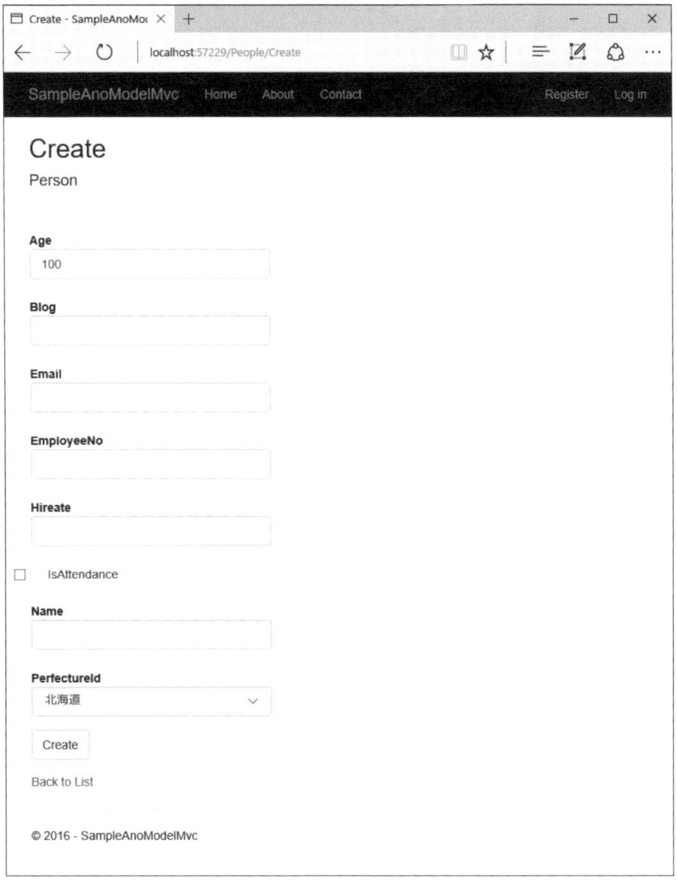

図3-43　Createページ

の文字数や範囲などは制限されていない状態です。出社状態（IsAttendance）を示すBool型はチェックボックスに変換されています。

日付の入力制限やメールアドレスのフォーマットなどをプロパティの属性として設定します。

3.4.4 │ アノテーションを設定する

Modelクラスの各プロパティに属性を付けて、入力の制限や表示時のフォーマットとしたものを「アノテーション」といいます。アノテーションは、System.ComponentModel. DataAnnotations名前区間に定義されていて、Modelクラスのプロパティとして設定することで、クライアントサイド（ブラウザーで実行するJavaScript）での検証や項目の表示フォーマットとして動作します。

先に作成したシンプルなPersonクラスに必要なアノテーションを追加したクラスが次のコードになります（リスト3-34）。

リスト3-34 **Person**クラス

```csharp
using System.ComponentModel.DataAnnotations;

public class Person
{
    public int Id { get; set; }

    [Required]
    [MaxLength(20, ErrorMessage = "最大文字数は20文字までです")]
    [Display(Name = "名前")]
    public string Name { get; set; }

    [Range(18,100,ErrorMessage = "年齢は18歳から100歳までです")]
    [Display(Name = "年齢")]
    [DisplayFormat(DataFormatString = "{0} 歳")]
    public int? Age { get; set; }

    // Perfectureへ外部リンク
    [Display( Name = "出身地")]
    public int PerfectureId { get; set; }
    public Perfecture Perfecture { get; set; }

    // 入社日（日付）
    [Display( Name = "入社日")]
    [DisplayFormat(DataFormatString = "{0:yyyy年MM月dd日}")]
    [DataType(DataType.Date)]
    public DateTime? Hireate { get; set; }

    // 出社
    [Display( Name = "出社状態")]
    public bool IsAttendance { get; set; }

    // Email
    [Display( Name = "メールアドレス")]
    [EmailAddress]
    public string Email { get; set; }

    // ブログページ(URL)
    [Display( Name = "ブログのURL")]
    [Url]
    public string Blog { get; set; }

    // 社員番号（正規表現）XXX-9999 形式
    [RegularExpression("[A-Z]{3}-[0-9]{4}")]
    [Display( Name = "社員番号")]
    public string EmployeeNo { get; set; }
}
```

これらのアノテーションについて動作とともに詳しい解説をしていきましょう。

3.4.5 アノテーションの解説

アノテーションの機能を使うと、データベースへのマイグレーションやスキャフォールディング機能の再実行などをせずにブラウザーへの表示や入力を変えることができます。つまり、ControllerクラスやCRUD機能の各Viewページはそのままの状態で、Modelクラスに属性を設定して入力チェックができるということです。

一部、Required属性やプロパティの型の変更（nullを許容するint?への変更）の場合は、データベースのテーブル構造が変わるために、マイグレーションを実行する必要があります。

■ 3.4.5.1　必須項目と文字数制限

リスト3-35　**Name**プロパティ

```
[Required] ←①
[MaxLength(20, ErrorMessage = "最大文字数は20文字までです")] ←②
[Display(Name = "名前")] ←③
public string Name { get; set; }
```

Nameプロパティ（リスト3-35）は名前を保持するプロパティですが、string型なのでそのままコードファーストを実行するとデータベース上は「NULL許容型」になります。しかし、Personオブジェクトの情報としてNameプロパティのデータは表示時に必須となるので、①のようにRequired属性を設定してテーブルのName列を「NOT NULL」に設定し直しています。ここでは空欄以外の文字列を要求するようになります（図3-44）。

同時に名前の文字数を制限するために、②でMaxLength属性を使います。ここでは文字数を20文字までに制限しています（図3-45）。

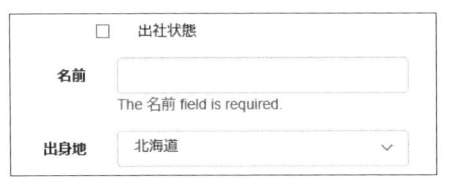

図3-44　名前（Name）が空白の場合

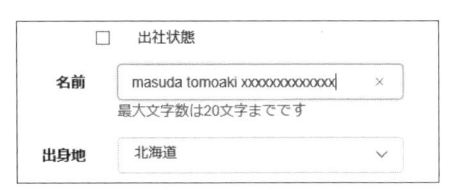

図3-45　名前（Name）の最大数制限

項目のタイトルはプロパティ名の「Name」から、Display属性を使って「名前」という日本語表示に変えています。以降、他のプロパティもDisplay属性を使って設定しています。

■ 3.4.5.2　数値の範囲制限と表示フォーマット

リスト3-36　**Age**プロパティ

```
[Range(18,100,ErrorMessage = "年齢は18歳から100歳までです")] ←④
[Display(Name = "年齢")]
[DisplayFormat(DataFormatString = "{0} 歳")] ←⑤
public int? Age { get; set; } ←⑥
```

　Ageプロパティ（リスト3-36）で数値を入力する際に範囲を制限したい場合は、④のように Range属性で最小値と最大値を設定します。

　データを表示するときにフォーマットを付けたいときには、⑤のようにDisplayFormat属性を使って書式を設定します。これはToStringメソッドと同じフォーマットで記述できます。CreateページやEditページのような入力時には数値のみで入力し、Indexページや Detailsページの表示では「20歳」のようにフォーマットされます。

　Ageプロパティはint型ですが、nullを許容したいために⑥のように「int?」型で設定しています。こうすると、NameプロパティでRequired属性を設定したときと逆に、年齢（Age）の入力が空欄であってもデータが作成されるようになります。

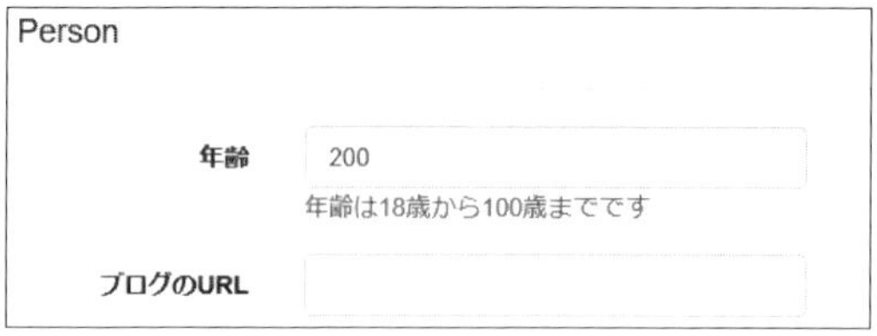

```
Person

    年齢      200
            年齢は18歳から100歳までです

ブログのURL
```

図3-46　年齢（Age）の範囲制限

　数値の制限外のときは、ErrorMessageで指定したメッセージが表示されます（図3-46）。

■| 3.4.5.3　日付の入力

リスト3-37　**Hireate**プロパティ

```
// 入社日（日付）
[DataType(DataType.Date)]    ◀⑦
[DisplayFormat(DataFormatString = "{0:yyyy年MM月dd日}")]    ◀⑧
[Display( Name = "入社日")]
public DateTime? Hireate { get; set; }
```

　Modelクラスのプロパティの型を補足するためにDataType属性があります。Hireateプロパティ（リスト3-37）の⑦のように、列挙型のDataTypeを使ってDateを指定しておくと、ブラウザーのCreateページとEditページの入力がカレンダーから選択できるようになります（図3-47）。

　Ageプロパティと同じようにHireateプロパティでも、⑧のようにDisplayFormat属性を使ってIndexページなどの表示時に

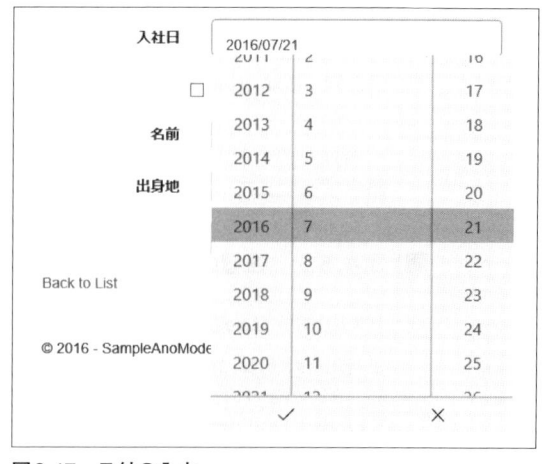

図3-47　日付の入力

は「2016年07月21日」のように日本語のフォーマットで表示されるようにしています。

■ 3.4.5.4　メールアドレスとURLアドレスのフォーマット

リスト3-38　**Email**プロパティと**Blog**プロパティ

```
// Email
[Display( Name = "メールアドレス")]
[EmailAddress]  ←⑨
public string Email { get; set; }
// ブログページ(URL)
[Display( Name = "ブログのURL")]
[Url]  ←⑩
public string Blog { get; set; }
```

　emailやブログのアドレス（URL）の入力フォーマットを自動でチェックすることができます。emailでは、リスト3-38の⑨のようにEmailAddress属性を、ブログのURLアドレスでは⑩のようにUrl属性を指定します。

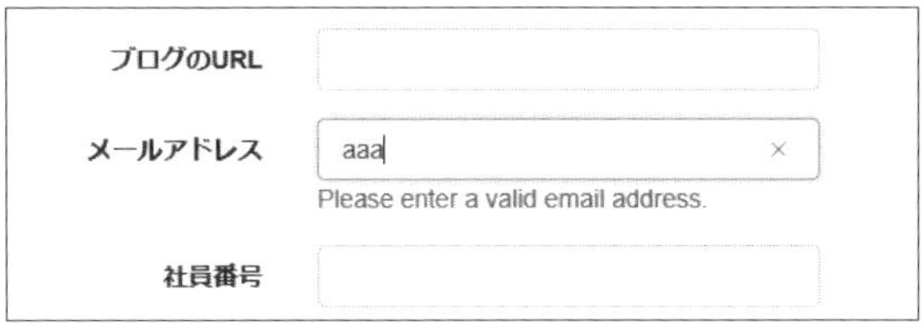

図3-48　emailの入力エラー

　emailの入力時のフォーマットが合わない場合は、クライアントサイドでエラーメッセージが表示されます（図3-48）。

■ 3.4.5.5　正規表現の利用

リスト3-39　**EmployeeNo**プロパティ

```
// 社員番号（正規表現）XXX-9999 形式
[RegularExpression("[A-Z]{3}-[0-9]{4}")]  ←⑪
[Display( Name = "社員番号")]
public string EmployeeNo { get; set; }
```

　文字列の入力項目であっても、正規表現でチェックを行うRegularExpression属性を使うとフォーマットを制限できます。リスト3-39の⑪のように、社員番号を「XXX-9999」のようにアルファベット3文字と数字4文字に制限したいときには、RegularExpression属性に「[A-Z]{3}-[0-9]{4}」の正規表現を設定します。

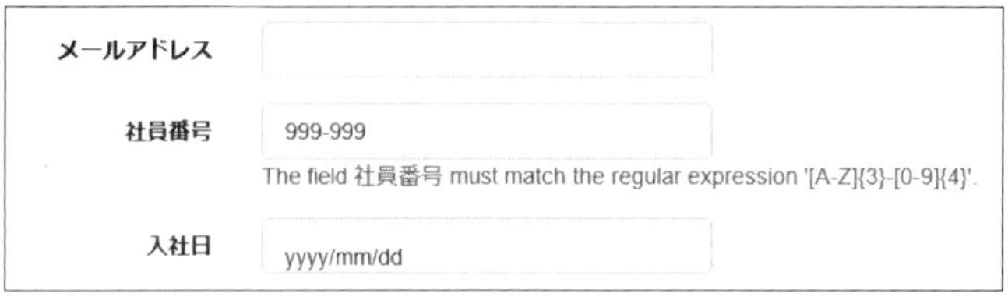

メールアドレス	
社員番号	999-999
	The field 社員番号 must match the regular expression '[A-Z]{3}-[0-9]{4}'.
入社日	yyyy/mm/dd

図3-49　フォーマットエラー

　入力データが正規表現で示されたパターンを満たさない場合はエラーが表示されます（図3-49）。アノテーションとデータタイプを指定することで、Modelクラスへの属性の設定のみで入力の制限などが行えます。主なアノテーションと主なデータタイプの一覧を示しておきます（表3-1、3-2）。

表3-1　主なアノテーション

属性名	機能
Association	リレーションシップを持つプロパティで外部キーを指定する。
CustomValidation	カスタム検証メソッドを指定する。
DataType	データタイプを指定する。
Display	項目を表示するときのタイトルを指定する。
DisplayFormat	表示時のフォーマットを書式化する。
Editable	プロパティが編集可能あるいは不可であることを示す。
Key	主キーとなるプロパティを示す。
Range	数値の範囲を指定する。
RegularExpression	正規表現のパターンを指定する。
Required	必須項目であることを示す。
StringLength	文字列の最小と最大長を指定する。
MaxLength	文字列の最大長を指定する。
MinLength	文字列の最小長を指定する。

表3-2　主なDataType

列挙子の値	機能
DateTime	日付と時刻を表す。
Date	日付のみを表す。
Time	時刻のみを表す。
PhoneNumber	電話番号を示す。
Currency	通貨を示す。
Html	HTMLファイルを示す。
MultilineText	複数行の項目を示す。
EmailAddress	emailアドレスを示す
Password	パスワードを示す。
Url	URLアドレスを示す
ImageUrl	画像のURLアドレスを示す。

3.4.6 カスタム検証を実装する

　既存のアノテーション機能を使うと、さまざまな入力項目の制限ができますが、これですべての検証ができるとは限りません。むしろ、既存のデータと比較して検証を行ったり、状況によって値が変化するものと比較させたりすることで、入力エラーになることが多いと思います。

　検証ロジックをControllerクラスで実装することもできますが、アノテーション機能をカスタム化して独自の検証属性を作ることができます。カスタム検証はValidationAttributeクラスを継承して作成します（リスト3-40）。

リスト3-40　カスタム検証

```
public class ValidHireate : ValidationAttribute
{
    protected override ValidationResult IsValid(object value, ➥
ValidationContext validationContext)
    {
        if (value != null)
        {
            DateTime date = Convert.ToDateTime(value);
            if (date > DateTime.Now)
            {
                return new ValidationResult("入社日は本日以前を指定し➥
てください");
            }
        }
        return ValidationResult.Success;
    }
}
```

　このコードは、入力した入社日を本日の日付と比較して「入社日＜本日」になるようにチェックしています。つまり、未来の日付で入社日を入力するとエラーとする仕組みになります（図3-50）。チェックが成功した場合は「ValidationResult.Success」を返し、エラーの場合はそれ以外のValidationResultオブジェクトを返します。通常はエラーメッセージを返すとよいでしょう。

Create

Person

・入社日は本日以前を指定してください

年齢	48
ブログのURL	http://moonmile.net/blog
メールアドレス	masuda@moonmile.net
社員番号	ABC-9999
入社日	2020/10/20

図3-50　カスタム検証でエラーが発生

リスト3-41　カスタム検証を入れた**Hireate**プロパティ

```
// 入社日（日付）
[Display(Name = "入社日")]
[DisplayFormat(DataFormatString = "{0:yyyy年MM月dd日}")]
[DataType(DataType.Date)]
[ValidHireate]  ←①
public DateTime? Hireate { get; set; }
```

　カスタム検証の属性は、既存のアノテーションの属性と同じくリスト3-41の①のように設定します。通常のアノテーションのチェックはクライアントサイドでJavaScriptで実行されますが、カスタム検証はサーバーサイドでポストバック時に検証されます。例えば、Createページならば［Create］ボタンをクリックしてサーバーに問い合わせた後に、ValidHireate属性でカスタム検証を行い、エラーメッセージをクライアントに返します。

　このときのメッセージを表示するために、Viewページを次のように書き換えます（リスト3-42）。

リスト3-42　**Create.cshtml**の書き換え

```
// 変更前
<div asp-validation-summary="ModelOnly" class="text-danger"></div>
// 変更後
<div asp-validation-summary="All" class="text-danger"></div>
```

　入力を行うCreateページとEditページのasp-validation-summary属性の値を「ModelOnly」から「All」に変えておきます。こうすることでサーバーサイドから返されたエラーメッセージを表示できます。

　Modelクラスでのカスタム検証ではDbContextを持たないためデータベースとの照合はできませんが、Modelクラスでの共通ロジックでの検証チェックを統一化できるという利点があります。Controllerクラスによる検証ロジックを記述した場合、検証の対象となるModelクラスをコード上で追う必要があります。逆にModelクラス自身が検証ロジックを持っていれば、どこでModelクラスを利用されても同じ検証が安全に実行されます。

3.4.7 動作を確認する

　では、作成したPersonクラスに関する動作を確認して、この章を終わりにしましょう。

図3-51　Indexページ

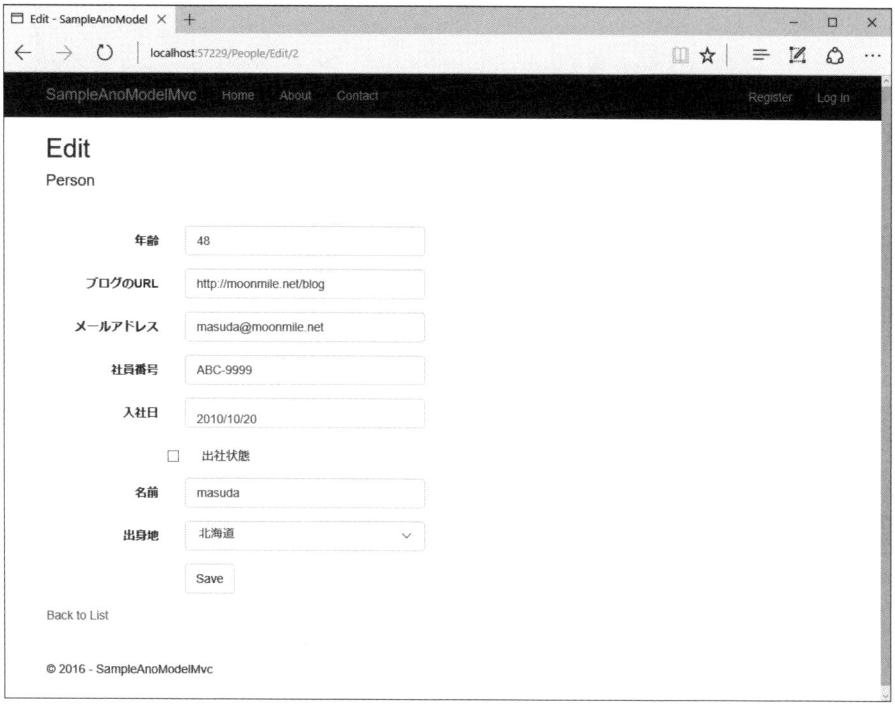

図3-52　Editページ

　入力時の必須項目を名前（Nameプロパティ）にしたので、空欄の年齢（Ageプロパティ）が設定されています。Indexページでは入社日のフォーマットが「yyyy年MM月dd日」のように日本語で表示されます（図3-51）。

　ただし、このままで一覧ページとしては表示が冗長なので、名前や年齢だけIndexページで表示したほうがよいでしょう。また、IndexページやCreateページの表示順序も直していきます。これらは「第4章　Viewの活用」で解説をしましょう。

3.5 この章のチェックリスト

この章では、Modelクラスの詳細を学びました。データベースからModelクラスを自動生成する方法と、逆にModelクラスからデータベースを生成する方法の2種類があることが分かりました。

また、Modelクラスに属性を付けることで各プロパティに検証ロジックを付けられます。

✔ チェックリスト

① データベースからModelクラスを作成したり、逆にModelクラスからデータベースを作成するときには **A** コマンドを使う。データベースからModelクラスを作る時は「 **A** dbcontext scaffold」を使い、逆にModelクラスからデータベースを生成するときは「 **A** database updte」を使う。

② Modelクラスを先に作成しておき、デバッグ実行でデータベースを作成する方法を **B** という。 **B** はASP.NET MVCプロジェクトを作成して手早く実験するときに非常に有効である。

③ Modelクラスに属性として付加する情報を **C** という。 **C** を使うと、Modelクラスの検証ロジックを統一的に扱うことができる。

④ 項目のタイトルを扱う属性は、 **D** を使う。通常はプロパティ名がEditページなどに表示されるが、 **D** を使うと項目の表示を日本語にできる。

⑤ 項目としては文字列の入力ではあるが、日付の入力や、emailアドレス、URLアドレスを区別するために **E** がある。 **E** の列挙子を設定しておくと、入力時に日付のカレンダーを表示したり、emailアドレスやURLアドレスのフォーマットをチェックしてくれる。

答え

① A　dotnet ef
② B　コードファースト
③ C　アノテーション
④ D　Display属性
⑤ E　DataType

第 **4** 章

Viewの活用

次にMVCパターンの「View」に関する解説です。

スキャフォールディング機能を使ったViewを参考にして、Viewページで使えるRazor構文やHTMLヘルパー、タグヘルパーの解説をしていきます。HTMLタグとC#のコードがうまく混在できるASP.NET MVCアプリケーションのViewの構造を見ていきましょう。

4.1 Razor構文

Razor構文は、MVCパターンのViewで利用される構文です。Viewやユーザーインターフェイスを扱い、Webアプリケーションでは主にHTMLを使って画面を構築します。Razor構文はUIを作成するHTMLとうまく混在させ、条件文などを使いながらC#の文法とHTMLをうまく混在させるものです。

4.1.1 なぜRazor構文を使うのか

Visual StudioでASP.NET MVCアプリケーションを作成すると、[Views]フォルダーに拡張子が「.cshtml」となるファイルが作られます(図4-1)。スキャフォールディング機能を使ってModelクラス(Entity)からControllerクラスとViewページを自動生成するときも、Razor構文を使った拡張子「.cshtml」のファイルができます。

このViewページで使われる「@」で始まる部分が「Razor構文」です。

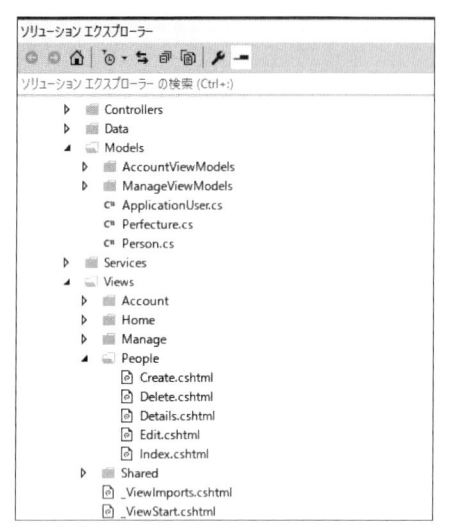

図4-1　ソリューションエクスプローラーの［Views］フォルダー

　Controllerクラスで返すViewResultオブジェクトは、通常はView自体を返しますが、普通の文字列やバイナリデータを返すこともできます。これを利用して、JSON形式のデータや画像データを作成することができます。実際に「第8章　Web API」では、特にViewページを利用せず、ControllerのActionメソッドから直接JSON形式やXML形式のデータをクライアントに返す方法を解説します。

　ControllerクラスでHTML形式のデータをすべて作成して、Viewページを必要としない形で使うこともできます。しかし、ControllerクラスのActionメソッドですべてのHTMLを出力すると、Controllerクラスの中身が肥大化してきます。このため、UIに関わる部分をViewページに追い出すことができるのがMVCパターンの良いところです。

　しかし、ControllerクラスからUI部分であるViewページを追い出したときに困る点があります。Viewページでちょっとだけ変更を加えたいときや、Viewページに表示するModelクラスのデータに加工を加えて表示したいときに、通常のHTMLだけでUIを作成するには複雑になりすぎます。

　このためASP.NET MVCアプリケーションでは、UIを作成するときに条件分岐などのC#のコードをうまく混ぜ合わせるためにRazor構文を使います。

　さらに、Razor構文とHTMLヘルパーやタグヘルパーを組み合わせることで、数少ないコードで複雑なHTMLを扱えるようにしています。

4.1.2 ｜ C#のコードを混在させる

　Razor構文では、HTML形式の記述とC#のコードを区別するために「@{ ... }」の記述を使います。スキャフォールディング機能で作成したIndex.cshtmlファイルを開くと、先頭のほうにViewDataコレクションにタイトルを設定しているコードがあります（リスト4-1）。

リスト4-1　タイトルを設定するC#コード

```
@{
    ViewData["Title"] = "Index";
}
```

また、Modelクラスの各プロパティの値を表示するときに、「@」マークだけで付けたHtml. DisplayForメソッドの呼び出しがあります（リスト4-2）。

リスト4-2　**Name**プロパティを表示する**C#**コード

```
@Html.DisplayFor(modelItem => item.Name)
```

どちらもRazor構文で、C#のコードとHTMLを混在させるための書き方です。複数行で記述する場合には「@{ … }」を使い（リスト4-3）、変数やメソッドのような単一の行で済む場合は先頭に「@」を付けたものを使います（リスト4-4、図4-2）。

リスト4-3　複数行の記述

```
@{
    var a = 100 ;
    var msg = "";
    if ( a < 50 ) {
        msg = "a は 50未満";
    } else {
        msg = "a は 50以上";
    }
}
```

リスト4-4　変数の記述

```
<div>ここに  a = @a  を表示する。</div>
<div>結果メッセージは  @msg  です。</div>
```

図4-2　実行結果

複数行が記述できる「@{ … }」を使うと、表示するための複雑なロジックをViewページに

書くこともできるのですが、今度はViewページが肥大化してしまうために後からの修正が大変になってしまいます。また、ASP.NET MVCアプリケーションでは主にControllerクラスを使って業務ロジックのテストを行うことが多いので、UIとして記述されたViewページの見落としが発生しやすくなります。

このようなときには、Controllerクラスで業務ロジックを使って計算したのちに、結果の部分だけをViewDataコレクションなどを通じてViewに渡すか、Htmlヘルパーのように業務ロジックをまとめたクラスを別に作り、Viewの構造を簡素になるように努めます。

4.1.3 | 変数を直接書く

Razor構文では変数やメソッドの戻り値を直接HTMLに記述できるので、HTMLタグの属性値への埋め込みの記述が楽になっています（リスト4-5、図4-3）。

リスト4-5　変数の記述

```
@{
    var errorColor = "Red";
}
<div style="color: @errorColor; font-size:20px">
    ここにエラーメッセージを表示します。
</div>
```

図4-3　実行結果

あらかじめ、errorColorという変数に「Red」を設定しておいて、divタグのstyleに設定しています。HTMLタグの属性値に対しても直接C#の変数を使えるので、それぞれのHTML記述を短くすることができます。

Viewページ内には関数を作ることはできませんが、ラムダ式を使えばViewページで一時的に使うメソッドを作ることができます（リスト4-6、図4-4）。

リスト4-6　メソッドの呼び出し

```
@{
    Func<string, string> writeMessage =
        (s) => { return $"こんにちは {s} さん";  };
```

```
}
@writeMessage("masuda")
```

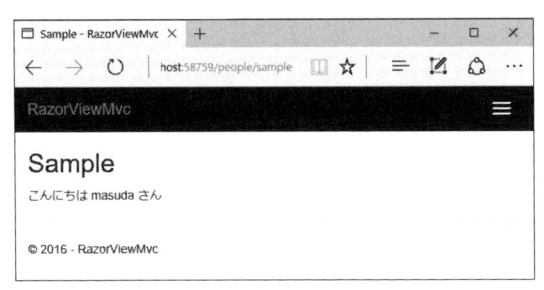

図4-4 実行結果

このようにViewページの中でも、UIを記述するためのHTMLタグとロジックを記述するためのC#のコードをうまく分離させることにより、レイアウトの作成に集中ができるでしょう。

4.1.4 制御文を直接書く

Razor構文で先頭に「@」を使うとき、制御文（if文やforeach文など）は少し特別な扱いになっています。

if文を使うときは、主に条件式によって表示するメッセージを変えることが考えられるでしょう（リスト4-7）し、繰り返し処理を行うfor文やforeach文は、tableタグの内容（trタグ、tdタグ）を繰り返し出力することになります（リスト4-8）。

これに合わせて、Razor構文で制御文を使うと、ブロック内がHTML記述として扱われるようになっています。

リスト4-7 if文の記述

```
@if ( 条件式 ) {
    HTMLタグを記述
}
```

リスト4-8 foreach文の記述

```
@foreach ( 変数 in コレクション ) {
    HTMLタグを記述
}
```

if文やforeach文のブロックにHTMLタグで記述をすることで、ブロック内がHTMLのモードになります。このHTMLの記述モードのときに「@変数」のようにC#の変数を混在させて、条件によるメッセージの切り替えや表形式のデータ表示を行います。

具体的には、リスト4-9のようにif文で、メッセージを切り替えることができます。メッセー

ジ自体は文字列で変化がないので、そのまま記述できたほうが楽でしょう。変数として表示
が変わる部分だけを「@a」と書いて、変数の内容を表示します（図4-5）。

リスト4-9　**if文でメッセージを変える**

```
@{ int a = 100; }
@if (a < 50)
{
    <div>変数 a は @a です。50未満になります</div>
}
else
{
    <div>変数 a は @a です。50以上になります</div>
}
```

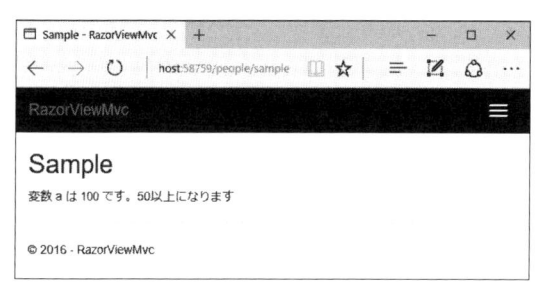

図4-5　実行結果

　foreach文で繰り返し表示を行ったのがリスト4-10の例です。都道府県名が入ったlstコレ
クションに対して、foreach文で1つずつ処理を行います。foreach内のブロックで繰り返しli
タグが出力されていることが分かります（図4-6）。

リスト4-10　**foreach文で繰り返し表示する**

```
@{
    var lst = new string[]{
        "北海道", "青森県", "東京都", "大阪府", "沖縄県" };
}
<div>都道府県</div>
<ol>
@foreach ( var item in lst )
{
    <li>@item</li>
}
</ol>
```

　このように制御文のRazor記述をうまく混在させて、出力されるHTMLを制御していきま
しょう。

図4-6　実行結果

4.1.5 | コメントを書く

　HTML記述でコメントを書くときは「<!--」と「-->」で囲みますが（リスト4-11）、Razor構文でコメントアウトをするときは「@*」と「*@」で囲みます（リスト4-13）。

リスト4-11　**HTML**のコメント

```
<!-- ここは HTML記述のコメント -->
```

リスト4-12　**C#**のコメント

```
@{
    // C#コードのコメントを書く
    /* 複数行に渡る
       コメントを
       記述する
    */
}
```

リスト4-13　**Razor**構文のコメント

```
@*
    @{
        int a = 100;
    }
    <div>変数a の内容は @a です。</div>
*@
```

　Razor構文のコメント「@* … *@」を使うと、囲まれた部分のHTML記述やC#コードが一切実行されなくなります。例えば、コメントアウトするつもりでHTML記述を使って「<!-- @{ … } -->」をしても、@{} の中身であるC#のコードは実行されてしまいます。これを実行しないようにするために「@* … *@」の記述を使います。

　次は、このようなRazor構文を使って、Viewページをどのように作っていくのかを詳しく

解説していきます。

4.2 | @modelによるバインド

スキャフォールディング機能を実行すると、Viewページの先頭に「@model ～」の記述があります。この記述はViewページにとって必須ではありませんが、コーディングをする上で重要な設定になります。ControllerクラスのActionメソッドから渡されてきたModelオブジェクトの型を設定するための記述を使い、インテリセンスを有効に活用しましょう。

4.2.1 | @modelキーワード

ASP.NET MVCアプリケーションでは、Controllerクラスのアクションメソッド名とViewのページ名を一致させています。例えば、PeopleControllerクラスのIndexメソッドはIndex.cshtmlになり、CreateメソッドはCreate.cshtmlになります。

Controllerクラスから対応するViewページにModelクラスを渡すときに、Controllerクラスの Viewメソッドを使います。Viewページで渡すModelオブジェクトはobject型で指定し、Viewページ側ではdynamic型と呼ばれる動的な型に変換されています。dynamic型でもViewコードのコーディングができますが、Modelクラスのプロパティ名などは正確に記述する必要があります。これはdynamic型のプロパティやメソッドはビルド時にチェックをするのではなく、実行時に指定したプロパティやメソッドが有効かどうかをチェックするためです。このため、プロパティ名を間違って記述してしまってもビルド時にエラーが出ることはなく、ASP.NET MVCアプリケーションを実行して該当のページにアクセスしたときにエラーが発生するというやっかいな状況になります。

この状況を防ぐために、ASP.NET MVCのViewページでは@modelキーワードを付けることによって、厳密な型を指定することができるようになっています（リスト4-14）。

リスト4-14 **@model**の指定例

```
// 単一のデータ
@model RazorViewMvc.Models.Person
// コレクションのデータ
@model IEnumerable<RazorViewMvc.Models.Person>
```

@modelキーワードで指定した型は、ViewページのModelプロパティに適用されます。この例は、Modelプロパティに「RazorViewMvc.Models.Person」の型を結び付けて、安全に「@Model.Name」にアクセスしています（リスト4-15）。

リスト4-15 **@model**と**Model**プロパティの関係

```
// 単一のデータ
@model RazorViewMvc.Models.Person
<div>こんにちは @Model.Name さん</div>
```

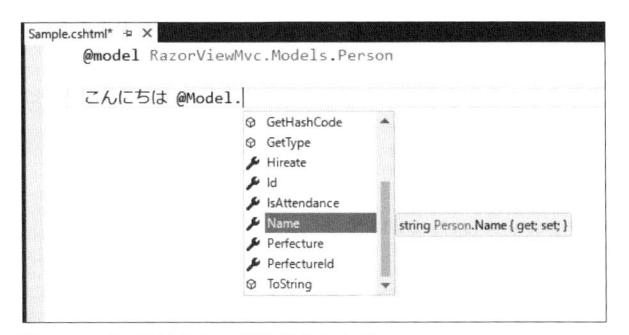

図4-7　インテリセンスが有効化される

　Modelプロパティに対してインテリセンスが使えるようになるので（図4-7）、プロパティだけでなくModelクラスに追加した検証メソッドなどを呼び出すときにもビルド時に引数の型チェックが行われます。

　ここでは、スキャフォールディング機能を実行したPersonクラスを結び付けていますが、データベースにアクセスしないViewページの表示のための独自のModelクラスを作って@modelキーワードに設定することもできます。

4.2.2 │ @modelキーワードの活用

　スキャフォールディング機能で作成されるIndexページとDetailsページを例にとって、どのように使われているのかを見ていきましょう。

リスト4-16　**Index**ページの抜粋

```
@model IEnumerable<RazorViewMvc.Models.Person>
...
@foreach (var item in Model) {   ←①
        <tr>
            <td>
                @Html.DisplayFor(modelItem => item.Name)   ←②
            </td>
...
}
```

　Indexページは、データを表形式で表示するトップページです（リスト4-16）。Viewに渡されるModelクラスは複数の要素を持つコレクションが渡されることになります。

　@modelキーワードには、ViewページのModelプロパティが「IEnumerable<RazorViewMvc.Models.Person>」であることを示しておきます。実際に渡されるデータの型はデータベースから読み込まれた「DbSet<Person>」になりますが、foreach文などの繰り返し処理をするためには、IEnumerable<>型で指定すれば十分です。foreach文を実行したときに要素の型が分かるように、ジェネリックの型としてPersonを指定しておきます。

　このようにすることで、①ではModelプロパティがコレクションであることを示し、②で

は要素となるitemオブジェクトの型がPersonクラスと識別されインテリセンスが有効に働きます。

リスト4-17 **Details**ページの抜粋

```
@model RazorViewMvc.Models.Person
...
    <dl class="dl-horizontal">
        <dt>
            @Html.DisplayNameFor(model => model.Name)
        </dt>
        <dd>
            @Html.DisplayFor(model => model.Name)
        </dd>
```

Detailsページでは、単一のデータを表示するために@modelキーワードには「RazorViewMvc.Models.Person」を指定しています（リスト4-17）。

Viewページの Modelプロパティの型がPersonクラスと識別できるので、Htmlクラスの DisplayNameFor メソッドや DisplayFor メソッドを使うときの引数にインテリセンスが使えます。

4.3 | @ViewData, @ViewBag の利用

Entity Framework を利用した Model クラスでは、データベースのテーブルに対応するクラスが作られます。この Model クラスを使って Controller クラスから View ページにデータを渡すため、もともとテーブルにはなかったデータを View ページに渡そうとすると、ちょっとした工夫が必要です。

View ページにデータベースとは関係のないメッセージ文字列やフラグなどを渡す場合には、ViewData コレクションや ViewBag オブジェクトを利用します。

4.3.1 | ViewDataコレクションとViewBagオブジェクトの役割

MVCパターンでは、UIである View は Model で設定されたデータを参照して表示します。このためパターンに厳密に従うならば View ページで表示させるデータは Model クラスのプロパティとして揃えておかなければいけませんが、なかなかそうはいきません。Entity Framework のようなデータベースのテーブルにマッピングされた Model クラスの場合、テーブル内にないデータを View ページで表示するときに困ってしまいます。

1つの方法は、View ページに表示するデータを含んだ新しい Model クラスを作成し、Entitiy Framework で作成したマッピングデータをクラスのプロパティとして持たせます。もう1つの方法は、ASP.NET MVCで用意されている ViewData コレクションと ViewBag オブジェクトを利用することです。

　非常に多くのViewページを多人数で扱う場合には、前者のような新しいModelクラスを定義したほうがよいのですが、メッセージの表示やControllerクラスからのフラグ程度であれば、柔軟に対応できるViewData/ViewBagを使うとよいでしょう。

　ViewDataコレクションとViewBagオブジェクトは相互に変換されるので、どちらを使ってってもかまいません。

4.3.2 | ViewDataコレクションの使い方

　ViewDataコレクションは、名前を付けてオブジェクトを保存する仕組みを持っています。スキャフォールディング機能で作成されたIndexページなどでは、ブラウザのタイトル（titleタグ）を指定するために、ViewDataコレクションが使われています（リスト4-18）。

リスト4-18　タイトルを設定

```
@{
    ViewData["Title"] = "Index";
}
```

リスト4-19　**ViewData**を参照

```
<title>@ViewData["Title"] - RazorViewMvc</title>
```

　Indexページで設定したタイトルのオブジェクトは、［Views/Shared］フォルダーにある_Layout.cshtmlファイル内で参照されています（リスト4-19）。これはViewページ同士でデータをやり取りしていますが、ControllerクラスでViewDataコレクションに値を設定して、Viewデータでその値を参照する方法がよく使われます。

　ControllerクラスのActionメソッドでデータ検索や登録をしたときに例外が発生したとき、ViewDataコレクションに例外時のエラーメッセージを設定して、Viewページに表示させるような使い方ができます（リスト4-20、4-21）。

リスト4-20　**Controller**クラスでエラー例外メッセージを設定

```
public async Task<IActionResult> Edit(int? id)
{
    if (id == null)
    {
    ViewData["error"] = "不正なIDが指定されました" ;
        return View();
    }
```

リスト4-21　**View**ページでエラーメッセージを表示

```
<div class="text-danger">@ViewData["error"]</div>
```

　このように既存のModelクラスの構造はそのまま変更せずに、例外や特殊処理をするとき

の一時的なデータの受け渡しとしてViewDataコレクションを利用できます。

ただし、ViewDataコレクションでは名前をキーにしてデータを保持しているため、キーとなる名前をタイピングミスしたり重複させてしまうと、思わぬ不具合になってしまうので注意しましょう。

4.3.3 | ViewBagオブジェクトの使い方

ViewBagオブジェクトは、ControllerクラスやViewページのプロパティとして設定されています。ViewDataコレクションはキー名を指定してオブジェクトを保持しますが、ViewBagオブジェクトはdynamic型でプロパティ名を直接指定してオブジェクトを保持します（リスト4-22）。

リスト4-22　**ViewData**と**ViewBag**の違い

```
// 値の保存
ViewData[ キー名 ] = 値
ViewBag.キー名 = 値
// 値の取り出し
ViewData[ キー名 ]
ViewBag.キー名
```

ViewBagオブジェクトとViewDataコレクションは双方向で変換されるため、ControllerクラスでViewDataコレクションで設定した値を、ViewページではViewBagオブジェクトを使って取り出すことが可能です。ViewDataとVeiwBagが逆であっても同じことができます。

設定する値はobject型に変換されるため、取り出しのときは明示的にキャストが必要になります。ただし、Viewページで文字列として扱うときには自動的にToStringメソッドが使われるため、キャストは必要ありません。　ViewBagオブジェクトではキー名をプロパティに直接指定しますが、dynamic型のためビルド時に整合性のチェックはされません。

ViewDataコレクションではキー名を文字列として設定するため、「error code」のような空白を含む文字列や「error-code」のように変数として利用できない文字も含むことができます。このようなキー名を指定した場合、ViewBagオブジェクトでは取り出しができなくなるので注意してください。

4.4 | HTMLヘルパー

ASP.NET MVCアプリケーションのViewページ（拡張子が.cshtmlのファイル）では、C#のコードを混在できるのと同時にHTMLタグを効率よく書くためのヘルパーライブラリが用意されています。その1つがHTMLヘルパーです。

HTMLヘルパーは、Viewページに定義されているHtmlプロパティの各メソッドを使い、フォーマット済みのHTMLタグを出力します。

4.4.1 ┃ HTMLヘルパーを利用する

　HTMLヘルパーはViewページのHtmlプロパティとして実装されています。Htmlプロパティの型はMicrosoft.AspNetCore.Mvc.Rendering.IHtmlHelperインターフェイスになります。このIHtmlHelperインターフェイスで定義されている各メソッドを使い、効率よくHTMLタグを記述できます。

　ただし、新しいバージョンのASP.NET MVCアプリケーションでは、HTMLタグへの出力をもう1つの機能である「タグヘルパー」にて行っています。例えば、フォームの入力を使うためのHTMLヘルパーとしてHtml.BeginFormメソッドがありますが、これに対応するformタグのタグヘルパーがあり、「<form asp-action="Edit">」のように記述することができます（タグヘルパーに関しては、次の「4.5　タグヘルパー」で解説をします）。

　このため、新しいバージョンのASP.NET MVCアプリケーションでは、それほどHTMLヘルパーは使われていません。しかし、従来型の「*.aspx」ファイルからの流用や以前作成したASP.NET MVCアプリケーションの活用を考えたとき、タグヘルパーだけでなくHTMLヘルパーを活用する場面も多いでしょう。

　ここでは、スキャフォールディング機能で使われているHTMLヘルパーを中心に解説をしていきます。

4.4.2 ┃ HTMLヘルパーの使い方

　ViewページにHTMLヘルパーを利用するためのHtmlプロパティがあるので、このプロパティに設定されているIHtmlHelperオブジェクトのメソッドを使います。

リスト4-23　**HTMLヘルパーの書き方**

```
@Html.DisplayFor( ... )
```

　C#のコード自体はメソッドを記述するだけなので、先頭に「@」を付けた書き方ができます（リスト4-23）。そのままインテリセンス機能が働くので、候補リストから目的のメソッドを選択します（図4-8）。

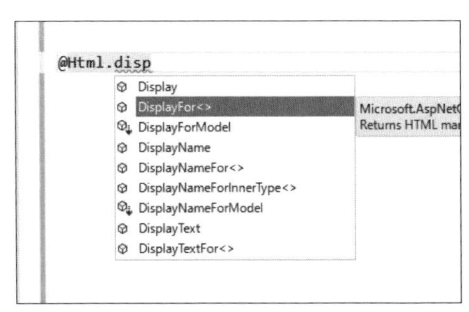

図4-8　インテリセンス機能

メソッドの候補リストを見ると、同じようなメソッド名が並んでいます。「DisplayFor<>」のようにメソッドの後ろにForがついているメソッドと、「Display」のようについているメソッドは同じ機能を持っています。

リスト4-24　**HTMLヘルパーの呼び出し**

```
// Forがない場合
@Html.Display("Name")
// Forがある場合
@Html.DisplayFor( m => m.Name )
```

DisplayForやDisplayメソッドは、Modelクラスのプロパティを指定して値を表示するメソッドです（リスト4-24）。Displayメソッドでは、対象となるModelクラス（ここではPersonクラス）のNameプロパティを指定するために、「Name」という文字列を渡しています。DisplayForメソッドの場合は、ラムダ式を使い引数に安全にNameプロパティを指定しています。Displayメソッドの場合は、文字列で指定するためにコーディング時に誤ったプロパティ名を指定してもビルドが正常に通ってしまいます。このエラーはASP.NET MVCアプリケーションを実行したときの値が表示されないことでしか気づけません。しかし、DisplayForメソッドを利用すると、Modelクラスのプロパティをインテリセンスを使い指定できることと、プロパティ名が間違っていたときにはビルドエラーになるため、このようなコーディングミスが発生しません。このために、できるだけDisplayForメソッドのようなFor付きのメソッドを使います。

ただし、最新のC#ではnameofキーワードが用意され、プロパティ名などを安全に文字列に変換することができます。

リスト4-25　**nameofキーワードの利用**

```
@Html.Display(nameof(Model.Name))
```

リスト4-25のように「nameof(Model.Name)」と記述することで、Modelクラスのプロパティをインテリセンスを使い指定できると同時に、プロパティ名に変換されます。ここでは、"Name"という文字列に変換されます。活用シーンを選んで、使い分けていくとよいでしょう。

4.4.3 | DisplayForとDisplayNameForメソッド

スキャフォールディング機能で使われている2つのHTMLヘルパーだけを詳しく解説していきましょう。他のHTMLヘルパーに関しては後で示す表を参考にしてください。

■| 4.4.3.1　DisplayForメソッド

DisplayForメソッドは、プロパティの値を表示するためのメソッドです。プロパティの値を返すようなラムダ式を引数に指定します（リスト4-26）。

リスト4-26 **DisplayFor**メソッド

```
@Html.DisplayFor( model => model.Age )
```

　変換後は文字列となるので、適当なHTMLタグ（pタグやdivタグなど）を使い装飾をします。DisplayForメソッドは、値を表示するときにModelクラスで指定されたDisplayFormat属性に従って、表示が変換されます。

リスト4-27 **DisplayFormat**属性の例

```
[Display(Name = "年齢")]
[DisplayFormat(DataFormatString = "{0} 歳")]
public int? Age { get; set; }
```

　リスト4-27のようにDataFormatString引数でフォーマットを指定すると、年齢が「99 歳」のように整形されて表示されます。

■ 4.4.3.2　DisplayNameForメソッド

　DisplayNameForメソッドは、プロパティのタイトルを表示するためのメソッドです。DisplayForメソッドと同じようにラムダ式を引数に指定します（リスト4-28）。

リスト4-28 **DisplayNameFor**メソッド

```
@Html.DisplayNameFor( model => model.Name )
```

　標準の場合は、プロパティの名前そのもの（ここでは「Name」）が返されます。Modelクラスで Display属性が使われていたときは、Name引数で指定した文字列を返します。

リスト4-29 **Display**属性の例

```
[Display(Name = "名前")]
public string Name { get; set; }
```

　リスト4-29のようにDisplay属性を付けて、Name引数に「名前」と設定しておくことで、タイトルを日本語で表示できるようになります。

4.4.4 ｜ HTMLヘルパーとタグヘルパーの対応

　そのほかのHTMLヘルパーに関しては、今後はタグヘルパーを利用することになるでしょう。表4-1に、主なHTMLヘルパーとタグヘルパーの関係を示しておきますので、活用してください。

表4-1　主なHTMLヘルパーとタグヘルパーの関係

HTMLヘルパー	タグヘルパー	機能
ActionLink	<a asp-action="..."	リンクタグの記述
BeginForm	<a asp-action="..."	フォームタグの記述
CheckBoxFor	<input asp-for="..."	チェックボックスの記述
DisplayTextFor		DisplayForと同じ
DropDownListFor	<select asp-for="..."	ドロップダウンリストの記述
EditorFor	<input asp-for="..."	テキストボックスの記述
EndForm	</form>	フォームタグの終了の記述
HiddenFor	<input type="hidden" asp-for="..."	隠し属性の記述
LabelFor	<label asp-for="..."	ラベルタグの記述
ListBoxFor	<select asp-for="..."	リストボックスの記述
PasswordFor	<input type="password" asp-for	パスワード入力の記述
RadioButtonFor	<input type="radio" asp-for="..."	ラジオボタンの記述
TextAreaFor	<textarea asp-for="..."	テキストエリアの記述
TextBoxFor	<input asp-for="..."	テキストボックスの記述
ValidationMessageFor	<span asp-validation-for="..."	クライアントサイド検証のエラーメッセージ
ValidationSummary	<div asp-validation-summary="..."	サーバーサイド検証のエラーメッセージ

4.5 | タグヘルパー

　Viewページを効率よく作成する方法のもう1つがタグヘルパーです。タグヘルパーもHTMLヘルパーと同じようにサーバー側でViewページの解析を行った後、整形済みのHTMLを出力します。2つの方法の違いは、HTMLヘルパーはC#コードのメソッドとして記述しますが、タグヘルパーは既存のHTMLタグに新しい属性を追加する形で機能を拡張します。

4.5.1 | タグヘルパーの活用

　タグヘルパーはHTMLタグの属性として活用されます。タグヘルパーの実装クラスは、Microsoft.AspNetCore.Mvc.TagHelpers名前空間にあり、Aタグを拡張するAnchorTagHelperクラスや、formタグを拡張するFormTagHelperクラスなどで定義されています。このクラスに定義されているHtmlTargetElement属性に従って、既存のHTMLタグに「asp-for」や「asp-action」などの属性が付けられるようになっています。
　本書では割愛しますが、独自にタグヘルパーのクラスを作成して既存のタグや新しいタグを作ることができます。
　タグヘルパーを使うと、Viewページを記述するときにインテリセンスが有効に働きます（図4-9）。

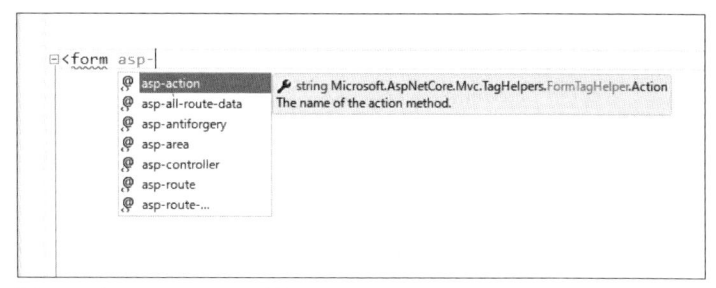

図4-9　インテリセンスの活用

　fromタグにはFormTagHelperクラスで定義されたいくつかの拡張属性がありますが、これらはViewページでHTMLタグを記述するときに、通常の属性（name属性やstlye属性など）と同じようにタグヘルパーで定義された属性を入力できます。

4.5.2 │ タグヘルパーの使い方

　タグヘルパーの利用は、@addTagHelperキーワードを使って設定します。ASP.NET MVCのプロジェクトテンプレートを使うと、［Views/Shared］フォルダーの_ViewImports.cshtmlファイルにタグヘルパーをインポートするための記述が追加されます。

リスト4-30　**@addTagHelper**キーワード

```
@addTagHelper *, Microsoft.AspNetCore.Mvc.TagHelpers
```

　これはMicrosoft.AspNetCore.Mvc.TagHelpers名前空間にあるすべてのクラスをインポートします。通常はこの状態で使います。何らかの理由があって特定のタグヘルパーだけを使いたいときには、「*」の部分に利用するタグヘルパーのクラス名を書きます。あるいは、@removeTagHelperキーワードを使って除外するタグヘルパークラスを指定します。

　実装済みのタグヘルパーの一覧を出すことは難しいのですが、どのタグヘルパークラスが

```
Microsoft.AspNetCore.Mvc.TagHelpers.AnchorTagHelper

15      //      elements.
16      [HtmlTargetElement("a", Attributes = "asp-action")]
17      [HtmlTargetElement("a", Attributes = "asp-controller")]
18      [HtmlTargetElement("a", Attributes = "asp-area")]
19      [HtmlTargetElement("a", Attributes = "asp-fragment")]
20      [HtmlTargetElement("a", Attributes = "asp-host")]
21      [HtmlTargetElement("a", Attributes = "asp-protocol")]
22      [HtmlTargetElement("a", Attributes = "asp-route")]
23      [HtmlTargetElement("a", Attributes = "asp-all-route-data")]
24      [HtmlTargetElement("a", Attributes = "asp-route-*")]
25      public class AnchorTagHelper : TagHelper
26      {
27          //
28          // 概要:
29          //     Creates a new Microsoft.AspNetCore.Mvc.TagHelpers.AnchorTagHelper.
30          //
31          // パラメーター:
```

図4-10　タグヘルパーの属性を調べる

どのHTMLタグを拡張しているのかを調べることは可能です。例えば、Aタグを拡張しているのはAnchorTagHelperクラスになるので、右クリックメニューから［定義をここに表示］を選択すると、AnchorTagHelperクラスのメタデータが表示されます（図4-10）。クラスに定義されているHtmlTargetElement属性を確認することで、おおまかな動作が想像できます。

HtmlTargetElement属性は、spanタグを拡張しているValidationMessageTagHelperクラスのように、既存のHTMLタグ名からは想像できないものもあります。

4.5.3 │ Modelクラスとの連携

タグヘルパーの中で、labelタグやinputタグに「asp-for」という名前の属性を拡張しているものがあります。このタグはHTMLタグのFor付きのメソッド（DisplayForメソッドやDisplayNameForメソッド）のようにModelクラスの型情報やアノテーションの情報を使ってフォーマットやタグの出力を変えています。

例えば、inputタグはタグヘルパーのInputTagHelperクラスがasp-for属性が追加しています。このときModelクラスのデータ型によって、inputタグのtype属性の値（"text", "number", "checkbox"など）が変わります。

HTMLヘルパーでは、Html.TextBoxForメソッドやHtml.CheckBoxForのように出力するHTMLタグが想像できるような名前が付けられていましたが、タグヘルパーではもともとのinputタグに属性を追加するために、Viewページの記述だけでは分かりづらくなっています。

逆に言えば、HTMLで出力するタグとは異なる独自のタグ名（emailタグなど）を付けて置き、タグヘルパー関数でModelクラスのプロパティにより柔軟にHTMLタグの出力を変化させることが可能であることを示しています。複雑なレイアウトを持つHTML表示を、Html.PartialのHTMLヘルパーを使って別のcshtmlファイルに記述する代わりに、独自のタグヘルパークラスを作り新しいタグを追加してViewページの記述を簡単にできます。

4.5.4 │ タグヘルパーの詳細

では、スキャフォールディング機能で出力したページを参考にしながら、どのようなタグヘルパーがあるのかを見ていきましょう。タグヘルパーは主にCreateページとEditページで使われています。

■│ 4.5.4.1　formタグのタグヘルパー

FormTagHelperクラスでformタグを拡張しています。

formタグではaction属性でsubmitボタンをクリックしたときのURLを指定します。このURLを作成するために、タブヘルパーのasp-action属性やasp-controller属性を使います。ASP.NET MVCでは1つのURLの中にコントローラー名とアクションメソッド名、各パラメーターを指定する必要があります。URLを組み合わせで作るのではなく、各属性で指定したあとにformのタグヘルパーがURLを構築して、formタグのaction属性に設定します。

スキャフォールディング機能で出力したCreateページは、asp-action属性のみが指定されています（リスト4-31）。コントローラー名はViewページを表示するときのフォルダー名を

元にして「/People/Create」のように組み合わされます（リスト4-32）。

リスト4-31　**asp-action属性**

```
<form asp-action="Create">
  ...
</form>
```

リスト4-32　**asp-action属性のHTML出力**

```
<form action="/People/Create" method="post">
  ...
</form>
```

　別のコントローラーを指定する場合には、asp-controller属性を使います（リスト4-33）。出力されるactionメソッドでは、Setup.csのルーティングの設定に従って「/コントローラー名/アクションメソッド名」で出力されます（リスト4-34）。

リスト4-33　**asp-controller属性**

```
<form asp-action="Create" asp-controller="MyController" >
  ...
</form>
```

リスト4-34　**asp-controller属性のHTML出力**

```
<form action="/MyController/Create" method="post">
  ...
</form>
```

　action属性のURLにパラメーターを指定したいときは、asp-route-*属性を指定します（リスト4-35）。「*」の部分にパラメーターとなる名前を設定すると、URLに「名前＝値」のように埋め込むことができます。formの場合には通常はpostメソッドが使われるのですが、URLにユーザー名などを埋め込むことにより、ブラウザーでユーザー独自のページへのURLショートカットを作ることができます（リスト4-36）。ただし、実際にはURLだけでなくCookieなどを使い、別のユーザーが指定しても独自のユーザーページを見られないようにします。

リスト4-35　**asp-route-*属性**

```
<form asp-controller="Account" asp-action="Login" asp-route-↻
user="masuda">
  ...
</form>
```

リスト4-36 **asp-route-*属性のHTML出力**

```
<form role="form" action="/Account/Login?user=masuda" method=⏎
"post">
   ...
</form>
```

■ 4.5.4.2 inputタグのタグヘルパー

InputTagHelperクラスでinputタグを拡張しています（リスト4-37）。拡張する属性は「asp-for」しかありません。どれもinputタグのasp-for属性にプロパティ名を指定する同じ形式です。しかし、指定されたプロパティの型によってHTML出力が異なってきます。

リスト4-37 **inputタグの指定**

```
<input asp-for="プロパティ名" />
```

プロパティがstring型の場合は、通常のテキストボックスに変換されます（リスト4-38）。

リスト4-38 **string型の場合のHTML出力**

```
// Nameプロパティ
public string Name { get; set; }
// HTML出力
<input name="Name" id="Name" type="text" value="" />
```

数値型（int型、float型、double型）を指定したときは、type属性が「number」に指定され数字のみを受け付けるようになります（リスト4-39）。

リスト4-39 **int型の場合のHTML出力**

```
// Ageプロパティ
public int? Age { get; set; }
// HTML出力
<input name="Age" id="Age" type="number" value="" />
```

日付の指定はDataTime型を使いますが、アノテーションでDataType.Dateを指定することによりinputタグのtype属性を「date」にすることができます（リスト4-40）。アノテーションを指定しない場合は「datetime」になります（リスト4-41）。

リスト4-40 **DataType.Date指定**

```
// 日付型
[DataType(DataType.Date)]
public DateTime? Hireate { get; set; }
// HTML出力
<input name="Hireate" id="Hireate" type="date" value="">
```

リスト4-41　**DataType.Time指定**

```
// 日付型
[DataType(DataType.Time)]
public DateTime? HireateTime { get; set; }
// HTML出力
<input name="HireateTime" id="HireateTime" type="time" value="">
```

4

　プロパティがbool型の場合は、type属性が「checkbox」になります（リスト4-42）。チェック状態／未チェック状態が、bool型のture/falseに対応します。

リスト4-42　**bool型の場合のHTML出力**

```
// 日付型
public bool IsAttendance { get; set; }
// HTML出力
<input name="IsAttendance" id="IsAttendance" type="checkbox" ⊘
value="true" />
```

　このほか、Modelクラスのメールアドレスを指定するプロパティにEmailAddress属性やDataType.EmailAddressを指定したときは、type属性が「email」になります。ブログのようなUrl属性やDataType.Urlを指定したきは、「url」になります。それぞれ、emailのフォーマットやurlのフォーマット以外での入力が制限されます。

■| 4.5.4.3　selectタグのタグヘルパー

　SelectTagHelperクラスドロップダウンリストのselectタグを拡張しています。対応するプロパティを指定するasp-for属性とリストを表示するためのoptionタグのデータとなるasp-items属性の2つを指定します。
　リストの作成をControllerクラスで行う場合は、SelectListクラスのコンストラクターを使い、値（ValueField）とテキスト（TextFiled）を指定します。このリストをViewDataコレクションかViewBagオブジェクトに渡して、selectタグのasp-items属性に引き渡します（リスト4-43）。SelectListクラスのコンストラクターでは、あらかじめドロップダウンリストの項目を選択するためのオブジェクトを指定できます。

リスト4-43　**ViewBagを利用する**

```
// Viewページ
<select asp-for="PerfectureId" class="form-control" asp-items=⊘
"ViewBag.PerfectureId"></select>
// HTML出力
<select name="PerfectureId" id="PerfectureId">
  <option value="1">北海道</option>
  <option value="2">青森県</option>
  ...
  <option value="47">沖縄県</option>
</select>
```

　ViewDataコレクションに指定している都道府県のデータは、データベースのPerfecture テーブルから読み取って設定しています（リスト4-44）。

リスト4-44　リストをデータベースから生成する

```
ViewData["PerfectureId"] = new SelectList(_context.Set↺
<Perfecture>(), "Id", "Name");
```

　このデータをデータベースではなく、コード内のリストとして生成したいときは、object型 を持つリストを作成し、匿名クラスで値（ValueField）とテキスト（TextFiled）を持つオブ ジェクトを追加していきます（リスト4-45）。

リスト4-45　リストを生成する

```
var lst = new List<object>();
lst.Add(new { ID = 1, Text = "北海道" });
lst.Add(new { ID = 2, Text = "青森県" });
...
lst.Add(new { ID = 47, Text = "沖縄県" });
ViewData["PerfectureId"] = new SelectList(lst, "ID", "Text");
```

　あるいは、HTMLヘルパーのHtml.GetEnumSelectListメソッドを使い列挙型からリストを 生成してもよいでしょう。

■| 4.5.4.4　spanタグとdivタグのタグヘルパー

　文字列を表示するためのspanタグとdivタグには、検証時のエラー表示のためのタグヘル パーが作られています。spanタグには、ValidationMessageTagHelperクラスにより、asp-validation-for属性が追加されています（リスト4-46）。divタグには、ValidationSummaryTag Helperクラスにより、asp-validation-summary属性が追加されています（リスト4-47）。

リスト4-46　spanタグのasp-validation-for属性

```
<span asp-validation-for="Name" class="text-danger" />
```

リスト4-47　divタグのasp-validation-summary属性

```
<div asp-validation-summary="All" class="text-danger"></div>
```

　spanタグのasp-validation-for属性は、クライアントサイドで検証が行われたときのエラー メッセージが表示されます。Modelクラスに指定された検証用のMaxLength属性やRange属 性に従い、ブラウザーのJavaScriptで入力時のデータが検証されます。テキストボックスで カーソルが別の場所に移ったとき検証ロジックが実行され、asp-validation-for属性で指定さ れたspanタグにメッセージが書き込まれます。

　divタグのasp-validation-summary属性は、一度サーバーへポストバックされた情報で検証 が行われ、エラーが発生したときにメッセージを表示します。asp-validation-summary属性 で指定したdivタグには、複数のエラーメッセージがliタグで表示されます。

■┃ 4.5.4.5　Ａタグのタグヘルパー

　リンクを示すＡタグのタグヘルパーは、AnchorTagHelperクラスになります。formタグの
actionメソッドと同じように、href属性にURLを指定するように変換されます。

　formタグと同じように、主にasp-action属性を指定します（リスト4-48）。現在表示してい
るControllerの名前を使い、ジャンプ先のリンクが作られます。

リスト4-48　**asp-action属性**

```
// Viewページ
<a asp-action="Create">Create</a>
// HTML出力
<a href="/People/Create">Create</a>
```

　ほかのControllerクラスのアクションメソッドを指定する場合は、asp-controller属性も同
時に指定します（リスト4-49）。こうすることで、ASP.NET MVCアプリケーション内の各
ページにリンクを貼ることが可能になります。

リスト4-49　**asp-controller属性**

```
// Viewページ
<a asp-action="Create" asp-controller="MyController">Create</a>
// HTML出力
<a href="/MyController/Create">Create</a>
```

　特定のIDを表示したいときなどは、asp-route-*属性を使います（リスト4-50）。例えば、100
番目の詳細ページ（Detailsページ）を表示したいときは「asp-route-id="100"」と指定するこ
とで、「/People/Details/100」が生成されます。

リスト4-50　**asp-route-*属性**

```
// Viewページ
<a asp-action="Details" asp-route-id="100">100番目</a>
// HTML出力
<a href="/People/Details/100">100番目</a>
```

　asp-route-*属性は、ページ送りのときにも利用できます。URLの引数にpageを追加して次
に表示するページ数を指定できるようにします（リスト4-51）。Indexアクションメソッドで、
page引数を受け取り指定されたページが表示されるようにデータを検索して返します。

リスト4-51　**ページ設定の例**

```
// Viewページ
<a asp-action="Index" asp-route-page="10">Next</a>
// HTML出力
<a href="/People/Index?page=10">Next</a>
```

　このようにタグヘルパーを使うことによって、煩雑なHTML記述を効率よくViewページ

に記述できるようになっています。うまくRazor構文で作成したC#のコード、HTMLヘルパーとタグヘルパーの使い分けをしてください。

4.6 共通レイアウトの利用

ASP.NET MVCアプリケーションでは、ブラウザーで表示されるページはタイトルやメニューなどがあります。スキャフォールディング機能を使ったViewページ自体には、このメニューなどの記述はありません。タイトルやメニューは共通レイアウトの機能を使って実現されています。

4.6.1 レイアウトページの利用

ソリューションエクスプローラーを使ってControllerクラスの追加やViewページの追加を行ったとき、[レイアウトページを使用する]というチェックボックスがあります（図4-11、4-12）。

図4-11 ［コントローラーの追加］ダイアログの［レイアウトページを使用する］チェックボックス

図4-12 ［ビューの追加］ダイアログの［レイアウトページを使用する］チェックボックス

　デフォルトでは、このチェックがオンになっている状態でViewページが作成されます。
［Views］フォルダー内にあるViewページ自体のコード（Index.cshtmlなど）を見ていくとメ
ニューなどの表示は書かれていません。これらの機能は、［Views/Shared］フォルダー内に
ある_Layout.cshtmlファイルにまとめられています（リスト4-52）。

リスト4-52　**_Layout.cshtml**抜粋

```
<!DOCTYPE html>
<html>
<head>
    <meta charset="utf-8" />
    <meta name="viewport" content="width=device-width, initial-⤸
scale=1.0" />
    <title>@ViewData["Title"] - SampleViewMvc</title>  ←①
    <environment names="Development">
        <link rel="stylesheet" href="~/lib/bootstrap/dist/css/⤸
bootstrap.css" />
        <link rel="stylesheet" href="~/css/site.css" />
    </environment>
...
</head>
<body>
    <div class="navbar navbar-inverse navbar-fixed-top">
        <div class="container">
...
            <div class="navbar-collapse collapse">
                <ul class="nav navbar-nav">  ←②
                    <li><a asp-area="" asp-controller="Home" ⤸
asp-action="Index">Home</a></li>
                    <li><a asp-area="" asp-controller="Home" ⤸
asp-action="About">About</a></li>
                    <li><a asp-area="" asp-controller="Home" ⤸
asp-action="Contact">Contact</a></li>
                </ul>
                @await Html.PartialAsync("_LoginPartial")  ←③
            </div>
        </div>
    </div>
    <div class="container body-content">
        @RenderBody()  ←④
        <hr />
        <footer>
            <p>&copy; 2016 - TagHelperViewMvc</p>
        </footer>
    </div>
...
```

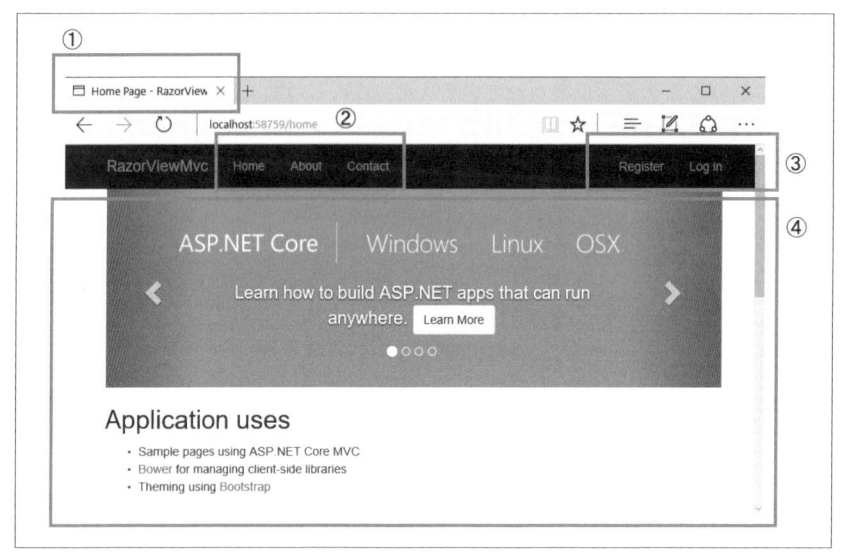

図4-13　ブラウザーの表示

①でページのtitleタグを設定しています。@ViewData["Title"]は、該当するViewページで設定したり、ControllerクラスのActionメソッドで指定されたものが使われます。

②は、どのViewページでも表示されるメニューになります。ページごとにメニューの記述を入れると、メニュー自体が変わったときにあちこちのViewに手を入れることになってしまいます。これを避けるためにレイアウトページを使って共通的にメニューの表示を管理します。

③は「Login」などのログイン認証を表示させるパーツ（部分レイアウト）です。Html.PartialAsyncメソッドを使い、デスクトップアプリケーションの画面のコントロールのように表示ができます。パーツ自体はViewページと同じようにRazor構文を使って記述します。ログイン認証に関しては「第11章　認証」で詳しく解説します。

④でそれぞれActionメソッドで指定したViewページを表示させます。ちょうど、共通レイアウトの中にViewページが表示されるような仕組みになります。ただし、@ViewData["Title"]の設定で分かるように、各Viewページで設定したViewDataやViewBagの値は共通のレイアウト（_Layout.cshtml）でも有効に機能します。

4.6.2 | レイアウトを利用しない場合

レイアウトを利用しない場合は、Viewページを作成するときに［レイアウトページを使用する］のチェックを外すか、Viewページの先頭で①のようにLayoutプロパティにnullを設定します（リスト4-53）。

リスト4-53　レイアウトを利用しない

```
@model SampleMvc.Models.Person
@{
    Layout = null;  ◀─①
```

```
    ViewData["Title"] = "Create";
}
```

　nullを設定すると共通のレイアウトが呼び出されないため、図4-15のようにページの表示が簡素になります。これは、レイアウトで指定されているCSSやJavascriptの指定が読み込まれないようになるため、初期状態のHTMLタグの機能を使って画面が表示されるためです。

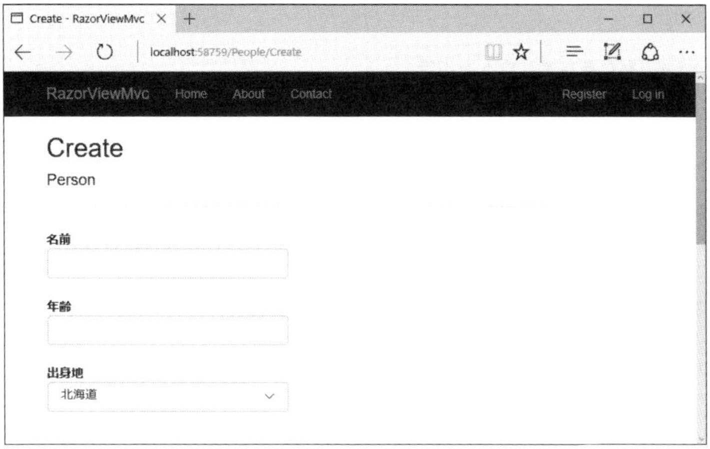

図4-14　レイアウトを使用した場合の表示

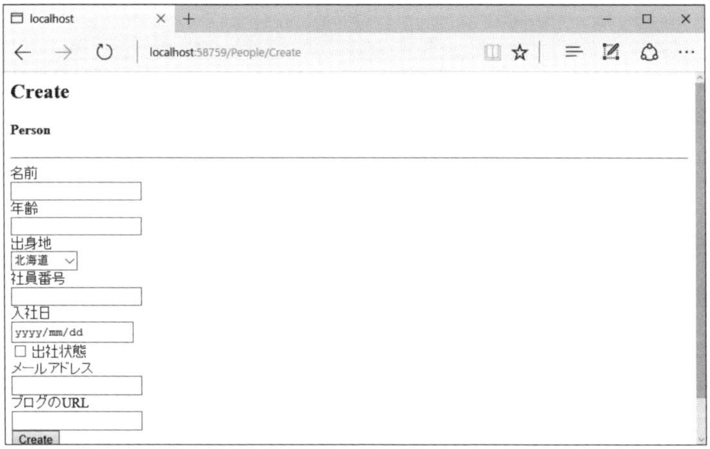

図4-15　レイアウトを使用しない場合の表示

　フォーム入力やリスト表示などで、表示が煩雑になり不具合が分かりづらくなったときには、Layoutプロパティにnullを設定して、簡素なページで確認するとよいでしょう。ブラウザのコードを見るとViewページの前後のHTML記述が減るために目的の項目が見つけやすくなります。

　ただし、レイアウトで読み込んでいたJavaScriptが動作しなくなるため、クライアントサ

イドの検証ロジックなどが効かなくなるので注意が必要です。

4.6.3 | レイアウトを変更する

Viewページで動的にレイアウトを変えることができます。

②のように、Laytoutプロパティに変更先のレイアウトを指定します（リスト4-54）。通常は［Shared］フォルダーにある「_Layout」が指定されています。

リスト4-54　異なるレイアウトを指定

```
@model RazorViewMvc.Models.Person
@{
    Layout = "_LayoutDebug";  ←②
    ViewData["Title"] = "Create";
}
```

ASP.NET MVCアプリケーションのテンプレートで作成される_Layout.cshtmlファイルをコピーして、_LayoutDebug.cshtmlファイルを作成します。デバッグ用のレイアウトでは、デバッグメニューを付けたりタイトルを変えたりすることで、開発中のページであることが分かるようにします。

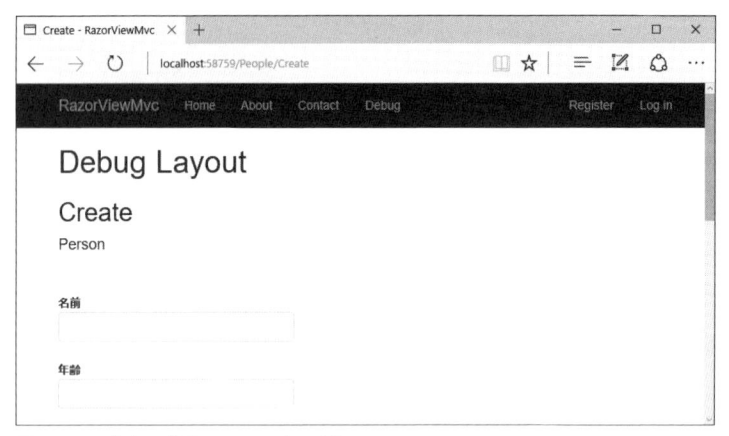

図4-16　デバッグ用のレイアウト例

通常のレイアウトとデバッグ用のレイアウトを切り替えることで、元のデザインを崩すことなく開発のための情報を画面に取り込めます。ぜひ活用してみてください。

4.7 | Bootstrapの活用

　ブラウザーで画面を作成するときにスタイルに使われるのがCSS（Cascading Style Sheets）です。

　ASP.NET MVCアプリケーションのテンプレートでは「Bootstrap」と呼ばれるCSSスタイルを使っています。画面の装飾だけでなく、表示される状態をブラウザーの幅（デスクトップとPhoneなど）によって自動的に位置を変え、それぞれのブラウザーに最適な状態に配置換えをします。

4.7.1 | Bootstrap

　ASP.NET MVCアプリケーションをプロジェクトテンプレートから作成すると、自動的にBootstrapがインストールされます。BootstrapはHTMLとCSSを使って画面をブラウザーの状態に最適に表示するためのスタイル集です。フォームやボタンのデザインレイアウトや、JavaScript用の拡張機能などが用意されています。

　ASP.NET MVCプロジェクトの共通レイアウト（_Layout.cshtml、リスト4-55）でBootStrapがインクルードされています。

リスト4-55　**_Layout.cshtml**の抜粋

```
<environment names="Development">
    <link rel="stylesheet" href="~/lib/bootstrap/dist/css/⏎
bootstrap.css" />
    <link rel="stylesheet" href="~/css/site.css" />
</environment>
<environment names="Staging,Production">
    <link rel="stylesheet" href="https://ajax.aspnetcdn.com/ajax/⏎
bootstrap/3.3.6/css/bootstrap.min.css"
            asp-fallback-href="~/lib/bootstrap/dist/css/⏎
bootstrap.min.css"
            asp-fallback-test-class="sr-only" asp-fallback-test-⏎
property="position" asp-fallback-test-value="absolute" />
    <link rel="stylesheet" href="~/css/site.min.css" asp-append-⏎
version="true" />
</environment>
```

　ソリューションエクスプローラーを見ると、Webサーバーのルートディレクトリとなる［wwwroot］フォルダーから、［lib/bootstrap］フォルダーにBootstrapのCSSが収められています。

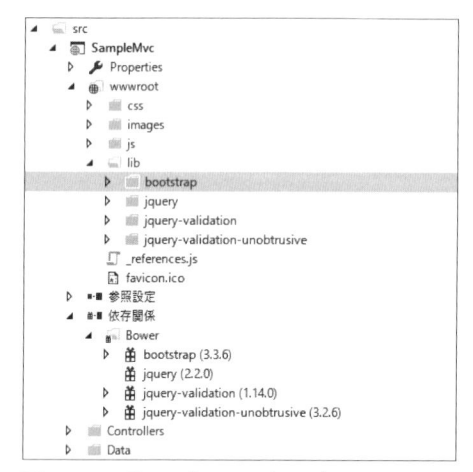

図4-17 ソリューションエクスプローラー

　Bootstrap自身はオープンソースで管理されているため、頻繁にバージョンアップがなされています。Visual Studioではバージョンアップに対応するために、Bowerパッケージ管理の機能を使っています。[依存関係] 配下にある [Bower] フォルダーを右クリックして、[Bowerパッケージの管理] を選択します。

　NuGetと同じように、パッケージの更新をしたり指定したバージョンをダウンロードすることができます（図4-18）。

図4-18 Bowerパッケージ管理

　では、ASP.NET MVCアプリケーションで使われているBootstarpの機能を見てみましょう。

4

4.7.2 | ハンバーガーメニュー

　Bootstrapでは、ブラウザーの幅が狭いときに右上にトグルナビゲーション（ハンバーガーメニュー）が表示されるようになっています。通常は、HomeやAboutなどのトップメニューが一列で表示されていますが、スマートフォンで表示するような場合には、ブラウザーの横幅が狭くなりメニューを表示しきれなくなります。

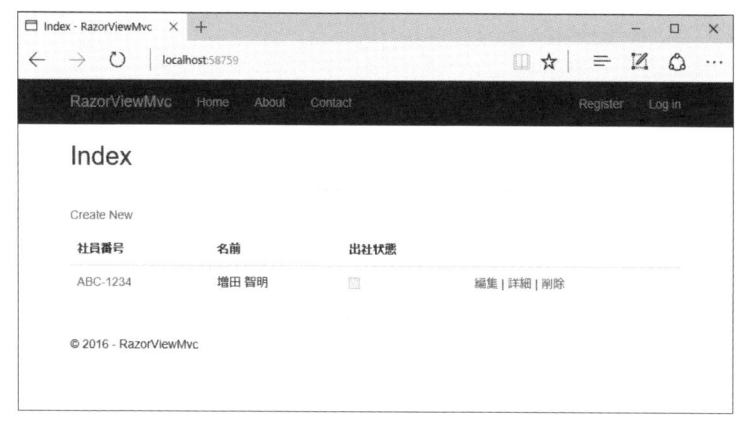

図4-19　幅が広いときのトップメニュー表示

 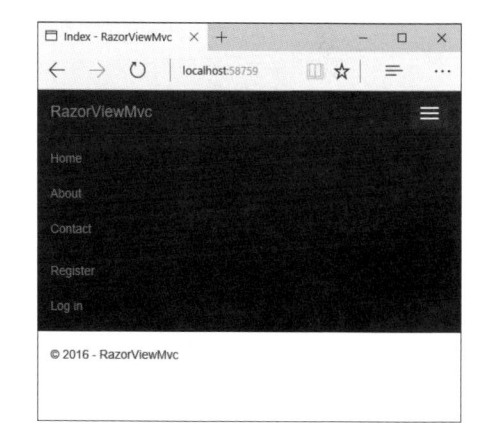

図4-20　幅が狭いときの表示

　これを自動的に右上にトグルナビゲーションのボタンを表示させて、ナビゲーションのボタンをクリックしたときだけ表示するようにします。

リスト4-56　トグルナビゲーションの実装

```
<div class="navbar navbar-inverse navbar-fixed-top">
    <div class="container">
        <div class="navbar-header">
```

```html
                    <button type="button" class="navbar-toggle" data-⊃
toggle="collapse" data-target=".navbar-collapse">
                        <span class="sr-only">Toggle navigation</span>
                        <span class="icon-bar"></span>
                        <span class="icon-bar"></span>
                        <span class="icon-bar"></span>
                    </button>
                    <a asp-area="" asp-controller="Home" asp-action=⊃
"Index" class="navbar-brand">RazorViewMvc</a>
                </div>
                <div class="navbar-collapse collapse">
                    <ul class="nav navbar-nav">
                        <li><a asp-area="" asp-controller="Home" ⊃
asp-action="Index">Home</a></li>
                        <li><a asp-area="" asp-controller="Home" ⊃
asp-action="About">About</a></li>
                        <li><a asp-area="" asp-controller="Home" ⊃
asp-action="Contact">Contact</a></li>
                    </ul>
                    @await Html.PartialAsync("_LoginPartial")
                </div>
            </div>
        </div>
```

　_Layout.cshtmlファイルを見ると、CSSで定義されているnavbar-*のクラスを使ってメ
ニューを表示させていることが分かります。

　ナビゲーションバーにはドロップダウンメニューを付けることができます（図4-21）。

　①のように、クラス名に「dropdown-toggle」を設定したAタグを付けます（リスト4-57）。
ドロップダウンの項目は、②のようにクラス名に「dropdown-menu」を付けたulタグの要素
として追加していきます。

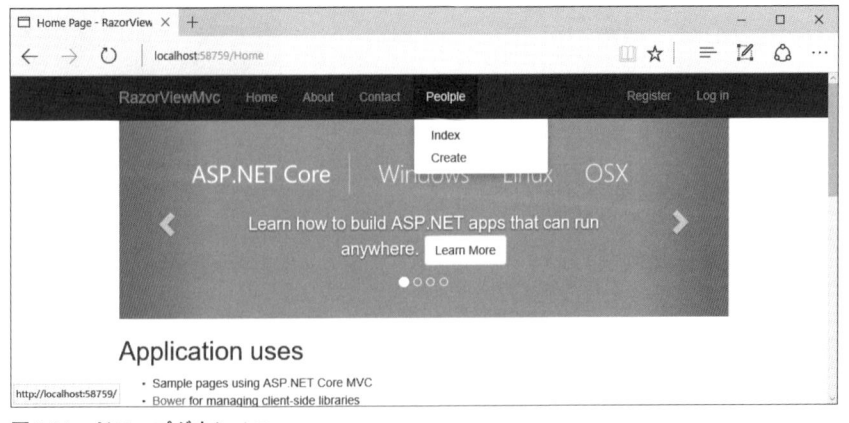

図4-21　ドロップダウンメニュー

リスト4-57 ドロップダウンメニューを追加

```
<div class="navbar-collapse collapse">
    <ul class="nav navbar-nav">
        <li><a asp-area="" asp-controller="Home" ↻
asp-action="Index">Home</a></li>
        <li><a asp-area="" asp-controller="Home" ↻
asp-action="About">About</a></li>
        <li><a asp-area="" asp-controller="Home" ↻
asp-action="Contact">Contact</a></li>
        <li><a href="#" class="dropdown-toggle" ↻
data-toggle="dropdown">Peolple</a>  ←①
            <ul class="dropdown-menu" >  ←②
                <li><a asp-area="" asp-controller="People" ↻
asp-action="Index">Index</a></li>
                <li><a asp-area="" asp-controller="People" ↻
asp-action="Create">Create</a></li>
            </ul>
    </ul>
    @await Html.PartialAsync("_LoginPartial")
</div>
```

このドロップダウンメニューのトグルナビゲーションの表示と同じように、ブラウザーの幅が狭くなると自動的にトグルナビゲーションのリスト表示に追加されます。

4.7.3 │ 横幅で表示を変える

Bootstrapは、グリッドシステムを使って画面を格子状に区切ってデザインをします。格子状のグリッドでは縦のラインを12分割して、それぞれの画面の要素の横幅を決めてclass属性に指定します。例えば、横に2つ並んだ要素を指定するときは、col-md-6を2つ指定し、3分割するときはcol-md-4を指定し、合計が12になるように設計をします。要素の幅は等分ではなくてもよいので、片方がcol-md-4であれば、もう片方をcol-md-8のように指定します。

表4-2 列表示のプレフィックス

プレフィックス	対象	幅
col-xs-*	スマートフォン	768ピクセル未満
col-sm-*	タブレット	768ピクセル以上992ピクセル未満
col-md-*	デスクトップ	992ピクセル以上1200ピクセル未満
col-lg-*	大画面	1200ピクセル以上

さらにブラウザーの横幅によって、要素の割合を決めることが可能です。表4-2のようにスマートフォン、タブレット、デスクトップ、それ以上の大画面について、要素の幅を決められます。例えば、スマートフォンの画面は縦長なのでラベルと入力項目を縦に表示していたものを、デスクトップではラベルと入力項目を横に表示させることができます。

スキャフォールディング機能を使ったCreate.cshtmlファイルを見ると、col-md-*が使われて、横幅のサイズが調節されていることが分かります（リスト4-58）。

リスト4-58 **Create.cshtml抜粋**

```
<form asp-action="Create" >
    <div class="form-horizontal">
        <h4>Person</h4>
        <hr />
        <div asp-validation-summary="ModelOnly" class=⮒
"text-danger"></div>
        <div class="form-group">
            <label asp-for="Name" class="col-md-2 control-label">⮒
</label>
            <div class="col-md-10">
                <input asp-for="Name" class="form-control" />
                <span asp-validation-for="Name" class=⮒
"text-danger" />
            </div>
        </div>
```

図4-22 幅が狭いとき

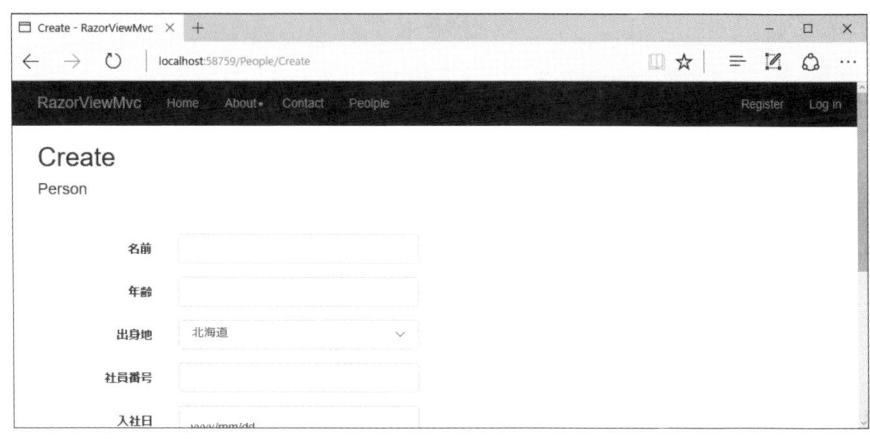

図4-23　幅が広いとき

　モバイル機器のブラウザーで表示するViewページと通常のデスクトップで表示するView
ページを切り替えてしまう方法もありますが、Bootstrapを利用すると、ブラウザー側で動的
に表示を変えることができます。画面遷移や表示自体が完全に変わってしまう場合にはView
ページ自体を切り替え、表示する内容をブラウザーの大きさによって見やすく変更したい場
合にはBootstrapを使う、という使い分けをしていきます。

4.8 | この章のチェックリスト

　この章ではViewページの詳細を学びました。Viewページは、動的にHTMLタグを作成す
るためにさまざまな拡張が行われています。それぞれの拡張機能を選んで活用することで、保
守しやすいViewページを作ることが可能です。

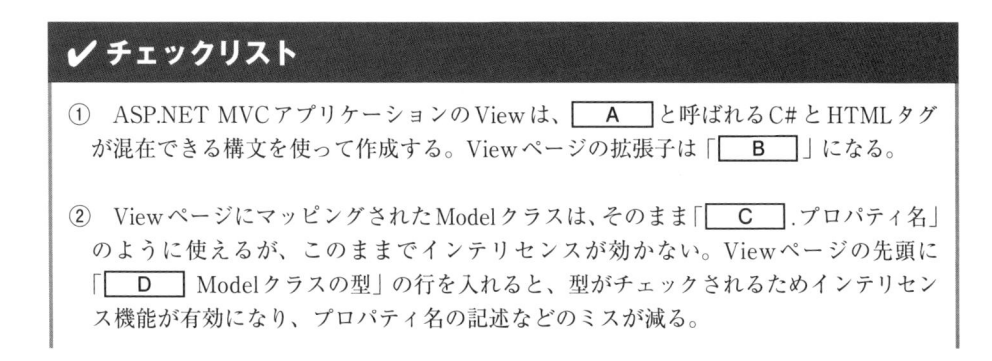

✔ チェックリスト

① 　ASP.NET MVCアプリケーションのViewは、　**A**　と呼ばれるC#とHTMLタグ
が混在できる構文を使って作成する。Viewページの拡張子は「　**B**　」になる。

② 　ViewページにマッピングされたModelクラスは、そのまま「　**C**　.プロパティ名」
のように使えるが、このままでインテリセンスが効かない。Viewページの先頭に
「　**D**　Modelクラスの型」の行を入れると、型がチェックされるためインテリセン
ス機能が有効になり、プロパティ名の記述などのミスが減る。

③　ASP.NET MVCのViewページでは、従来のHTMLヘルパーから　E　を使うように変更されている。　E　では、既存のHTMLタグをasp-for属性やasp-action属性などの拡張属性を使って、実行時にHTMLタグに変換する。

④　Viewページでは、Modelクラスに含まれないデータをViewDataや　F　を使ってやり取りできる。設定する型は　G　に変換されてしまうため、利用するときにキャストが必要な場合がある。

⑤　ASP.NET MVCのViewページでは共通のレイアウトが利用されている。共通レイアウトのファイル（_Layout.cshtml）内で各Viewページが表示される設定になる。このためメニューなどを共通化できる。共通レイアウトのファイルの位置は「Views/　H　/_Layout.cshtml」になる。

答え

①A　Razor構文　　　　B　.cshtml
②C　@Model　　　　　D　@model
③E　タグヘルパー
④F　ViewBag　　　　　G　object
⑤H　Shared

第 5 章

Controllerの活用

最後にMVCパターンの「Controller」に関する解説です。

ControllerクラスのActionメソッドは、ブラウザーから呼び出されるURLアドレスに対応しています。URLアドレスに埋め込まれたパラメーターの解析や、ブラウザーでフォーム入力したデータをControllerクラスで受け取る方法を見ていきましょう。

解析したデータを使って、ControllerクラスのActionメソッドがViewページをどのように表示するのかを解説します。

5.1 | 引数のないActionメソッド

いよいよMVCパターンのControllerについて解説をしていきましょう。MVCパターンでは、Model、View、Controllerの3つの部分に分けてアプリケーションを組み立てていきます。ですが、データベースアクセスをしない場合にはEntitiy Frameworkを使ったModelクラスを特に作らず、Web APIのようにブラウザーで画面を構成するためのViewが必要ない場合もあり、ControllerクラスだけでASP.NET MVCアプリケーションを構築することも可能です。

Controllerの機能をしっかりと把握しておくことで、ViewやModelへの機能分担が明確になってきます。

5.1.1 | 同期／非同期のActionメソッド

Controllerクラスの詳細を解説する前に、ASP.NET MVCアプリケーション特有の非同期処理のActionメソッドについて説明をしておきましょう。スキャフォールディング機能で出力したActionメソッドを見ると、非同期処理を行うasync/awaitキーワードを使ったActionメソッド（リスト5-1）と、従来の同期処理のままのActionメソッド（リスト5-2）があることが分かります。

リスト5-1　非同期処理を使う**Index**メソッド

```
public async Task<IActionResult> Index()   ◀─①
{
    return View(await _context.Person.ToListAsync());   ◀─②
}
```

リスト5-2　同期処理に書き換えた**Index**メソッド

```
public IActionResult Index()   ◀─③
{
    return View(_context.Person.ToList());   ◀─④
}
```

　この例では、一覧を表示するためのIndexメソッドと新規作成のページを開くCreateメソッドを示しています。

　Indexメソッドでは、②でデータベースアクセスを行っています。データベースからPersonテーブルを検索する処理を非同期にToListAsyncメソッドを使っています。この処理の終了を待つためにawaitキーワードを使い、ToListAsyncメソッドの戻り値（Personのコレクション）をViewページにModelオブジェクトとして渡します。このため、Indexメソッドが非同期処理のメソッドとなり、戻り値となるIActionResult型のオブジェクトは、①のようにTaskクラスを使い「Task<IActionResult>」で返す必要があります。

　このIndexメソッドを同期処理に書き換えます。非同期処理のToListAsyncメソッドの代わりに、④のように同期処理のToListメソッドを使うと、そのままToListメソッドの戻り値をViewページにModelオブジェクトとして渡せます。同期処理のIndexメソッドでは②のようにIActionResult型が戻り値になります。

　多数のクライアントからのアクセスが頻繁に発生する場合は、非同期処理を行ったToListAsyncメソッドのほうが応答が早くなる可能性があります。どちらの処理を使うかは要求されるパフォーマンスによって選んでください。

　データベースアクセスやファイルアクセスなどは、非同期処理と同期処理のメソッドの両方が用意されていることが多いでしょう。これに伴い、Actionメソッドの書き方が、①のような非同期処理と②のような同期処理が混在していることに注意してください。

　新しくメソッドを作る場合も、メソッド内で非同期処理を行いasync/awaitを使うときには、Actionメソッドの戻り値が「Task<IActionResult>」になります。

5.1.2 | **Actionメソッドの戻り値**

　ControllerクラスのActionメソッドは、IActionResultインターフェイスのオブジェクトを返します。スキャフォールディング機能を使うと、ほとんどの場合はViewを返すので、Viewメソッドで作成したViewResultオブジェクトを返します。ViewResultクラスはIActionResultインターフェイスを継承しています。

　このほかに、エラーページを表示させるためのNotFoundメソッドが、NotFoundResultオブジェクトを返します。このクラスもIActionResultインターフェイスを継承しています。

　Actionメソッドの戻り値はViewページだけでなく、直接バイナリや文字列を返すことがで

きます。これを利用してWeb APIを作成し、サーバーで編集した画像データや音声認識の結果を返すJSON形式のデータなどをActionメソッドから返します。

表5-1　**Actionメソッドの主な戻り値**

戻り値の型	利用例	機能例
ViewResult	View()	各Viewページを返す
FileContentResult	FileContentResult(data, "image/png")	画像やバイナリデータを返す
FileStreamResult	FileStreamResult(xml, "text/xml")	XML形式のデータを返す
JsonResult	JsonResult(json)	JSON形式のデータを返す
PhysicalFileResult	PhysicalFileResult("sample.xlsx", "applicaiton/excel")	物理的なファイルを返す
OkResult	Ok()	OK(200)の正常値を返す
NoContentResult	NoContent()	No Content(204)のエラー値を返す
BadRequestResult	BadRequest()	Bad Request(400)のエラー値を返す
NotFoundResult	NotFound()	Not Found(404)のエラー値を返す
EmptyResult	EmptyResult()	空のデータを返す
RedirectResult	Redirect("http://microsoft.com/")	指定したURLへジャンプする
RedirectToActionResult	RedirectToAction("Index")	指定したActionメソッドへジャンプする

　画面遷移を伴うRedirectメソッドやRedirectToActionメソッドに関しては「5.3　画面遷移を持つActionメソッド」で詳しく解説します。

5.1.3 │ 引数のないActionメソッド

　簡単なActionメソッドとして、引数を持たないActionメソッドを考えてみましょう。スキャフォールディング機能で出力したControllerクラスでは、IndexメソッドとCreateメソッド（リスト5-3）が引数を持ちません。

リスト5-3　**Create**メソッド

```
public IActionResult Create()
{
    return View();
}
```

　Createメソッドの構造は非常に簡単です。ブラウザーから「http://localhost/People/Create」のようにパラメーターを付けずに呼び出されたときに、これに対応するControllerクラスのActionメソッドが呼び出されます。Controller名が「People」となるので、Controllerクラスの「PeopleController」クラスが呼び出され、このクラスの中の「Create」メソッドが

対象になります。

　Createメソッドを引数を持たないため、URLでパラメーターを「http://localhost/People/Create?name=masuda」のように指定されても無視され、同じCreateメソッドが呼び出されます。

　CRUD機能を持つActionページではなく、Viewページを表示したり特定のJSON形式を返すActionメソッドなどはこのように簡単に作成できます。

5.1.4 デフォルトのViewを表示する

　Indexページから［Create New］のリンクをクリックしたときにCreateメソッドが呼び出されます。このとき、新規のデータを作成するだけなので、Viewページに渡すModelオブジェクトは必要ありません。このため、Createメソッドの戻り値は、「return View()」のように空のViewResultオブジェクトを返しています。

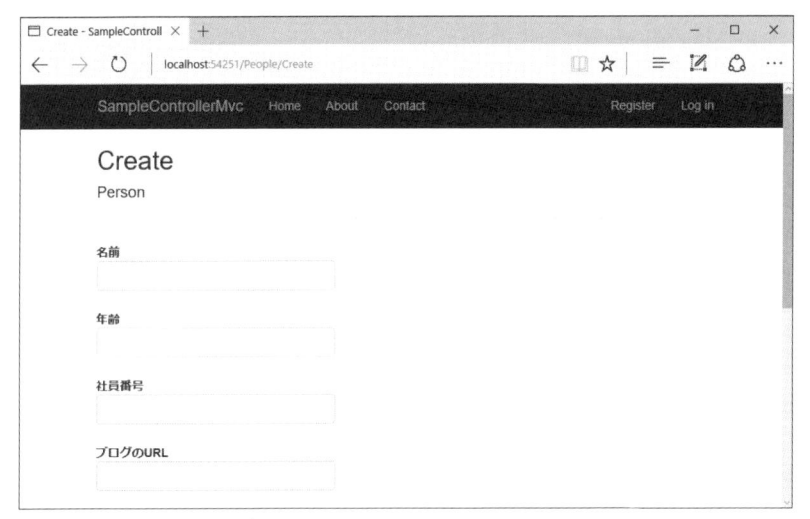

図5-1　空のCreateページ

　ViewResultクラスはModelプロパティを持ち、ViewページのModelプロパティにデータを引き渡します。View()のように空のViewResultオブジェクトを作成したときには、それぞれのModelプロパティはnullになります。このため、Viewページで「this.Model.Name」のように直接参照をすると例外が発生するので注意してください。「this.Model?.Name」のように「?」記号でnull値を回避するか、表示のときにHtml.DisplayForメソッドのようにnull値を回避できるメソッドを使います。

5.1.5 Modelクラスを結び付ける

　スキャフォールディング機能で出力したCreateページでは、新規作成時にすべてのデータ

が空の状態になっています。しかし、すべての項目が空であるよりも、ログイン時のデータから名前を設定したり、あらかじめ新しい社員番号を作成してCreateページに表示すると入力が楽になるでしょう。

そのような場合は、Createメソッドの戻り値を「View()」ではなく、既に作成済みのPersonオブジェクトをViewメソッドに渡すようにします（リスト5-4）。

リスト5-4　**Person**オブジェクトを返す**Create**メソッド

```
public IActionResult Create()
{
    var person = new Person();     ←①
    person.Name = "新しい名前";
    person.EmployeeNo = "ABC-1234";
    return View(person);     ←②
}
```

①でPersonオブジェクトを作成して、初期値を設定します。このデータをViewページに引き渡すために、②でPersonオブジェクトを引数にして、Viewメソッドを呼び出します。

ここで渡されたデータは、ViewページのModelプロパティで参照が可能です。Viewページの先頭に@modelキーワードを使って「@model SampleControllerMvc.Models.Person」のように型を指定しておけば、Viewページでインテリセンスも有効になり、効率的にコーディングができます。

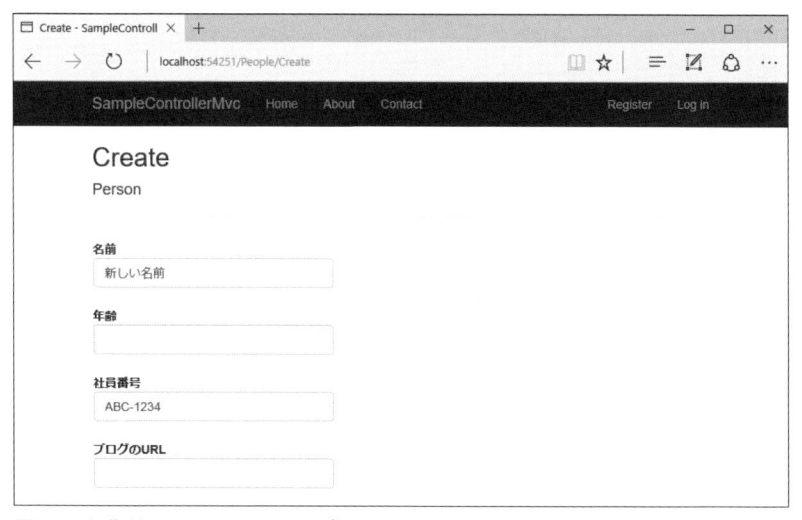

図5-2　初期値のある**Create**ページ

ここでは、社員番号（EmployeeNo）をCreateメソッド内で固定で持っていますが、実際はデータベースを検索して新しい社員番号を生成するとよいでしょう。

5.1.6 | View名を指定する

　MVCパターンでは、通常ControllerクラスのActionメソッドの名前がそのままViewページの名前になります。ControllerクラスでCreateメソッドが呼び出されると、Createページが結び付けられる仕組みになっています。このルールを利用することで、ASP.NET MVCアプリケーションでは各種の設定が少なくなっています。

　しかし、Actionメソッド内でログインユーザーによって出力するページを切り替えたり、ブラウザーから呼び出されるURLの都合でアドレス内のController名とActionメソッドの名前が一致しないことがあります。

　このようなときには、Viewメソッドに表示先のページ名を指定することで回避します（リスト5-5）。

リスト5-5　ページ名を指定する**Create**メソッド

```
public IActionResult Create()
{
    bool IsAdmin = false;
    if (IsAdmin)
    {
        return View();
    }
    else
    {
        return View("CreateEasy");
    }
```

　図5-3は、Create.cshtmlファイルをコピーして、CreateEasy.cshtmlを作成して実行した例になります。

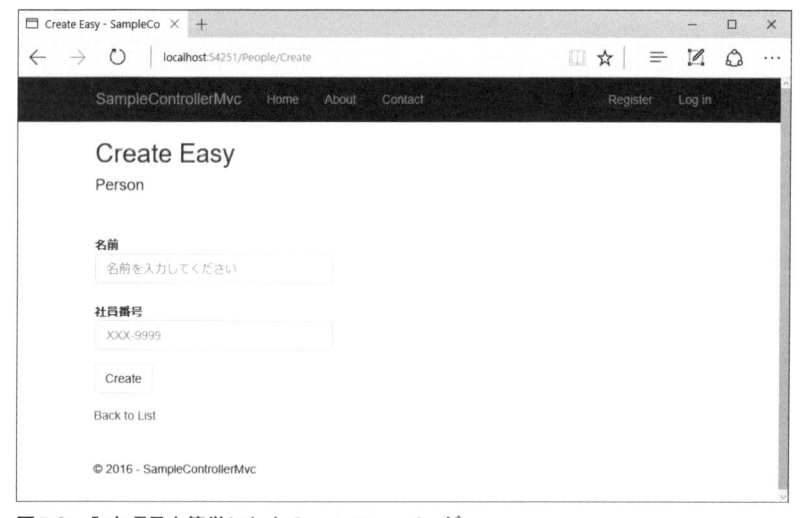

図5-3　入力項目を簡単にしたCreateEasyページ

　もともと作られていたCreateページよりも入力項目を減らして、inputタグのplaceholder属性に項目の入力例を表示させています。このように元のCreateページとCreateEasyページをActionページで切り替えることができます。

5.2 | 引数のあるActionメソッド

　Actionメソッドの引数は、URLアドレスに埋め込まれたパラメーター経由のGETメソッド方式とブラウザーでフォーム入力したデータのPOSTメソッド形式の2種類があります。
　ASP.NET MVCアプリケーションでは、この2つの方式を組み合わせることによってCRUD機能を実現しています。

5.2.1 | GETメソッドとPOSTメソッド

　Webサーバーが扱うHTTPプロトコルでは、転送するデータのヘッダー部に要求メソッドが指定されています。Microsoft EdgeでF12キーを押して［ネットワーク］のタブを確認すると、ページを表示するときにサーバーにどのような要求を行ったかを見ることができます（図5-4）。

図5-4　Microsoft Edgeのデバッグ画面

　このときの要求メソッドが「GET」であれば、ブラウザーのURLアドレスを通じてActionメソッドにデータを送信します。要求メソッドが「POST」のときは、送信するデータの中（Body）にデータを入れてActionメソッドを呼び出します。
　GETメソッドの場合、URLアドレスに送信データが埋め込まれているので、そのままデス

クトップなどにショートカットを作ることができます。Aタグでリンク先を作るときでも、URLアドレスのパラメーターを書き換えればよいので、HTMLタグの記述だけでさまざまなリンクが作れます。慣れたユーザーであれば、URLアドレスに含まれるIDなどを編集して、目的のページを表示させることも可能です。逆に言えば、送信データが改ざんされやすい状態になっています。

　POSTメソッドの場合は、フォームから入力したデータを送信本文（Body）にして送信します。このときの形式（Content-Type）は「application/x-www-form-urlencoded」になります。データの中身がユーザーから見えないため、改ざんされにくい状態になりますが、URLの埋め込み型とは異なりショートカットやリンクなどが作りづらい状態になっています。

　formタグを使って送信するときには、デフォルトでPOST形式になりますが、method属性を「get」に指定することで送信データがURLに埋め込まれます。

　ASP.NET MVCアプリケーションのActionメソッドでは、GET形式であってもPOST形式であっても、メソッドの引数としてデータを取得できます。特にModelクラスにEntity Frameworkを利用してデータベースのテーブルとマッピングをさせているときには、Actionメソッドの引数にマッピング済みのModelクラスが利用できるので、開発効率がよくなります。

5.2.2 | Getメソッドの引数

　Indexページから[Edit]のリンクをクリックしたときは、指定した項目の編集ページ（Editページ）が開かれます。このときのEditメソッド（リスト5-6）はGET形式により呼び出されます。ブラウザーのURLアドレス部分を見ると、「http://localhost/People/Edit/10」のように、最後にIDを表す数字が付けられています。URLアドレスを「http://localhost/People/Edit?Id=10」のようにパラメーターで指定しても、同じ項目の編集ページを開くことができます。これはStartup.csファイルにルーティング機能が設定してあり、最後の数字をidとみなすようにしているためです。ルーティング機能については「第10章　ルーティング」で詳しく解説します。

リスト5-6 **Edit**メソッド

```
public async Task<IActionResult> Edit(int? id)  ←①
{
    if (id == null)
    {
        return NotFound();
    }

    var person = await _context.Person.SingleOrDefaultAsync↻
(m => m.Id == id);
    if (person == null)
    {
        return NotFound();
    }
    return View(person);
}
```

　GETメソッド形式で送られたパラメーターは、①の位置でEditメソッドの引数として直接利用ができます。「int?」のようにnullを許容するint型になっている理由は、「http://localhost/People/Edit/」のようにURLアドレスが編集されてidが渡されない場合を考慮しているためです。このときのidの値はnullになります。URLアドレスで文字列を指定して、int型に変換できないときもnullになります。

　元のEditメソッドでは引数が1つしかありませんが、2つ以上に増やすことができます（リスト5-7）。

リスト5-7　引数が2つある場合

```
public IActionResult Edit( int? id, string name )
{
    ...
}
```

　新しいEditメソッドのようにidとuserの2つの引数を持たせた場合には、URLアドレスは、リスト5-8のようにいくつかの指定ができます。

リスト5-8　**URL**アドレスの指定

```
http://localhost/People/Edit/10?name=masuda    ←①
http://localhost/People/Edit/?id=10&name=masuda    ←②
http://localhost/People/Edit/?name=masuda&id=10    ←③
```

　①のようにルーティングの機能を活用してidを指定したあとに、nameパラメーターを指定します。そのほかにも、idとnameパラメーターを別々に指定します。②のように「引数名＝値」の形式を「＆」で繋げます。②と③はパラメーターの指定順序が違いますが、同じようにEditメソッドが呼び出され、引数に値が設定されます。

5.2.3 | **Post**メソッドの引数

　Editページで［Save］ボタンをクリックしたときに呼び出されるのが、リスト5-9のEditメソッドです。このEditメソッドでは、formタグのPOST形式で呼び出されることを前提にするため、①のようにHttpPost属性を付けておきます。GET形式を使う場合には、HttpGet属性を付加することもできますが、省略可能です。

リスト5-9　**Edit**メソッド

```
[HttpPost]    ←①
public async Task<IActionResult> Edit(int id, [Bind("Id,Age,Blog,↩
Email,EmployeeNo,Hireate,IsAttendance,Name,PerfectureId")] ↩
Person person)    ←②
{
    if (id != person.Id)
    {
        return NotFound();
```

```
        }
        ...
        return View(person);
    }
```

このEditメソッドでは、URLアドレスから引数idを取得し、Personクラスのオブジェクト
をPOST形式のデータから取得しています。これらのデータは、引数にBind属性を指定する
ことで、Personクラスの各プロパティに設定がされます。スキャフォールディング機能で出
力したEditクラスでは、すべてのプロパティ名が羅列されていますが、必要な分だけをマッ
ピングしてもかまいません。

ブラウザーから送信されるPOSTデータは、次のようにURLエンコードされたデータにな
ります（リスト5-10、5-11）。

リスト5-10 **POST**データの例

```
Id=1&Age=48&Blog=http%3A%2F%2Fmoonmile.net&Email=masuda%40moonmil↩
e.net&EmployeeNo=ABC-1234&Hireate=2016%2F04%2F01&Name=masuda+tomo↩
aki&PerfectureId=1&__RequestVerificationToken=CfDJ8BlDMGtVUyxNvqo↩
1N07oNyhnmadkWXrX14QpeJdIsLaJVfEOJOIf6Be4nAe_vyxQs8ofWOmt5tIqqKvZ↩
G9y_OuHMw_IYKdre-pOAcpD5JpOgyXt0XnRG5AaS_PEN02SsyzKmXo_neYawU7wsU↩
X1G418&IsAttendance=false
```

リスト5-11 整形済みの**POST**データの例

```
Id=1
Age=48
Blog=http://moonmile.net
Email=masuda@moonmile.net
EmployeeNo=ABC-1234
Hireate=2016/04/01
Name=masuda+tomoaki
PerfectureId=1
__RequestVerificationToken=CfDJ8BlDMGtVUyxNvqo1N07oNyhnmadkWXrX14↩
QpeJdIsLaJVfEOJOIf6Be4nAe_vyxQs8ofWOmt5tIqqKvZG9y_OuHMw_IYKdre-pO↩
AcpD5JpOgyXt0XnRG5AaS_PEN02SsyzKmXo_neYawU7wsUX1G418
IsAttendance=false
```

このデータをASP.NET MVCのサーバーが受けてActionメソッドの引数にマッピングを
します。

5.2.4 | Bind属性の役割

POST形式で渡されてきたデータはBind属性で指定のクラスへマッピングを行います。こ
れはスキャフォールディングでCRUD機能を一括で作成したControllerクラスには便利で
す。単一のテーブルを編集するような場合には、データベース上のテーブルとEntitiy

Frameworkで作成したModelクラスを一致させることで、それを編集する各ViewページにModelクラスと同じ構造のinputタグを一括で作れます。これにより、テーブルの各列の編集ページが統一的に作られます。

このために、元のModelクラスの各プロパティとPOST形式で送信されてきたフォーム形式のデータをBind属性で一括でマッピングさせます。テーブルの列数が大きくなるとBind属性のマッピング指定が長くなるのが難点ですが、スキャフォールディング機能を使うと自動生成されるので問題は少ないでしょう。

データベースに接続しない独自のModelクラスを作ったときには、Bind属性のマッピングには注意が必要です。

リスト5-12　Request.Formコレクションを利用

```
var pe = new Person()
{
    Id = int.Parse(this.Request.Form["id"]),
    Name = this.Request.Form["name"],
    Age = int.Parse(this.Request.Form["age"]),
    Hireate = DateTime.Parse( this.Request.Form["hireate"]),
    ...
};
```

Request.Formコレクションを使うと、Bindの機能を自前で実装できます（リスト5-12）。この例では、Personクラスを作成していますが、特定のパラメーターだけを取り出したりViewページとは異なるModelクラスを利用したいときに使うことができます。ただし、Form コレクションはStringValus型を返すため、数値や日付型に直すためにはint.Parseメソッドなどが必要です。正確には「int.Parse(this.Request.Form["age"])[0]」のように、最初の項目だけを取り出しますが、StringValus型からstring型へ暗黙のキャストが実行されています。

5.3 画面遷移を持つActionメソッド

今まででControllerクラスのActionメソッドでViewResultオブジェクトを返して、指定のViewページを開く方法を使いました。この方法はViewメソッドにViewページの名前を指定する場合と異なります。Viewメソッドを使う場合はActionメソッドから指定したViewページを直接開くのに対して、RedirectToActionメソッドの場合は指定した既定のActionメソッドをURL経由でジャンプを使ってでジャンプする方法を解説します。

5.3.1 指定のActionメソッドへジャンプ

Actionメソッドの戻り値を使って別のページのページにジャンプするためには、RedirectToActionメソッドを使います。このメソッドは指定のViewメソッドにViewページの名前を指定する場合と異なります。Viewメソッドを使う場合はActionメソッドから指定したViewページを直接開くのに対して、RedirectToActionメソッドの場合は指定した既定のActionメソッドをURL経由

で呼び出した後にViewページを開くということです。

　例えば、Indexメソッドで「View("Create")」と指定したときは、Indexメソッド→Create.cshtmlという順番で呼び出されますが、「RedirectToAction("Create")」と指定したきは、Indexメソッド→Createメソッド→Create.cshtmlという順番になります。このため、最終的にCreate.cshtmlに渡されるModelオブジェクトは、前者の場合はIndexメソッドで作成されたPersonクラスのコレクション、後者の場合は単一のPersonオブジェクトという違いがでてきます。

リスト5-13　**Action**メソッドを指定してジャンプ

```
[HttpPost, ActionName("Delete")]
public async Task<IActionResult> DeleteConfirmed(int id)
{
    ...
    return RedirectToAction("Index");
}
```

　スキャフォールディング機能で出力したControllerクラスのDeleteConfirmedメソッドは、Deleteページで [Delete] ボタンをクリックしたときに実行されるActionメソッドです（リスト5-13）。メソッド名は「DeleteConfirmed」となっていますが、Viewページから呼び出されるときのActionメソッド名を、ActionName属性で「Delete」に変更しています。

　データの削除が終わったら、トップのIndexページにジャンプさせています。

5.3.2 | Controller名を指定してジャンプ

　Actionメソッドのみを指定したときには、同じControllerクラスのActionメソッドにジャンプしますが、別のControllerクラス名を指定することもできます（リスト5-14）。実行時には「/Controller名/Actionメソッド名」のようにURLが組み立てられて指定URLを呼び出し、URLアドレスからControllerクラス名とActionメソッド名を取り出して実行することになります。

リスト5-14　**Controller**を指定してジャンプ

```
public async Task<IActionResult> DeleteConfirmed(int id)
{
    ...
    return RedirectToAction("Index","People");
}
```

　Controller名やActionメソッド名に関係なく、指定のURLへ直接ジャンプしたいときは、Redirectメソッドを使います（リスト5-15）。

リスト5-15　**URL**を指定してジャンプ

```
public async Task<IActionResult> DeleteConfirmed(int id)
{
```

```
        ...
        return Redirect("/People/Index");
}
```

同一のWebサーバーだけでなく、先頭に「http://」を付ければ普通のAタグのリンクと同じ状態になります。例えば「Redirect("http://microsoft.com/")」と設定することが可能です。

5.3.3 ┃ パラメーターを指定してジャンプ

idやnameなどのパラメーターを指定してジャンプさせるには、匿名型のオブジェクトを使ってキー名と値のペアを設定します（リスト5-16）。

リスト5-16　パラメーターを指定してジャンプ

```
// idを指定する
RedirectToAction("Edit", new { id = 100 });
// idとnameを指定する
RedirectToAction("Edit", new { id = 100, name = "masuda" });
```

キー名と値のペアを設定すると「http://localhost/People/Edit/100」や「http://localhost/People/Edit/10?name=masuda」のURLにジャンプしたのと同じ結果が得られます。

5.4 ┃ フィルター機能を利用

ASP.NET MVCアプリケーションのControllerクラスでは、Actionメソッド単位やクラス単位でメソッド呼び出しの制限を付けることができます。これらの制限はメソッド内で記述を行うのではなく、メソッドやクラスの属性として指定することで簡単にフィルターを掛けられます。

ここではフォーム入力を受け付けるためのPOSTメソッドのHttpPost属性、ログイン制御を行うためのAuthorize属性の解説をしましょう。

5.4.1 ┃ POST形式の呼び出しのみ有効にする

Actionメソッドは、ブラウザーからGETメソッド形式やPOSTメソッド形式で呼び出されます。スキャフォールディング機能で出力したControllerクラスを見ると、いくつかのメソッドにHttpPost属性が付けられています。これは、データベースに対して何らかの処理を行うときにフォーム入力から実行されたものを区別する必要があるためです。

ブラウザーのURLアドレスを変更して呼び出せるGETメソッド形式よりも、更新するデータを本文として送信するPOSTメソッド形式のほうがデータの改ざんがしにくくなります。このため、データを更新するためのEditメソッドやデータを削除するためのDeleteメソッド

は、POSTメソッド形式で制限しておくほうが安全になります。

具体的に、どんな動作になるのか実験してみましょう。

リスト5-17 **HttpGet**属性と**HttpPost**属性

```
[HttpGet]
public IActionResult IndexGet()   ←①
{
    return View();
}
[HttpPost]
public IActionResult IndexPost()   ←②
{
    return View();
}
```

リスト5-17のように2つの簡単なActionメソッドを作っておきます。①のIndexGetメソッドにはHttpGet属性を付けてGETメソッドで受けるようにします。②のIndexPostメソッドではHttpPost属性で制限を掛けます。

リスト5-18 **A**タグと**form**タグによる呼び出し

```
<p>
    <a asp-action="IndexGet">Index Get Method</a>   ←③
</p>
<p>
    <a asp-action="IndexPost">Index Post Method</a>   ←④
</p>
<form asp-action="IndexPost">   ←⑤
    <input type="submit" value="go index post" />
</form>
```

呼び出すViewページでは、2つのリンクと1つのフォームボタンを用意しておきます（リスト5-18）。

②は、GETメソッドで、①のIndexGetアクションメソッドを呼び出します。

③は、GETメソッドで、②のIndexPostアクションメソッドを呼び出します。

④は、POSTメソッドで、②のIndexPostアクションメソッドを呼び出します。

これらを順番に実行すると、③のリンクをクリックしたときに図5-5のようなエラーページが表示されます。

IndexPostメソッドにはHttpPost属性が付けてあるので、③のようなリンクから呼び出しを行うことができません。④のようにフォーム入力を使ってPOSTメソッドで呼び出す必要があります。

なお、⑤のフォーム入力ではデフォルトのメソッドが「post」なので呼び出しに成功しますが、「<form asp-action="IndexPost" method="get">」のように明示的にGETメソッドが使われるように設定すると、④を実行したときと同じように404エラーが返ります。

図5-5　HTTP 404 エラー

5.4.2 ログイン時のみ有効にする

　ASP.NET MVCの認証機能については「第11章　認証」で詳しく説明しますが、ここでは簡単なログイン認証の使い方だけを解説します。

　ログイン認証を使うときには、クラスやメソッドにAuthorize属性を付けます。Controllerクラスに付けたときは、クラス内のすべてのメソッドがログイン認証の対象になります（リスト5-19）。Actionメソッドに付けたときは、そのActionメソッドだけが対象になります（リスト5-20）。

リスト5-19　クラス全体を対象にする

```
[Authorize]
public class PeopleController : Controller {
    public IActionResult Action1() { ... }
    public IActionResult Action2() { ... }
    public IActionResult Action3() { ... }
}
```

リスト5-20　1つのメソッドだけ対象にする

```
public class PeopleController : Controller {
    public IActionResult Action1() { ... }
    [Authorize]
    public IActionResult Action2() { ... }
    public IActionResult Action3() { ... }
}
```

　逆に、AllowAnonymous属性を付けると、対象のActionメソッドをログイン認証から除外できます（リスト5-21）。クラス全体にAuthorize属性を付けてログイン認証を設定しておき、一部のメソッドのみ解除する方法です。セキュリティ的に最初に条件をきつくしておき、必要な分だけ緩めるという方法になります。

リスト5-21 **特定のメソッドだけ除外する**

```
[Authorize]
public class PeopleController : Controller {
    public IActionResult Action1() { ... }
    [AllowAnonymous]
    public IActionResult Action2() { ... }
    public IActionResult Action3() { ... }
}
```

　では、具体的にどのような動作をするのか確認してみましょう。PeopleContollerクラスの Deleteメソッドに Authorize属性を付けます（リスト5-22）。データの追加や更新は通常の状態でできるけれども、データの削除はなんらかのログイン認証が必要という想定です。

リスト5-22 **Delete メソッド**

```
[Authorize]
public async Task<IActionResult> Delete(int? id)
{
    if (id == null)
    {
        return NotFound();
    }
    var person = await _context.Person.SingleOrDefaultAsync⏎
(m => m.Id == id);
    if (person == null)
    {
        return NotFound();
    }
    return View(person);
}
```

　最初は、ログインしていない状態でIndexページで［Delete］のリンクをクリックしてみます。

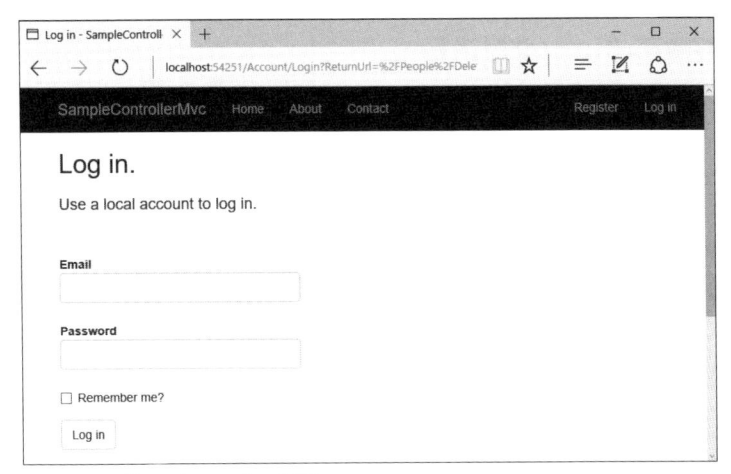

図5-6　ログインしていない状態

ログインをしていない状態なので、ログインページに強制的にジャンプします（図5-6）。これは右上の［Login］のリンクをクリックしたときのページです。

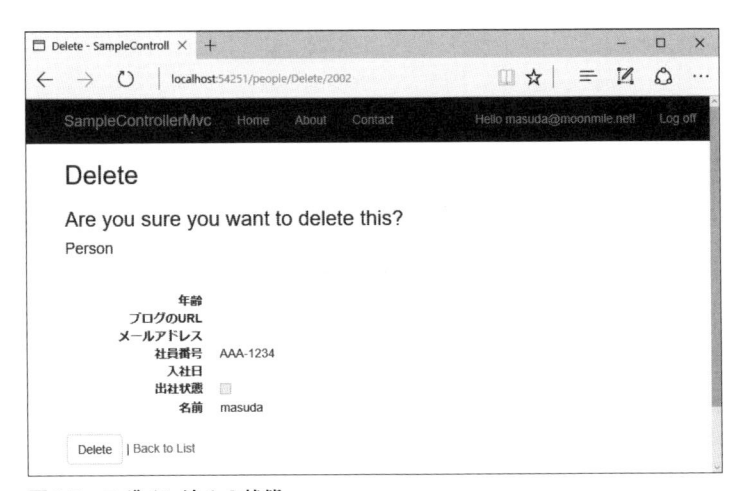

図5-7　ログイン済みの状態

なんらかのユーザーでログインしているときは、削除の確認ページが表示されます（図5-7）。

このように、ContollerクラスのActionメソッド内でログイン状態をチェックするのではなく、Actionメソッドに属性を付加することで、ログイン状態の監視を行います。これは、ASP.NET MVCのフィルター機能になります。フィルター機能は、Actionメソッドの実行の前後やActionResultを返す前後などに処理が追加できる機能です。IActionFilterインターフェイスや、ResultFilterAttributeクラスを継承して作成します。

5.5 | この章のチェックリスト

この章ではControllerの詳細を学びました。Controllerクラスが持つメソッド（Actionメソッド）は、URLアドレスから呼び出され、Viewを返す仕組みになっています。

✔ チェックリスト

① Controllerクラスのactionメソッドは、非同期型と同期型がある。Actionメソッドが戻すViewの型は　A　となるため、非同期の処理の場合には「async Task< A > Index()」のように書く。同期処理の場合は「 A Index()」になる。

② Actionメソッドの引数は、URLアドレスに埋め込まれた通常のパラメーターと、フォーム入力で　B　形式で送信されたデータをマッピングするパラメーターがある。　B　でのマッピングは、引数に　C　属性を付けて行う。

③ Actionメソッドを実行した後に、別のControllerクラスのActionメソッドを呼び出したいときは、　D　メソッドを使う。Controller名とActionメソッド名を指定できる。特定のURLにジャンプさせたいときは　E　メソッドを使うとよい。

④ データベースの処理を行うActionメソッドはフォーム入力で使う　B　形式を使う。このとき、Actionメソッドには　F　属性を付けてそれ以外の方法で呼び出されたときのガードを掛ける。また、ログインしている状態だけ有効にするAuthorize属性もある。

答え

① **A** IActionResult

② **B** POSTメソッド　　**C** Bind

③ **D** RedirectToAction　　**E** Redirect

④ **F** HttpPost

第 **6** 章

List-Detailの関係

　ASP.NET MVCアプリケーションの応用例として、List-Detailの関係を持つWebアプリケーションを作ります。一覧（Indexページ）と詳細（Details）ページを組み合わせることで、ユーザーがデータを見るときに概要を一覧で確認し、具体的なデータを詳細ページで閲覧する方法が使えます。

　4つのテーブル（Book、Author、Publisher、Perfecture）が連携したテーブル構造を利用して、List-Detailの構造を解説します。いままで解説したタグヘルパーやControllerのメソッドの引数を利用します。

6.1 | Modelの連携と外部結合の関係

　この章では、データベース上に複数のテーブルを作成したときのスキャフォールディング機能の応用を解説していきます。今までサンプルとして説明したテーブルは2つのテーブル（Person、Perfecture）だけでしたが、もう少し複雑な関係を作るために4つのテーブル（Book、Author、Publisher、Perfecture）を使います。

　まずは、4つのテーブルの設計を行った後、データベース上にテーブル作成までを行います。

6.1.1 | 3段階で外部連携しているパターン

　業務で扱うようなシステムを想定して、少し複雑なパターンを考えていきます。これまでは単一のテーブルに対してスキャフォールディングを使ってCRUD機能のあるViewページを自動作成してきましたが、4つのテーブルが連携している場合はどうなるのかを考えていきましょう。

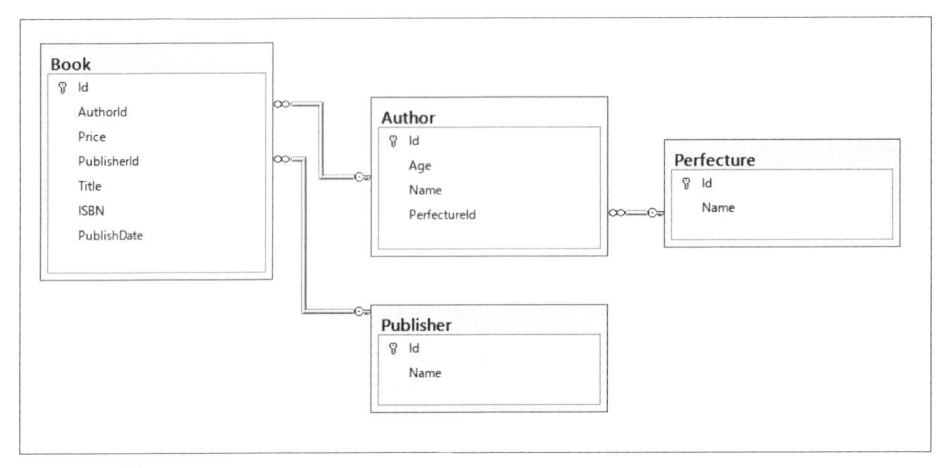

図6-1　ER図

　4つのテーブルとして、書籍（Book）、著者（Author）、出版社（Publisher）、都道府県（Perfecture）を作成します（表6-1）。主に書籍テーブルを参照し、書籍テーブルから著者テーブルと出版社テーブルに対してリレーションしています（図6-1）。さらに著者テーブルの出身地ID（PerfectureId）を通じて都道府県のテーブルを参照しています。

表6-1　書籍（Book）テーブル

列名	型	説明
Id	int	識別子
AuthorId	int	著者ID
Price	int	価格
PublisherId	int	出版社ID
Title	string	書名
ISBN	string	ISBN番号
PublishDate	Date	出版日

表6-2　著者（Author）テーブル

列名	型	説明
Id	int	識別子
Name	string	名前
Age	int	年齢
PerfectureId	int	出身地ID

表6-3　出版社（Publisher）テーブル

列名	型	説明
Id	int	識別子
Name	string	出版社名

表6-4　都道府県（Perfecture）テーブル

列名	型	説明
Id	int	識別子
Name	string	都道府県名

　これらのテーブルを利用して、書籍（Book）テーブルのリスト（Indexページ）と詳細（Detailsページ）を作成しカスタマイズしていきましょう。

6.1.2 │ Modelクラスを作成する

　今回はコードファーストを使って、Modelクラスからデータベースを作成しましょう。ER図で作成したテーブル設計に従って各Modelクラスを作成していきます。

　Modelクラスに付加するアノテーションは、Bookクラスだけ付けています。実際のシステムでは他のModelクラスについても付けておくと後から便利です。

■│ 6.1.2.1　Bookクラス

　Bookクラスでは、著者テーブルと出版社テーブルへの外部リレーションを設定します（リスト6-1）。

リスト6-1　**Book**クラス

```
/// <summary>
/// 書籍
/// </summary>
public class Book
{
    public int Id { get; set; }
    [Display(Name = "書名")]
    public string Title { get; set; }
    public int AuthorId { get; set; }    ←①
    public int PublisherId { get; set; }  ←②
    [Display(Name = "価格")]
    public int Price { get; set; }

    public virtual Author Author { get; set; }    ←③
    public virtual Publisher Publisher { get; set; }  ←④

    [Display(Name = "発売日")]
    [DataType(DataType.Date)]
    public DateTime? PublishDate { get; set; }
    [Display(Name = "ISBNコード")]
    [RegularExpression("[0-9]{3}-[0-9]{1}-[0-9]{3,5}-[0-9]{3,5}-➍
[0-9A-Z]{1}")]
    public string ISBN { get; set; }
}
```

　それぞれのIDを、①のAuthorIdプロパティと②のPublisherIdプロパティで設定しておきます。同時に、それぞれのオブジェクトへの参照を③のAuthorプロパティと④のPublisherプロパティのように用意しておくことによって、「Book.Author.Name」のように著者名を参照できるようにしておきます。これは、Personクラスから都道府県のPerfectureクラスを参照させたときと同じです。

■| **6.1.2.2　Publisher クラス**

　Publisherテーブルでは、識別子（Id）と出版社名（Name）しか持っていませんが、Publisher
クラスではBookクラスへの参照ができるようにコレクションを設定しておきます（リスト
6-2）。

リスト6-2　**Publisher クラス**

```
/// <summary>
/// 出版社
/// </summary>
public class Publisher
{
    public int Id { get; set; }
    public string Name { get; set; }
    public virtual ICollection<Book> Book { get; set; }   ←①
}
```

　①のようにコレクションを設定しておくと、出版社が出版した複数の書籍を「Publisher.
Book」として参照できます。ここでは、ICollectionインターフェイスを使いましたが、IList
インターフェイスを使うことも可能です。メモリ上の観点からスキャフォールディング機能
では、ICollectionインターフェイスが使われています。

■| **6.1.2.3　Author クラス**

　著者を示すAuthorクラスは、書籍（Book）と都道府県（Perfecture）の両方にリレーショ
ンがあるクラスになります（リスト6-3）。

リスト6-3　**Author クラス**

```
/// <summary>
/// 著者名
/// </summary>
public partial class Author
{
    public int Id { get; set; }
    public string Name { get; set; }
    public int Age { get; set; }
    public int PerfectureId { get; set; }   ←①

    public virtual ICollection<Book> Book { get; set; }   ←②
    public virtual Perfecture Perfecture { get; set; }   ←③
}
```

　①で都道府県にリレーションを行うPerfectureIdプロパティを設定しておき、③で
Perfectureプロパティとして参照できるようにしておきます。
　Publisherクラスと同じように、②のコレクションを追加して著者が書いた複数の書籍を
「Author.Book」として参照できるようにしておきます。

■| 6.1.2.4 Perfecture クラス

都道府県を示す Perfecture クラスは、Autoher クラスから参照されるクラスです（リスト6-4）。

リスト6-4 **Perfecture クラス**

```
/// <summary>
/// 都道府県名
/// </summary>
public partial class Perfecture
{
    public int Id { get; set; }
    public string Name { get; set; }
    // 初回のみ都道府県のデータを作る
    public static void Initialize(DbContext context)  ◀─①
    {
        var t = context.Set<Perfecture>();
        if (t.Any() == false)
        {
            // データを作る
            t.AddRange(
                new Perfecture() { Name = "北海道" },
                new Perfecture() { Name = "青森県" },
                ...
                new Perfecture() { Name = "沖縄県" });
            context.SaveChanges();
        }
    }
}
```

著者（Author）クラスや出版社（Publisher）クラスとは違い、都道府県から著者を参照することはないので、コレクションを持つプロパティは省略しています。

都道府県の情報は増減することはないので、①のように初期化するメソッドを追加しておきます。

さらに実行時に都道府県のデータが追加されるように、BooksController クラスの Index メソッド内でリスト6-5を追加します。

リスト6-5 **Controllers/BooksController.cs**

```
// GET: Books1
public async Task<IActionResult> Index() {
    Perfecure.Initialzie( _context );  ◀─②
    var applicationDbContext = _context.Book.Include(b => ➡
b.Author).Include(b => b.Publisher);
    return View(await applicationDbContext.ToListAsync());
}
```

②の行を追加して、データベースに都道府県のデータが追加されるようにします。

6.1.3 | スキャフォールディング機能を実行する

4つのModelクラスが作成できたら、スキャフォールディング機能を実行しましょう。スキャフォールディングの対象となるModelクラスは、都道府県を除いたBook、Author、Publisherの3つのクラスになります（図6-2）。

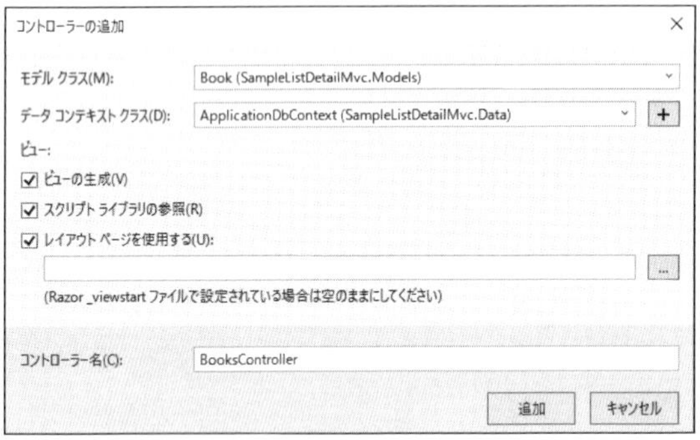

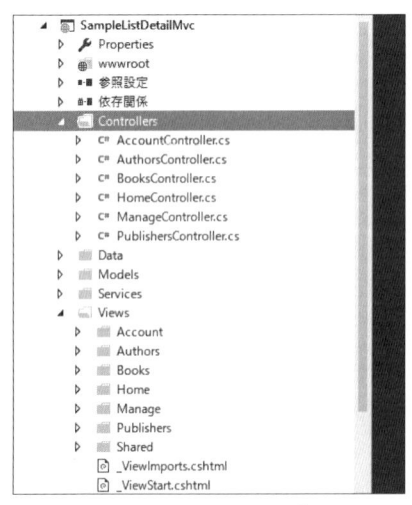

図6-2 Bookのクラスを作成する［コントローラーの追加］ダイアログ

Controllerクラスが3つ作成できます（図6-3）。

- BooksController.cs
- AuthorsController.cs
- PublishersController.cs

［Views］フォルダーにもBooks、Authoers、Publishersの3つのフォルダーができていることを確認してください。

図6-3 ソリューションエクスプローラー

　そのままデバッグ実行して、「http://localhost/Books/」を開くとIndexページを表示できます（図6-4）。

図6-4　Indexページ

　このIndexページにはBookクラスのプロパティしか表示されないため、著者名や出版社名を表示していません。同じようにDetailsページでも他のテーブルを参照しているデータは表示されません。
　書籍の一覧ページなので一覧の中に著者名や出版社名を表示することを想定し、このIndexページをカスタマイズしていきましょう。

6.2 | 一覧と詳細ページのカスタマイズ

　スキャフォールディング機能で生成したIndexページは、Bookクラスのプロパティを出力しているだけなので、ユーザーから見ると余分な列や足りない列があります。
　ここでは、書籍（Book）のIndexページとDetailsページを整理をしてみましょう。

6.2.1 | Indexページの順序を直す

　まず、Indexページの情報を絞ってみます。自動出力したIndexページではBookクラスのプロパティが表示されるので、リスト表示をするには多くの情報が表示され過ぎています（リスト6-6）。現在のBookクラスのプロパティはそれほど多くはありませんが、列数が数十カラムになるような大きなテーブルをマッピングしたときに、横に長すぎる一覧表示になってしまい、使い勝手が悪くなります。

リスト6-6　**整理する前のIndexページ**

```
<table class="table">
    <thead>
        <tr>
            <th>
                @Html.DisplayNameFor(model => model.ISBN)
```

```
        </th>
        <th>
            @Html.DisplayNameFor(model => model.Price)
        </th>
        <th>
            @Html.DisplayNameFor(model => model.PublishDate)
        </th>
        <th>
            @Html.DisplayNameFor(model => model.Title)
        </th>
        <th></th>
    </tr>
</thead>
```

リスト6-7　整理した後の**Index**ページ

```
<table class="table">
    <thead>
        <tr>
            <th>
                @Html.DisplayNameFor(model => model.Title)
            </th>
            <th>
                @Html.DisplayNameFor(model => model.Author.Name)    ←①
            </th>
            <th>
                @Html.DisplayNameFor(model => model.Publisher.Name)  ←②
            </th>
            <th>
                @Html.DisplayNameFor(model => model.Price)
            </th>
            <th></th>
        </tr>
    </thead>
```

表6-5　整理したIndexページ

列名	プロパティ
書名	Title
著者名	Author.Name
出版社名	Publisher.Name
価格	Price

　整理したIndexページでは4つの項目だけを表示するようにします（リスト6-7）。①は、BookクラスのAuthorプロパティを通して著者名（Name）を表示させています。②も同じように、BookクラスのPublisherプロパティを通して出版社名（Name）プロパティを表示させています。

　それぞれのCreateページを利用して、出版社（Publisher）、著者（Authoer）、そして書籍（Book）テーブルにデータを入れておき、デバッグ実行した結果が図6-5です。

図6-5　実行結果

　データは正しく表示できていますが、著者名と出版社名の列が両方とも「Name」のままになっています。これはAuthorクラスとPublisherクラスにDisplay属性を付けていないため、プロパティ名の「Name」がそのまま表示されています。このままでは区別がつかないので、アノテーションを追加します（リスト6-8）。

リスト6-8　アノテーションを追加する

```
using System.ComponentModel.DataAnnotations;

/// <summary>
/// 著者名
/// </summary>
public partial class Author
{
    public int Id { get; set; }
    [Display(Name = "著者名")]   ←①
    public string Name { get; set; }
    public int Age { get; set; }
    public int PerfectureId { get; set; }

    public virtual ICollection<Book> Book { get; set; }
    public virtual Perfecture Perfecture { get; set; }
}
/// <summary>
/// 出版社
/// </summary>
public class Publisher
{
    public int Id { get; set; }
    [Display(Name = "出版社名")]   ←②
    public string Name { get; set; }
```

```
    public virtual ICollection<Book> Book { get; set; }
}
```

AuthorクラスとPublisherクラスの①と②のNameプロパティにDisplay属性を付けて、タイトルに日本語が表示されるようにします。

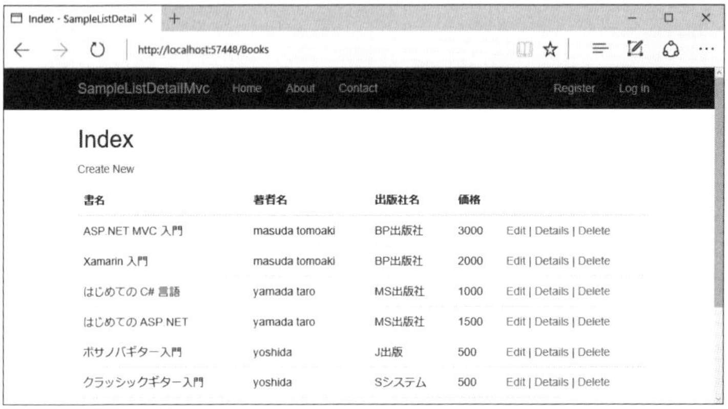

図6-6　実行結果

再びデバッグ実行をすると、Nameだった列名が「著者名」と「出版社名」のように区別ができるようになります（図6-6）。

6.2.2 | Detailsページの順序を直す

次にDetailsページを整理しましょう（リスト6-9）。Bookクラスのすべてのプロパティと、著者名と出版社名を表示させます。

リスト6-9　整理した後のDetailsページ

```
<div>
    <h4>Book</h4>
    <hr />
    <dl class="dl-horizontal">
        <dt>
            @Html.DisplayNameFor(model => model.Title)
        </dt>
        <dd>
            @Html.DisplayFor(model => model.Title)
        </dd>
        <dt>
            @Html.DisplayNameFor(model => model.Author.Name)    ←①
        </dt>
        <dd>
```

```
            @Html.DisplayFor(model => model.Author.Name)
        </dd>
        <dt>
            @Html.DisplayNameFor(model => model.Publisher.Name)    ←②
        </dt>
        <dd>
            @Html.DisplayFor(model => model.Publisher.Name)
        </dd>
        <dt>
            @Html.DisplayNameFor(model => model.Price)
        </dt>
        <dd>
            @Html.DisplayFor(model => model.Price)
        </dd>
        <dt>
            @Html.DisplayNameFor(model => model.ISBN)
        </dt>
        <dd>
            @Html.DisplayFor(model => model.ISBN)
        </dd>
        <dt>
            @Html.DisplayNameFor(model => model.PublishDate)
        </dt>
        <dd>
            @Html.DisplayFor(model => model.PublishDate)
        </dd>
    </dl>
</div>
```

　①と②で、Indexページを表示したときと同じようにModelプロパティ（Bookオブジェクト）の著者名（Author.Name）と出版社名（Publisher.Name）を指定します。編集が終わったらファイルを保存してデバッグ実行した結果が図6-7になります。

図6-7　実行結果

　順序などは変更になっていますが、よく見ると著者名と出版社名が空白になっています。Visual StudioでDetailsページの①の場所でブレークポイントを設定して、Authorプロパティの値を確認してみましょう（図6-8）。

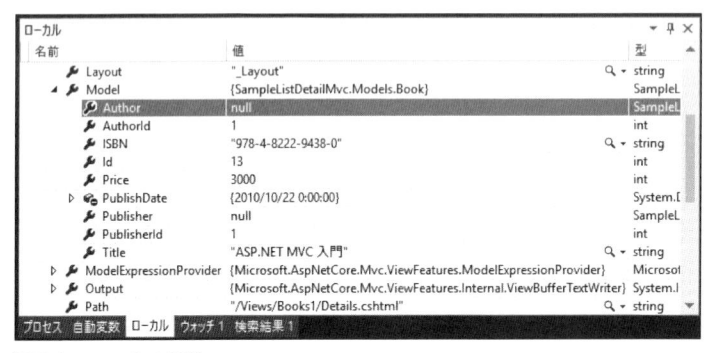

図6-8　ローカル変数

　Modelプロパティ（Bookオブジェクト）が持つAuthorプロパティの値がnullになっているため、空白で表示されていることが分かります。同じようにPublisherプロパティの値もnullになっています。Indexページでは表示されるのに、Detailsページでは表示されないのは、Controllerクラスでの検索で違いがあることを示しています。

6.2.3 | 著者名、出版社名を表示する

　BooksControllerクラスを開いて、IndexメソッドとDetailsメソッドを比較してみましょう（リスト6-10、6-11）。

リスト6-10　**Index**メソッド

```
// GET: Books1
public async Task<IActionResult> Index()
{
    var applicationDbContext = _context.Book.Include(b =>
b.Author).Include(b => b.Publisher);  ←①
    return View(await applicationDbContext.ToListAsync());
}
```

リスト6-11　**Details**メソッド

```
// GET: Books1/Details/5
public async Task<IActionResult> Details(int? id)
{
    if (id == null)
    {
        return NotFound();
```

```
    }

    var book = await _context.Book.SingleOrDefaultAsync(m => ➊
m.Id == id);  ◀─②
    if (book == null)
    {
        return NotFound();
    }

    return View(book);
}
```

Indexメソッドでは、①でBookテーブル内のデータを全て検索しています。Detailsメソッドでは、②でidを指定して特定の1行だけを取り出しています。

このときに、IndexメソッドではIncludeメソッドを使いAuthorテーブルやPublisherテーブルのデータも検索して、それぞれのプロパティに代入していますが、DetailsメソッドではIncludeメソッドを呼び出していないため、AuthorプロパティとPublisherプロパティの値がnullになってしまったことが分かります。

リスト6-12 検索部分を書き換える

```
var book = await _context.Book
    .Include( b => b.Author )  ◀─③
    .Include( b => b.Publisher )  ◀─④
    .SingleOrDefaultAsync(m => m.Id == id);
```

Detailsメソッドで検索している場所を書き換え、③と④のようにAuthorプロパティとPublisherプロパティにデータが設定されるように変更します（リスト6-12）。

こうすることで、Detailsページで著者名と出版社名が表示されるようになります。

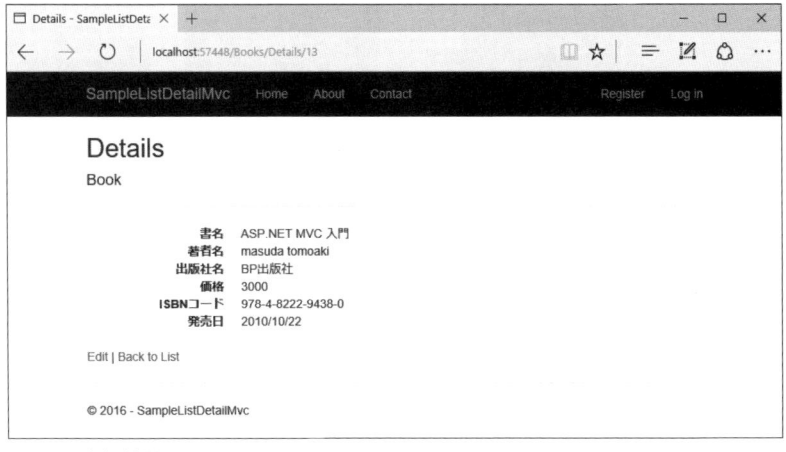

図6-9 実行結果

　一覧ページから詳細ページへの遷移ができあがりました。これで一覧で表示されている書籍（Book）の情報が詳細ページで詳しく閲覧することができます。

　さらに、できあがった詳細ページから著者ページや出版社のページにジャンプできるようにしましょう。項目からドリルダウン方式にリンクをたどって調べられるようにします。

6.3 | 詳細ページの拡張

　一覧ページと詳細ページの連携ができたので、今度は詳細ページ自身の拡張を試みます。

　一覧に表示されている書籍のリストからで詳細ページへジャンプします。この詳細ページからさらに著者や出版社のページにジャンプをし、その著者の書籍リストからさらに書籍の詳細ページにジャンプできるようにしましょう。

6.3.1 | 詳細ページへドリルダウン

　書籍（Book）テーブル、著者（Author）テーブル、出版社（Publisher）テーブルは、相互に階層構造になっています。この階層構造を掘り下げて細かく調べていく手法を「ドリルダウン」といいます（図6-10）。

　集計データではありませんが、ドリルダウン風に詳細データを掘り下げてリンクがたどれるように詳細ページを拡張します。

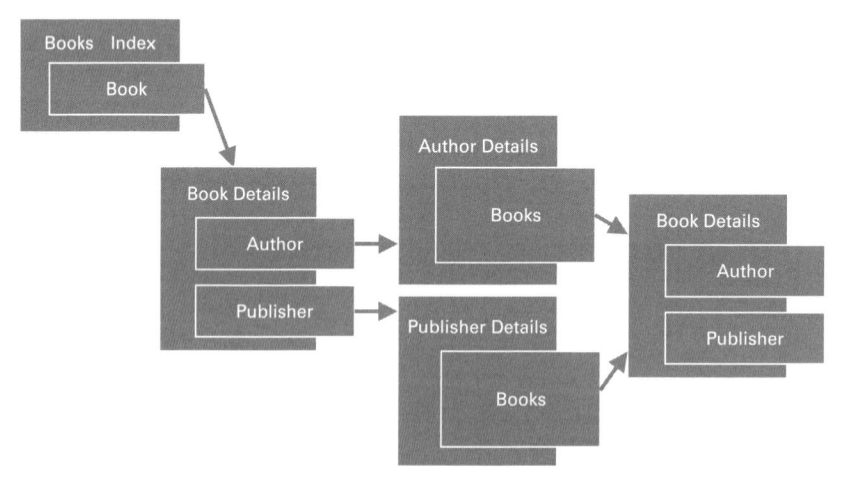

図6-10　ドリルダウン

　書籍のリストからそれぞれの詳細ページにジャンプしたあとに、著者ページと出版社ページにジャンプできるようにします。著者ページと出版社ページには、著書リストや出版リストを表示しておきます。このリストからさらに書籍の詳細ページにジャンプできるようにします。

6.3.2 | 一覧ページにリンクを追加

最初の書籍のリストの書名（Title）部分に詳細ページへのリンクを追加しましょう（リスト6-13）。Detailsのリンクをクリックしたときと同じ動作を実現します。

リスト6-13 **Views/Books/Index.cshtml**

```
@foreach (var item in Model) {
        <tr>
            <td>
                <a asp-action="Details" asp-route-id="@item.Id">  ←①
                    @Html.DisplayFor(modelItem => item.Title)
                </a>
            </td>
            <td>
                @Html.DisplayFor(modelItem => item.Author.Name)
            </td>
            <td>
                @Html.DisplayFor(modelItem => item.Publisher.Name)
            </td>
            <td>
                @Html.DisplayFor(modelItem => item.Price)
            </td>
            <td>
                <a asp-action="Edit" asp-route-id="@item.↩
Id">Edit</a> |
                <a asp-action="Details" asp-route-id="@item.↩
Id">Details</a> |  ←②
                <a asp-action="Delete" asp-route-id="@item.↩
Id">Delete</a>
            </td>
        </tr>
}
```

「Details」のリンクは②にあるので、そのまま①のように書き加えます。タグヘルパーを使い、asp-action属性に「Details」、パラメーターとしてIdを渡すのでasp-route-id属性を指定します。

これで書名（Title）をクリックしたときに自然に詳細ページへジャンプできるようになります（図6-11）。

図6-11　詳細ページへのリンクを追加

6.3.3 | 詳細ページのレイアウト変更

　書籍の詳細ページ（Details.cshtml）のレイアウトを変更していきます。各項目の順序を変えて、著者名（Author.Name）と出版社名（Publisher.Name）にリンクを追加します（リスト6-14）。

リスト6-14　**Views/Books/Details.cshtml**

```
<div>
    <h4>Book</h4>
    <hr />
    <dl class="dl-horizontal">
        <dt>
            @Html.DisplayNameFor(model => model.Title)
        </dt>
        <dd>
            @Html.DisplayFor(model => model.Title)
        </dd>
        <dt>
            @Html.DisplayNameFor(model => model.Author.Name)
        </dt>
        <dd>
            <a asp-controller="Authors" asp-action="Details" ↩
asp-route-id="@Model.AuthorId">  ◀─①
                @Html.DisplayFor(model => model.Author.Name)
            </a>
        </dd>
        <dt>
            @Html.DisplayNameFor(model => model.Publisher.Name)
        </dt>
```

```
        <dd>
            <a asp-controller="Publishers" asp-action="Details" ➋
asp-route-id="@Model.PublisherId">　◄─②
                @Html.DisplayFor(model => model.Publisher.Name)
            </a>
        </dd>
        <dt>
            @Html.DisplayNameFor(model => model.Price)
        </dt>
        <dd>
            @Html.DisplayFor(model => model.Price)
        </dd>
        <dt>
            @Html.DisplayNameFor(model => model.ISBN)
        </dt>
        <dd>
            @Html.DisplayFor(model => model.ISBN)
        </dd>
        <dt>
            @Html.DisplayNameFor(model => model.PublishDate)
        </dt>
        <dd>
            @Html.DisplayFor(model => model.PublishDate)
        </dd>
    </dl>
</div>
```

①のようにタグヘルパーを使い書籍の詳細ページへジャンプさせます。今度は別の
Controllerクラスの Actionメソッドを呼び出すため、asp-controller属性に「Authors」、asp-
action属性に「Details」を指定します。引き渡す書籍IDはasp-route-id属性で「@Model.
AuthorId」を指定します。

②の出版社へのリンクも同じように記述をします。

図6-12　詳細ページ

このような変更を行うことで、著者や出版社のページへ素早くジャンプすることができます（図6-12）。

6.3.4 著者ページのレイアウトを変更

次に著者の詳細ページ（Views/Authors/Details.cshtml）を変更していきましょう。項目の順番の修正のほかに、執筆した書籍のリストを表示させます（リスト6-15）。

リスト6-15 **Views/Authors/Details.cshtml**

```
<div>
    <h4>Author</h4>
    <hr />
    <dl class="dl-horizontal">
        <dt>
            @Html.DisplayNameFor(model => model.Name)
        </dt>
        <dd>
            @Html.DisplayFor(model => model.Name)
        </dd>
        <dt>
            @Html.DisplayNameFor(model => model.Age)
        </dt>
        <dd>
            @Html.DisplayFor(model => model.Age)
        </dd>
        <dt>
            @Html.DisplayNameFor(model => model.PerfectureId)
        </dt>
        <dd>
            @Html.DisplayFor(model => model.Perfecture.Name)
        </dd>
    </dl>
    <ul>
        @foreach (var book in Model.Book)  ◀①
        {
            <li>
                <a asp-controller="Books" asp-action="Details" ◗
asp-route-id="@book.Id">@book.Title</a>  ◀②
            </li>
        }
    </ul>
</div>
```

AuthorクラスはBookコレクションを持つようにしています。このBookコレクションを使い、①のようにforeach文でコレクションの内容を書き出します。

　それぞれの書名（@book.Title）には、書籍の詳細ページへのリンクを②で追加します。ここでもタグヘルパーを使い、別のControllerクラスを呼び出すため、asp-controller属性で「Books」を指定しています。

リスト6-16　**Controllers/AuthorsController.cs**

```
public async Task<IActionResult> Details(int id)
{
    if (id == null)
    {
        return NotFound();
    }
    var author = await _context.Author
        .Include(a => a.Perfecture)
        .Include(a => a.Book)  ←③
        .SingleOrDefaultAsync(m => m.Id == id);
    if (author == null)
    {
        return NotFound();
    }
    return View(author);
}
```

　AuthorsControllerクラスのDetailsメソッドを修正しておきましょう（リスト6-16）。Bookコレクションが有効になるように、③でIncludeメソッドを使ってBookプロパティへの検索も含めておきます。

図6-13　著者ページ

　デバッグ実行をすると、著者テーブルの詳しい情報のほかに、Bookコレクションの各書名（Title）を表示できています（図6-13）。書籍クラスと著者クラスが「多対1」の関係になっています。

6.3.5 | 出版社ページのレイアウトを変更

出版社の詳細ページも著者ページと同じように修正していきましょう（リスト6-17）。

リスト6-17　**Views/Publishers/Details.cshtml**

```
<div>
    <h4>Publisher</h4>
    <hr />
    <dl class="dl-horizontal">
        <dt>
            @Html.DisplayNameFor(model => model.Name)
        </dt>
        <dd>
            @Html.DisplayFor(model => model.Name)
        </dd>
    </dl>
    <ol>
    @foreach (var book in Model.Book)  ←①
    {
        <li>
            <a asp-controller="Books" asp-action="Details" ➲
asp-route-id="@book.Id">@book.Title</a>
        </li>
    }
    </ol>
</div>
```

出版社クラス（Publisher）にも著者クラス（Author）と同じようにBookコレクションがあります。これをforeach文を使って書名のリストを表示できるようにします。書籍へのリンクは、著者の詳細ページ（Views/Authors/Details.cshtml）に記述した①と同じになります。

リスト6-18　**Controllers/PublishersController.cs**

```
public async Task<IActionResult> Details(int? id)
{
    if (id == null)
    {
        return NotFound();
    }

    var publisher = await _context.Publisher
        .Include(b => b.Book )  ←②
        .SingleOrDefaultAsync(m => m.Id == id);
    if (publisher == null)
    {
        return NotFound();
    }
```

```
        return View(publisher);
    }
```

　PublishersControllerクラスのDetailsメソッドにも少し手を加えておきましょう（リスト6-18）。Bookコレクションがデータベースから一緒に読み込まれるように、②のようにIncludeメソッドを使ってデータを検索しておきます。

図6-14　出版社ページ

　このように詳細ページ間で必要なリンクがあらかじめ張られていると、目的の情報にアクセスしやすくなります。タグヘルパーを使うと、別Controllerへのジャンプや、パラメーター付きのリンクを効率よく作れます。

　著者ページや出版社ページの書籍リストはクラスにあるBookコレクションを利用しましたが、ControllerクラスのDetilsメソッドで、LINQを使って作成することもできます。

リスト6-19　執筆した書籍リスト

```
ViewData["Books"]
    = from b in _context.Book
        where b.AuthorId == id.Value
        select b;
```

　検索した執筆リストをViewDataコレクションを使ってDetailsページに引き渡します（リスト6-19）。DetailsページのModelクラスはAuthorであるので、クラスに関係のないプロパティやコレクションを一時的にViewに表示させるときは、ViewDataコレクションやViewBagプロパティを使います。

6.4 ┃ 一覧ページのページング機能

　　Webアプリケーションでは、一覧を表示するときにちょっとした注意が必要です。データ件数が数千件に及ぶときに、そのまま一覧を表示してしまうとサーバーからの応答が遅くなったり、クライアントでデータを表示できない状態に陥ってしまいます。表示件数が多い場合、同時に問合せが集中するとサーバーが応答しなくなってしまいます。

　　このような状況を防ぐために、Webアプリケーションでは、ある程度データ件数が多い場合はブラウザーで表示する件数を絞ります。これを「ページング機能」といいます。

6.4.1 ┃ ページング機能のない状態

　　Indexページでページング機能を実装するために、データベースのBookテーブルに十数件のデータを入れておきます。ここでは、1ページ5件ずつ表示しています。

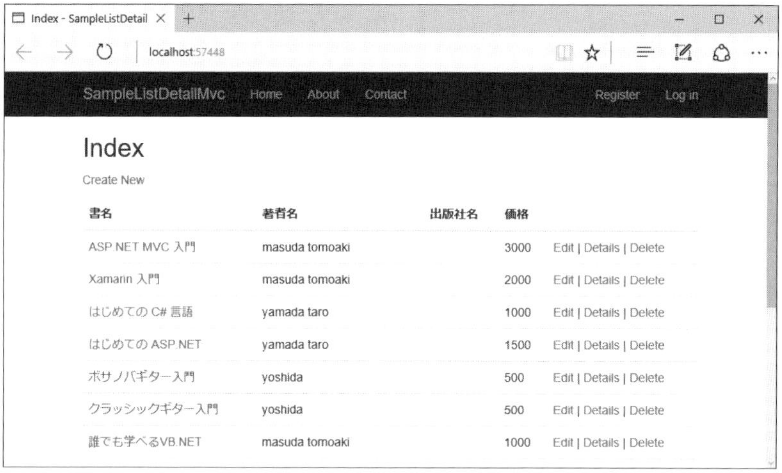

図6-15　ページングのない状態

　　たくさんのデータを表示すると、ブラウザーにスクロールバーが表示され、なかなか表示が終わりません。数十件のデータであればそれほど問題はないのですが、数千件のデータを表示しようとブラウザーでも時間が掛かってしまいます。

　　さらに、サーバーでデータを検索するときのデータ量や、検索したデータをサーバーからクライアントに送信するためのデータ量も多くなってしまいます。回線量やデータベースの検索スピードを考え、問合せの回数（秒間、分間に何回なのか）を考慮したうえでページング時の件数を考えます。

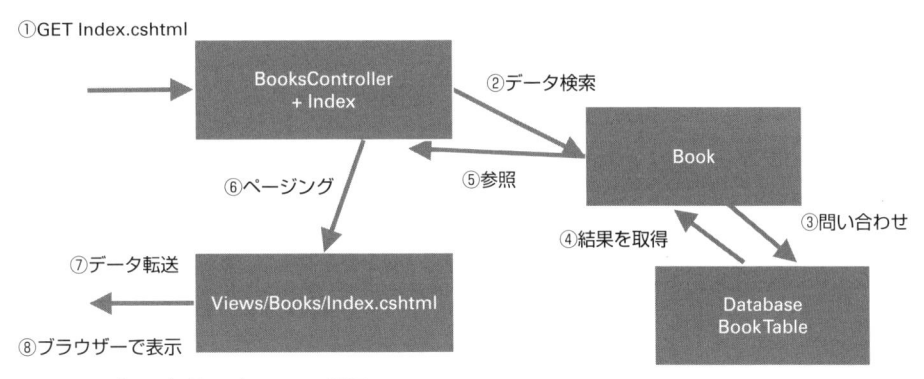

図6-16　データ転送のプロセスの概要

①ブラウザーからGETメソッドで、Index.cshtmlページが呼び出される
②BooksControllerクラスのIndexメソッドで、Bookテーブルを検索する
③Entity Frameworkでデータベースに問合せする
④データベースから結果を取得する
⑤Entity FrameworkをIndexメソッドで参照する
⑥ページング機能を実装する
⑦クライアントに作成したIndexページのデータを転送する
⑧ブラウザーでIndexページを表示する

　図6-16がデータ転送のプロセスの概要です。ページング機能を実装するときには、それぞれのデータ量を少なくする必要があります。インターネット上のデータは、クライアントにデータを返す⑦でのデータ量に依存するため、できるだけこの時のデータ量を少なくするとネットワーク負荷が低くなりレスポンスが上がります。

　Indexページでページング機能を実装するのは⑥の位置になりますが、データベースへの負荷を考えたとき、②のデータ検索を行うときに適切な検索条件を設定します。データ検索をした後に⑤で検索結果を参照するときにデータを絞ったとしても、④の検索結果を取得するときのデータ量は多くなってしまいます。このためデータベースとWebサーバー間に負荷が掛かります。

　Entity Frameworkを使うと、②から⑤までの一連の流れをLINQを利用して記述ができます。LINQの遅延実行機能を利用することで、③のデータベースへのSQL問合せと同じように②のデータ検索のときに条件を付けられます。

6.4.2 ┃ Indexメソッドにページング機能を実装する

　上記のことに注意してIndexメソッドにページング機能を実装した例がリスト6-20になります。ここでは一番簡単なページング機能として、前ページ（prev）と後ページ（next）へのリンクを付けることにします。データ量が多い場合は、指定ページにジャンプできるリンクなども増やすとよいでしょう。

リスト6-20　**BooksController**クラスの**Index**メソッド

```
public async Task<IActionResult> Index(int? page)   ←①
{
    if (page == null)   ←②
    {
        page = 0;
    }
    int max = 5;   ←③

    var books = _context.Book   ←④
        .Skip(max * page.Value).Take(max)
        .Include(b => b.Author).Include(b => b.Publisher);

    if (page.Value > 0)   ←⑤
    {
        ViewData["prev"] = page.Value - 1;
    }
    if (books.Count() >= max)   ←⑥
    {
        ViewData["next"] = page.Value + 1;
        // 次のページがあるか調べる
        if ( _context.Book.Skip(max * (page.Value+1)).Take(max).↺
Count() == 0 )   ←⑦
        {
            ViewData["next"] = null;
        }
    }
    return View(await books.ToListAsync());   ←⑧
}
```

①のように Index メソッドに page 引数を追加します。通常の Index メソッドでは引数なし
で呼ばれることになるので、「int?」型のように null を許容させておきます。

「http://localhost/Books/Index/」のように URL アドレスで引数なしで呼び出されたときに
は、引数 page の値が null になります。②では最初のページを表示できるように 0 にしておき
ます。

③で最大数のページを設定します。

④で Skip メソッドと Take メソッドを使い、指定ページのデータだけをデータベースから
取り出します。このようにすることで、データベースから検索した結果を受け取るデータ量
が減ります。付随する情報として著者（Authro）と出版社（Publisher）のテーブルに連携さ
せて各プロパティの値を取得しておきます。

現在表示しているページ数が 1 以上の場合は、前に戻るための prev リンクを⑤で表示させ
ます。ViewData コレクションを使い、前のページを示すページ数を設定しておきます。最初
のページのときは ViewData["prev"] の値は null のままです。

次ページへのリンクは⑥で作成します。表示しようとしている件数が最大数（max）のとき
は⑥で次ページへのリンクを表示させます。ただし、ちょうど max で割り切れるときを考慮

するために、⑦で実際に次のページがあるかどうかをチェックしています。次のページにデータがない場合は、ViewData["next"]にnullを設定しておきます。

⑧で検索した結果をIndexページに引き渡します。

6.4.3 ┃ Indexページにページングのリンクを付ける

BooksControllerのIndexメソッドから渡されたデータに従って、Books/Index.cshtmlにページングのリンクを追加します（リスト6-21）。

リスト6-21　**Index**ページ

```
<div>
    @if (ViewBag.Prev != null)    ←①
    {
        <a asp-action="Index" asp-route-page="@ViewBag.Prev">⤵
prev</a>    ←②
    }
    else
    {
        <span>prev</span>    ←③
    }
    /
    @if (ViewBag.Next != null)    ←④
    {
        <a asp-action="Index" asp-route-page="@ViewBag.Next">⤵
next</a>
    }
    else
    {
        <span>next</span>
    }
</div>
```

前ページと後ページのリンクは、BooksControllerクラスでViewDataコレクションに設定したので、これをViewBagプロパティで取り出します。それぞれ、PrevプロパティとNextプロパティで取り出しができます（大文字小文字は同一のものとして扱われます）。

①で、Prevプロパティが設定していればnull以外になるため、前ページのリンクを付けます。

②でAタグのタグヘルパーの機能を使い、Actionメソッドに「Index」を、URLアドレスのパラメーターをasp-route-pageで指定します。こうのように記述することで、このリンクのhref属性の値（リンクの値）が「http://localhost/Books/Index?page=＜前ページ番号＞」になります。

ViewData["prev"]を設定していない場合は、③のように「prev」だけを表示させています。

同じように次のページへのリンクを④でViewBag.Nextプロパティの値をチェックして表示します。

ASP.NET MVCではControllerクラスからViewページに引き渡すデータは、主なデータをModelクラス経由で渡し、ページング機能のような付加的なデータはViewDataコレクションとViewBagオブジェクトで引き渡します。

ここではprevとnextの2つのデータしかありませんが、付加的なデータが増えてきた場合には適宜クラスにまとめてViewData経由で受け渡しをすると管理がしやすくなります。

6.4.4 | 動作を確認する

では、実際に動作を確認してみましょう。この例では、書籍データを13件入力してページング機能の確認をしています。

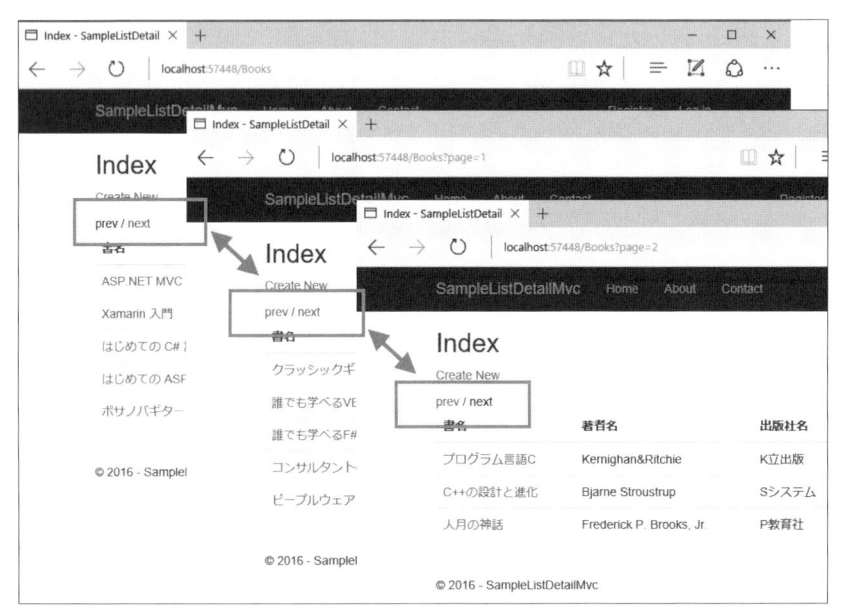

図6-17　実行結果

prevリンクやnextリンクをクリックすると、ブラウザーのURLアドレスに「http://localhost/Books?page=2」のようにpage変数へ値が設定されていることが分かります（図6-17）。ユーザーがブラウザーのURLアドレスを変更したり、リンクをショートカットとして保存したりすることができます。

6.5 | 一覧ページを検索で絞り込み

最後にIndexページに項目の絞り込みの機能を付けます。ブラウザーで書籍のタイトル（Book.Title）の一部を入力して、その結果が表示されるようにします。

　検索結果は、Indexページで利用しているtableタグをそのまま利用しますが、実際に絞り込み検索を行う場合には商品の写真などを並べて検索結果のレイアウトページ（Search.cshtmlなど）を作る方法もあります。

6.5.1 | Indexページに検索用のテキストボックスを付ける

　ブラウザーで絞り込み検索を受け付けるために、テキストボックスを追加します（リスト6-22）。テキストボックスに書名に含まれる文字列を入力して、［Filter］ボタンをクリックして絞り込みを実行します。

リスト6-22　検索用のテキストボックス

```
<form asp-action="Index" method="get">  ◀─①
    Title: <input type="text" name="search" value="@ViewBag.↺
Search" />  ◀─②
    <input type="submit" value="Filter" />
</form>
```

　テキストボックスを使うので①のようにformタグを使います。パラメーターをIndexメソッドで受け取れるように、GETメソッドで指定しておきます。このようにすると、ページングと同じようにURLアドレスにパラメーターが埋め込まれます。
　検索する文字列は②のindexタグで指定します。inputタグのname属性に「search」と指定すると、BooksControllerクラスのIndexメソッドではsearch引数で受け取れます。value属性に「@ViewBag.Search」と指定している理由は、再びIndexページを表示したときに絞り込みで指定した文字列を再表示させるためです。これはBooksControllerクラスのIndexメソッドで設定します。
　ページングのためのリンクを絞り込み機能に合わせて少し修正します（リスト6-23）。

リスト6-23　ページングのリンクを修正

```
<div>
    @if (ViewBag.Prev != null )
    {
        <a asp-action="Index" asp-route-page="@ViewBag.Prev"
           asp-route-search="@ViewBag.Search" >prev</a>  ◀─③
    }
    else
    {
        <span>prev</span>
    }
    /
    @if (ViewBag.Next != null)
    {
        <a asp-action="Index" asp-route-page="@ViewBag.Next"
           asp-route-search="@ViewBag.Search">next</a>  ◀─④
    }
```

```
    else
    {
        <span>next</span>
    }
</div>
```

②で「@ViewBag.Search」を使ったように、③と④でURLアドレスの検索文字列を埋め込めこんでおきます。こうすると、ページング機能と絞り込み機能が同時に使えます。URLアドレスに埋め込むときの引数は、②と同じようにsearchとなるため、タグヘルパーで「asp-route-page」属性を付けておきます。

6.5.2 | Indexメソッドに検索機能を追加する

では、BooksControllerクラスのIndexメソッドに検索機能を追加していきましょう。ページング機能で追加したIndexページのコードを修正します（リスト6-24）。

リスト6-24 **Index**メソッド

```
public async Task<IActionResult> Index( int? page, string search )  ←①
{
    if ( page == null )
    {
        page = 0;
    }
    int max = 5;

    var books = from m in _context.Book select m;  ←②
    if (!string.IsNullOrEmpty(search))  ←③
    {
        books = books.Where(b => b.Title.Contains(search));  ←④
    }
    books = books  ←⑤
        .Skip(max * page.Value).Take(max)
        .Include(b => b.Author).Include(b => b.Publisher);
    if (page.Value > 0)
    {
        ViewData["prev"] = page.Value - 1;
    }
    if (books.Count() >= max)
    {
        ViewData["next"] = page.Value + 1;
        // 次のページがあるか調べる
        if (_context.Book.Skip(max * (page.Value + 1)).Take(max).↩
Count() == 0)
        {
            ViewData["next"] = null;
```

```
        }
    }
    ViewData["search"] = search;   ◀─⑥
    return View(await books.ToListAsync());   ◀─⑦
}
```

　①でIndexメソッドのsearch引数を追加します。GETメソッドで渡されるので、そのまま引数で指定することで埋め込まれたsearch引数の値を取得できます。

　②のようにLINQを使ってデータベースへの問合せを構築していきます。実際にデータベースに問合せが行われるのは、⑦の位置になります。それまではEntity Frameworkを使って問合せのSQLを実行する準備段階なので、データベースの検索は遅延されています。

　③で絞り込み検索の条件が指定されているかどうかをチェックします。

　検索する文字列が指定されていた場合は、④で絞り込みの条件をWhereメソッドで追加します。stringクラスのContainsメソッドを使って、部分文字列に一致するようにしています。

　⑤は、ページング機能です。

　検索文字列をViewDataコレクションに⑥で設定しておきます。これにより再び同じ文字列を使って検索を実行したり、ページング機能と合わせた絞り込み検索ができます。

　⑦で、組み立てたLINQに従ってデータベースの検索が実行されます。

6.5.3 ┃ 動作を確認する

　では、実際に絞り込み検索の動作を確認しておきましょう。

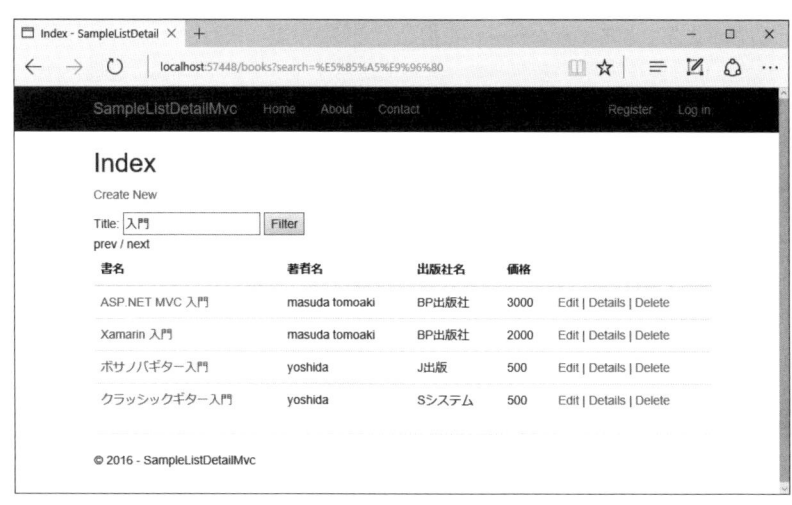

図6-18　絞り込みをしたとき

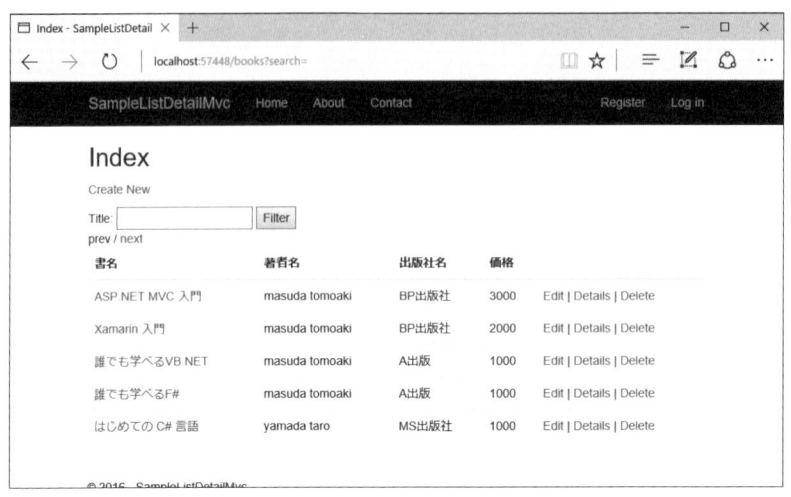

図6-19 絞り込みが空欄のとき

　書名（Title）の検索で「入門」と入力したとき（図6-18）と、空欄のままで検索したとき（図6-19）を示しておきます。

　書名の一部にマッチする書籍が一覧に表示されていることが分かります。空欄のときには、絞り込み検索のWhere文をスキップするためにすべての書籍が表示されます。

　ASP.NET MVCアプリケーションでは、URLアドレスに埋め込まれた各パラメーターをControllerクラスの引数として簡単に取り出せます。また、タグヘルパーを使うとパラメーター付きのリンクを効率的に作ることができます。

　一覧を示すIndexページと、詳細を表示するDetailsページを組み合わせユーザーに最適な情報が提供できるようなページを構築していきましょう。

6.6 | この章のチェックリスト

　この章では、List-Detailの関係を使ってASP.NET MVCアプリケーションの具体的な開発例を学びました。アプリケーションを作成するときに、どのような機能を使っていたのかを再チェックしてみましょう。

✔ チェックリスト

① 　 A 　を使ってModelクラスからデーターベースのテーブルを作成するときに、テーブル同士のリレーションを設定できる。書籍テーブルの 　 B 　から著者テーブルの 　 C 　を参照するときは次のように参照先のテーブルをプロパティで指定する。

```
public virtual   C     C  { get; set; }
```

逆に著者テーブルの 　 C 　から書籍テーブルの 　 B 　を参照させて、執筆した本を取得できるようにするために、コレクションを設定しておく。

```
public virtual ICollection<  B  >   B  { get; set; }
```

② リンク先のプロパティやコレクションは、LINQで検索するときに 　 D 　メソッドを使って、リレーション先のデータも取得できるようにしておく。

```
var book = await _context.Book
    .  D  ( b => b.Author )
    .  D  ( b => b.Publisher )
    .SingleOrDefaultAsync(m => m.Id == id);
```

③ ページング機能を実装するときに、タグヘルパーを使うとリンクが作りやすい。次の例では、呼び出すActionメソッドとして 　 E 　属性と、Indexメソッドの 　 F 　引数に合わせてasp-route- 　 F 　属性を指定する。

```
// Indexページのリンク
<a   E  ="Index" asp-route-  F  ="@ViewBag.Prev">prev</a>
// BooksControllerクラスのIndexメソッド
public async Task<IActionResult> Index(int?   F  )
```

答え

① A　コードファースト　　　B　Book　　　C　Author
② D　Include
③ E　asp-action　　　F　page

第 **7** 章

複数 View の活用

ASP.NET MVCアプリケーションでは、コンポーネントがModel、View、Controllerの3つに分かれているため、それぞれのコンポーネントを差し替えることが可能です。

この章ではViewページに対して切り替えを行っていきます。同じModelが持つデータをControllerクラスやViewページの機能を使い、ユーザー権限などでブラウザーに表示されるUIを変化させます。

なお、この7章以降の手順は、ダウンロードサイト（http://ec.nikkeibp.co.jp/nsp/dl/09888/）で提供している完成サンプルコードを参考に、各自で取り組んでみてください。

7.1 | ユーザーモードの切り替え

ASP.NET MVCはユーザーを認証する機能を持っています。いわゆるログイン機能になります。ログイン機能を利用すると、匿名のユーザーとログイン済みのユーザーをWebサーバー側で識別することができます。この機能を使うと、一般的なSNSのようにログインしないと内容が見ることができないWebサイトもあれば、無料ユーザーでも一部が閲覧できるようなWebサイトが作れます。

ここでは、匿名ユーザーでは一部だけを表示でき、ログイン済みユーザーや特権ユーザーのみが操作できるページとうまく共存させる方法を解説します。

7.1.1 | ログイン機能

Visual StudioでASP.NET MVCアプリケーションを作成する際に、［認証の変更］ボタンをクリックして認証機能を追加できます。認証機能自体はASP.NET Coreで実装されている機能ですが、ASP.NET MVCでは認証機能を使いやすいようにログイン用のページやパスワード変更などのページを自動生成してくれます。ローカルのSQL Serverにログイン機能を働かせるテーブルなども作成され、そのままASP.NET MVCアプリケーションでログインの機能を手軽に使うことができます。

図7-1 ［認証の変更］ダイアログ

　この章では［認証の変更］ダイアログ（図7-1）で［個別のユーザーアカウント］を選択して、ローカルデータベースを使ったユーザー名とパスワードを使った認証機能を使ってみましょう。認証自体の詳しい説明は「第11章　認証」で解説しますので、ここでは認証を利用したページの切り替えについて解説をします。

　認証付きでASP.NET MVCアプリケーションを作成したときには、ソリューションエクスプローラーに［Views/Account］フォルダーが追加され、このフォルダーにユーザーがログインを行うためのさまざまなViewページが生成されます（図7-2）。

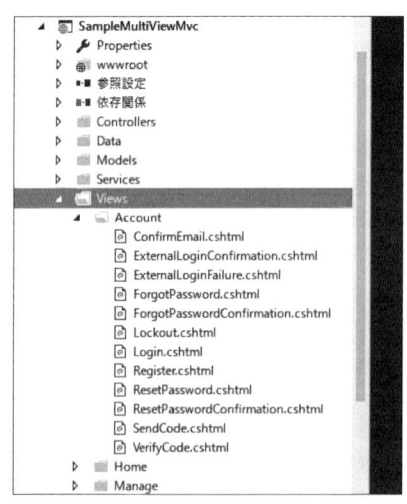

図7-2　［Views/Account］フォルダー

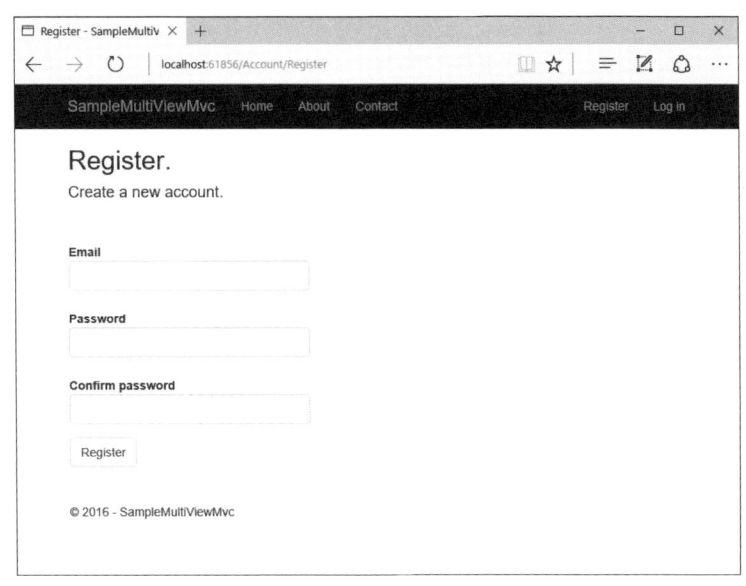

図7-3　アカウント作成ページ

　図7-3のアカウント作成ページ（Register.cshtml）でログイン名の代わりとなるメールアドレスとパスワードを登録したあと、ログインページ（Login.cshtml）でWebサイトにログインをします。ログイン名として使われているメールアドレスは、そのままパスワードを忘れたときに通知を行うための宛先となっています。

　ログイン情報はデータベース上にAspNetUsersというテーブルで保存され、パスワードはハッシュ値となっています。

7.1.2 │ ログイン状態で表示を変える

　ASP.NET MVCアプリケーションがログイン機能を使う理由はいくつかありますが、主に匿名ユーザーに対して閲覧や操作の制限を行いたい場合に使われることが多いでしょう。ログインが必須となるSNSのようにトップページにログインページを置くパターンや、有料のニュースサイトのようにログインすることによってニュースの詳細を閲覧することができたり、あるいはサイトのニュース情報を直接管理できたりするパターンがあります。　ここでは、後者のニュースサイトのように匿名ユーザーの場合は閲覧のみ、ログインユーザーであればさらにニュースの詳しい情報を閲覧できるようなパターンを考えてみましょう。

　ニュースサイトの場合、不特定多数のユーザーがニュースを閲覧できるようにしておきます。不特定多数のユーザーのことを「匿名ユーザー」といいます。匿名ユーザーは検索サイトからジャンプして来たり、ニュースが紹介されているブログからリンクで辿り着いたりするため、閲覧しやすく目的のニュースに辿りつきやすいページ作りが求められます。

　さらにニュースの詳細が知りたい場合には、有料会員となったり無料のアカウントを取得するようになっているものが多いです。アカウントを取得したユーザーは、ニュースサイトにログインを行って会員ユーザーになります。匿名ユーザーのときには見出しと一部の文章

しか閲覧できなかった記事も、すべての情報が見られるようにページが切り替わります。

　もう1つ、管理ユーザー（特権ユーザー）という特別なユーザーを考えます。匿名ユーザーや会員ユーザーは記事の閲覧しかできませんでしたが、管理ユーザーは記事の編集や削除ができます。管理ユーザーでログインをしておくと、目的の記事についている編集ボタンをクリックして、記事を更新する機能が使えます。

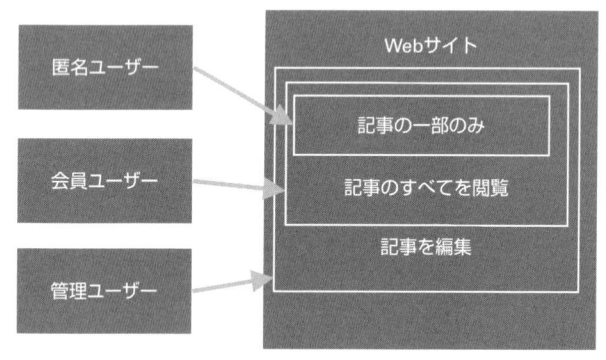

図7-4　3種類のユーザー

　匿名ユーザー、会員ユーザー、管理ユーザーの関係は、順番に権限が拡大しているようなイメージになります（図7-4）。実際のWebサイトのユーザーや権限はもっと複雑になりますが、ここではこの3種類のユーザーを作って、ASP.NET MVCアプリケーションでの閲覧方式を変えることを考えていきましょう。

　1つの方法は、3種類のユーザーごとにViewページを分けてしまうことです。匿名ユーザー専用のViewページや会員ユーザー専用のViewページなどをそれぞれ作成していきます。しかし、別々のページに分けてしまうと、ユーザーが増えるごとにViewページが増えてしまうことになり、Viewページのレイアウトなどが更新されたときの保守が大変です。

　記事の閲覧という点では、匿名ユーザーも会員ユーザーが見る記事は同じデータを共有しているので、Viewページ内になんらかの細工をして匿名ユーザーのときは一部しか閲覧できないように細工したほうがよさそうです。記事の編集機能では、匿名ユーザーや会員ユーザーから見ることができない（URLアドレスで指定できない）ような管理ユーザー専用の編集ページを用意しておくとよさそうです。

　このように各ユーザーができる／できない操作を、うまくASP.NET MVCの機能にマッチングさせて保守しやすい効率的なページ切り替えをしていきましょう。

7.1.3 | 4種類の方法

　ASP.NET MVCでは、ログイン状態によってViewページを切り替える方法がいくつかあります。それぞれ特徴があるので、使い方を示しながら検討をしてみましょう。具体的なプログラムコードは、次の「7.2　制限されたActionメソッド」から解説をします。

　ログイン機能とASP.NET MVCの各種の機能を組み合わせて、以下の4つの機能について簡単に確認しておきましょう。

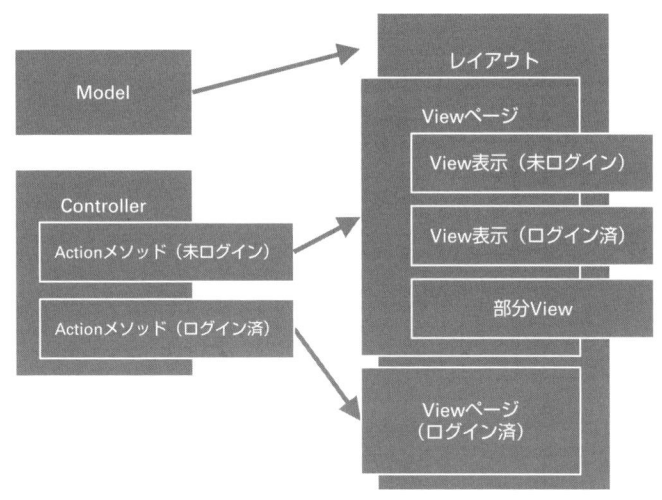

図7-5 切り替えの方法

それぞれModelクラスは共有しておき、ControllerクラスやViewページで切り替えができます。

7.1.3.1 Actionメソッドの属性

ControllerクラスのActionメソッドにAuthorize属性を付けて、ログイン時の実行を制御できます。ユーザー名やロール名（役割）によりActionメソッドの実行を制限します。

Authorize属性を付けたActionメソッドでは、ログインしていないユーザー（匿名ユーザー）の場合は実行できないため、会員ユーザーや特権ユーザーだけ動作させたいActionメソッドを制限するのに有効な機能です。

Actionメソッド単位で制限されるため、それに伴うViewページ単位で表示／非表示を制御します。

7.1.3.2 Viewページ内で切り替え

Viewページ全体ではなく、Viewページの一部の表示／非表示には、ViewページのUserプロパティを使います。ログイン状態を制御するSignInManagerクラスとユーザー権限を制御するUserManagerクラスをViewページ内で利用することで、Viewページの一部を匿名ユーザーから隠すことができます。

Viewページ全体の閲覧は特権ユーザーのとき、少し制限した場合は会員ユーザー、一部だけを匿名ユーザーが閲覧できるような、少しずつ閲覧状態を制限できる制御に向いています。

7.1.3.3 レイアウトを切り替え

Webサイト全体の共通レイアウトは、_Layout.cshtmlファイルになりますが、これをWebサイト全体やViewページ単位で指定することができます。

ViewページのLayoutプロパティにレイアウトを行うファイルを独自に指定できます。ログイン状態によって、Layoutプロパティで指定するレイアウトファイルを切り替えることにより、レイアウトファイルに指定されているトップメニューなどの表示を変えることができ

ます。

　管理ユーザーでログインしたときに、管理用メニューを表示させるようなときに有効な機能です。

■ 7.1.3.4　部分Viewの活用

　部分Viewは、Viewページ内に含まれる小さなViewになります。デスクトップアプリケーションのコントロールパーツのようなものです。Viewページと同じようにRazor構文で記述することができます。

　ASP.NET MVCアプリケーションのテンプレートでは、_LoginPartialという部分Viewが使われています。Html.PartialAsyncメソッドを使うことによって、別のViewページに書かれた記述をView内に取り込むことができます。

　Viewと同じように部分View内でも、ログイン状態の有無によって表示を変えることができます。利用するViewページのほうでは、部分Viewを利用する記述だけを書けばよいので、共通的な処理を書くときに向いています。

7.1.4 ｜ アカウントを作成する

　ログイン機能を利用する前に、具体的にユーザーを作っておきましょう。
サンプルのSampleMultiViewMvcプロジェクトを実行して、トップページの右上にある［Register］のリンクをクリックします。ログインアカウントのページが開かれるので「normal@mail.com」と「admin@mail.com」の2つのユーザーを作成しておいてください（図7-6）。

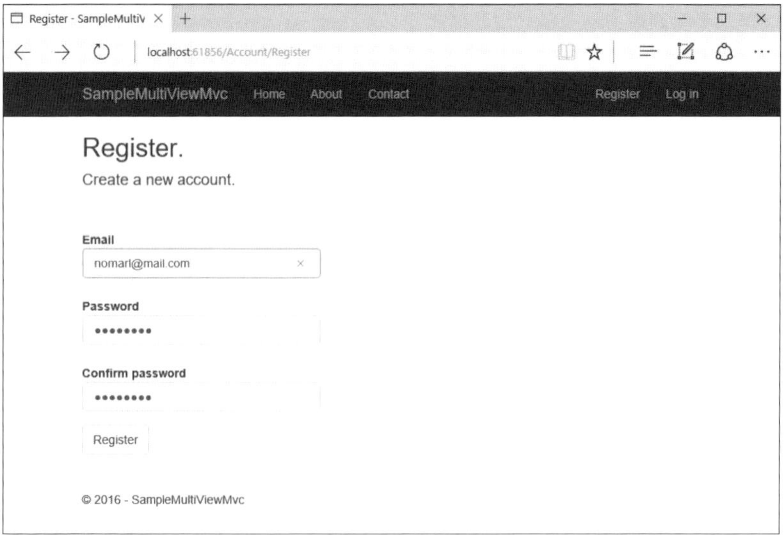

図7-6　Registerページ

　normal@mail.comは、一般的な会員ユーザーを想定しています。ログインをしていない匿名ユーザーとの違いを試していきます。admin@mail.comは、管理ユーザーを想定しています。会員ユーザーとは異なり、データの編集や削除が可能なユーザーになります。

　ログインアカウントはデータベースのAspNetUsersテーブル（図7-7）に保存されます。

列名	データ型	NULL を許容
Id	nvarchar(450)	☐
AccessFailedCount	int	☐
ConcurrencyStamp	nvarchar(MAX)	☑
Email	nvarchar(256)	☑
EmailConfirmed	bit	☐
LockoutEnabled	bit	☐
LockoutEnd	datetimeoffset(7)	☑
NormalizedEmail	nvarchar(256)	☑
NormalizedUserName	nvarchar(256)	☑
PasswordHash	nvarchar(MAX)	☑
PhoneNumber	nvarchar(MAX)	☑
PhoneNumberConfirmed	bit	☐
SecurityStamp	nvarchar(MAX)	☑
TwoFactorEnabled	bit	☐
UserName	nvarchar(256)	☑
		☐

図7-7　AspNetUsers テーブルの構造

　Id列はアカウントの識別するための文字列になります。アカウント作成時に「c7ec8bba-6f87-4f97-ad8c-a6e1843f5b00」のようなGUIDが生成されています。登録時のメールアドレスは、Email列とUserName列に保存されています。パスワードはPasswordHash列にハッシュ値となって保存されるため、パスワードそのものの文字列を取り出すことはできないようになっています。

7.1.5 | ロール機能を利用する

　ログイン用のアカウントはユーザーごとに作られますが、ロール（役割）はViewページを操作する機能ごとに作られます。ここでは、会員ユーザーとして操作できる「Normal」と、管理操作ができる「Administrator」の2つのロールを作ります。

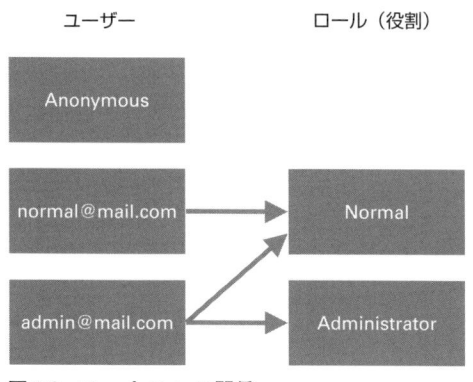

図7-8　User と Role の関係

図7-8のように一人のユーザーが複数のロールに属することができます。また、Anonymous（匿名）ユーザーのように、どのロールにも属さないユーザーを作ることも可能です。

Visual Studioで作成されるASP.NET MVCプロジェクトでは、ロールを追加するためのViewページはありません。このためロールを作成するために、Startup.csファイルのStartupプラスにseedメソッドを追加して、初回にロールを作成するためのを挿入しておきます。このコードは、ASP.NET MVCアプリケーションを起動したときに動作するもので、既にロールが作成されている場合は後から削除してもかまいません。

リスト7-1　ロールの挿入

```
public void Configure(IApplicationBuilder app, ◐
IHostingEnvironment env, ILoggerFactory loggerFactory)
{
...
    app.UseMvc(routes =>
    {
        routes.MapRoute(
            name: "default",
            template: "{controller=Home}/{action=Index}/{id?}");
    });
    seed(app.ApplicationServices);  ◀①
}

private async void seed(IServiceProvider serviceProvider)
{
    var context = new ApplicationDbContext(  ◀②
        serviceProvider.GetRequiredService<DbContextOptions<◐
ApplicationDbContext>>());
    var store = new RoleStore<IdentityRole>(context);  ◀③
    if (context.Roles.Count() == 0)  ◀④
    {
        await store.CreateAsync(new IdentityRole("Normal"));  ◀⑤
        await store.CreateAsync(new IdentityRole("Administrator"));
        await context.SaveChangesAsync();  ◀⑥
    }
}
```

①で、ロールを作成するためのseedメソッドを呼び出します。アプリケーションサービスのオブジェクトを引き渡してアカウント制御をしているデータベースに接続できるようにしておきます。

②では、引数で渡されたアプリケーションサービスのオブジェクトを使ってデータベースへ接続するコンテキストを取得し、ロールにアクセスするためのストアオブジェクトを③で作成します。

④でロールに1件もデータがない場合に、⑤のように「Normal」と「Administrator」のロールを作成します。　作成したデータを⑥でコミットします。

	Id	ConcurrencySt...	Name	NormalizedName
▶	4948e897-7ae5-43fe-aec9-7276682eeed3	d9c41b4b-5b32...	Administrator	ADMINISTRATOR
	d35d19e6-7c83-4a5f-b123-1c4e49777ff1	c9c23892-2bc0-...	Normal	NORMAL
*	*NULL*	*NULL*	*NULL*	*NULL*

図7-9　AspNetRolesテーブルの状態

　SQL Server Management StudioでAspNetRolesの状態を確認してください（図7-9）。Id列にロールを識別するためのGUIDが生成されていることが分かります。ロール名はName列に設定されます。NormalizedName列は、Name列を大文字に変換した列で、データを高速に検索するために使われます。NULLのままのときは、手動で設定してください。

　ログインユーザーのAspNetUsersテーブル（表7-1）と、ロールのAspNetRolesテーブル（表7-2）を結び付けるためのテーブルが、AspNetUserRolesになります（表7-3）。AspNetUserRolesテーブルは、UserIdとRoleIdの2つの列を持ちます。

表7-1　AspNetUsersテーブルのデータ例

Id	Email	UserName
8789132d-f5b9-4125-8170-e6b5e553ddc0	admin@mail.com	admin@mail.com
b7feb062-0beb-44af-a712-a56902d92bc1	normal@mail.com	normal@mail.com

表7-2　AspNetRolesテーブルのデータ例

Id	
4948e897-7ae5-43fe-aec9-7276682eeed3	Administrator
d35d19e6-7c83-4a5f-b123-1c4e49777ff1	Normal

表7-3　AspNetUserRolesテーブルのデータ例

UserId	RoleId
8789132d-f5b9-4125-8170-e6b5e553ddc0	4948e897-7ae5-43fe-aec9-7276682eeed3
8789132d-f5b9-4125-8170-e6b5e553ddc0	4948e897-7ae5-43fe-aec9-7276682eeed3
b7feb062-0beb-44af-a712-a56902d92bc1	d35d19e6-7c83-4a5f-b123-1c4e49777ff1

　先に示した「図7-8　UserとRoleの関係」のように、admin@mail.comユーザーが「Administrator」と「Normal」の2つのロールに属し、normal@mail.comユーザーが「Normal」ロールに属するように設定します。これらのデータは、SQL Server Management Studioなどで直接設定します。

　実験用にユーザーとロールを作成したい場合は、PeopleControllerクラスに初期化用のInitメソッドを追加してブラウザーから呼び出す方法もあります（リスト7-2）。

リスト7-2　**PeopleController.Init**メソッド

```
public class PeopleController : Controller
{
```

```csharp
    private readonly ApplicationDbContext _context;
    private readonly UserManager<ApplicationUser> _userManager;

    public PeopleController(    ←⑦
        UserManager<ApplicationUser> userManager,
        ApplicationDbContext context)
    {
        _userManager = userManager;
        _signInManager = signInManager;
        _context = context;
    }

    public async Task<IActionResult> Init()    ←⑧
    {
        // ユーザーを作成する
        if ( _userManager.Users.Count() == 0 )    ←⑨
        {
            await _userManager.CreateAsync(new ApplicationUser() {
                Email = "admin@mail.com", UserName = "admin@mail.↩
com" });
            await _userManager.CreateAsync(new ApplicationUser() {
                Email = "noraml@mail.com", UserName = "noraml@mail.↩
com" });
            await _context.SaveChangesAsync();
        }
        // ロールを作成する
        if ( _context.Roles.Count() == 0 )    ←⑩
        {
            var roles = new RoleStore<IdentityRole>(_context);
            await roles.CreateAsync(new IdentityRole("Normal"));
            await roles.CreateAsync(new IdentityRole↩
("Administrator"));
            await _context.SaveChangesAsync();
        }
        // ユーザーをロールに結び付ける
        if ( _context.UserRoles.Count() == 0 )    ←⑪
        {
            var admin = _context.Users.First(u => u.UserName == ↩
"admin@mail.com");
            var normal = _context.Users.First(u => u.UserName == ↩
"normal@mail.com");
            await _userManager.AddToRoleAsync( admin, ↩
"Administrator" );
            await _userManager.AddToRoleAsync( admin, "Normal");
            await _userManager.AddToRoleAsync( normal, "Normal");
            await _context.SaveChangesAsync();
        }
        return NoContent();
    }
```

```
        ...
    }
```

　Controllerクラスのコンストラクタを⑦のように修正して、UserManagerオブジェクトを取得できるようにします。

　⑧のように初期化用のInitメソッドを作ります。ブラウザーから「http://localhost/people/Init」と呼び出すと、このActionメソッドが呼び出されます。

　⑨で2つのユーザーを作成します。

　⑩で2つのロールを作成します。

　ユーザーに対してロールを⑪で割り付けます。

7.1.6 | ログイン状態の確認

　最後にログイン状態を確認しておきましょう。ASP.NET MVCアプリケーションをデバッグ実行して、ブラウザーの左上にある［Log in］のリンクをクリックします。

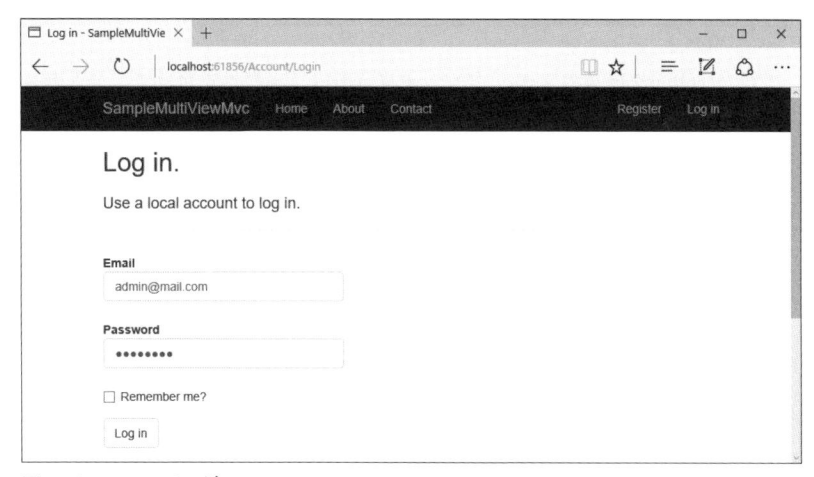

図7-10　Loginページ

　EmailとPasswordを設定して、「admin@mail.com」と「normal@mail.com」でログインできることを確認してください（図7-10）。

　ログインに成功すると、左上に「Hello admin@mail.com!」に表示が切り替わります（図7-11）。

　次からは、このユーザーとロールを使ってページの表示を切り替えていきましょう。

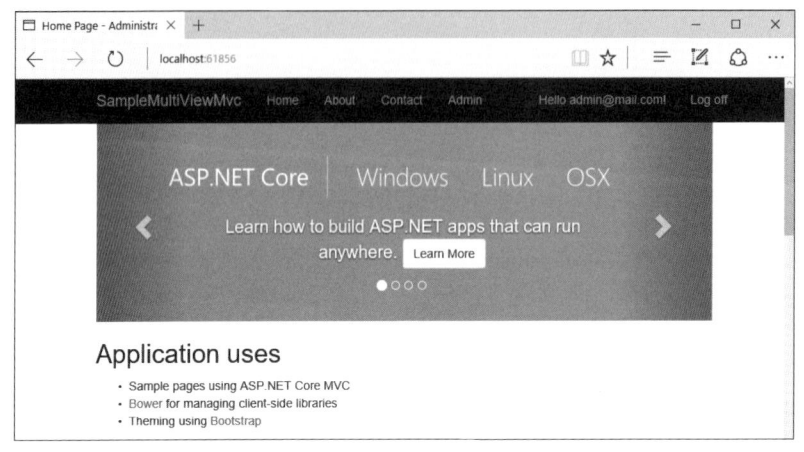

図7-11　ログインした状態

7.2 制限されたActionメソッド

Controllerクラスの Action メソッドに Authorize 属性を付けて、アクセス制限を行う方法を解説します。Authorize 属性では、Webサイトへのログイン状態の有無とロールによる制限を使ってみましょう。

7.2.1 ログイン状態で制限する

ログイン状態によって、Action メソッドを制限するためには Authorize 属性を使います。このとき、2種類の方法があります。Authorize 属性を付ける位置によって制限される範囲が異なります。

Controller クラスに Authorize 属性を付けた場合（リスト7-3）は、クラス全体の Action メソッド呼び出しが制限されます。会員ユーザー（normal@mail.com）や管理ユーザー（admin@mail.com）でログインしているときには、「http://localhost/People/」内の View ページにアクセスできますが、ログインをしていない匿名ユーザー（Anonymous）の場合はすべての View ページが表示できなくなります（図7-12）。あるディレクトリを完全にログイン済みのユーザー以外に表示させない場合は、この方法を使います。

リスト7-3　クラスに付加

```
[Authorize]
public class PeopleController : Controller
{
    private readonly ApplicationDbContext _context;
    public PeopleController(
        ApplicationDbContext context)
    {
```

```
        _context = context;
    }
```

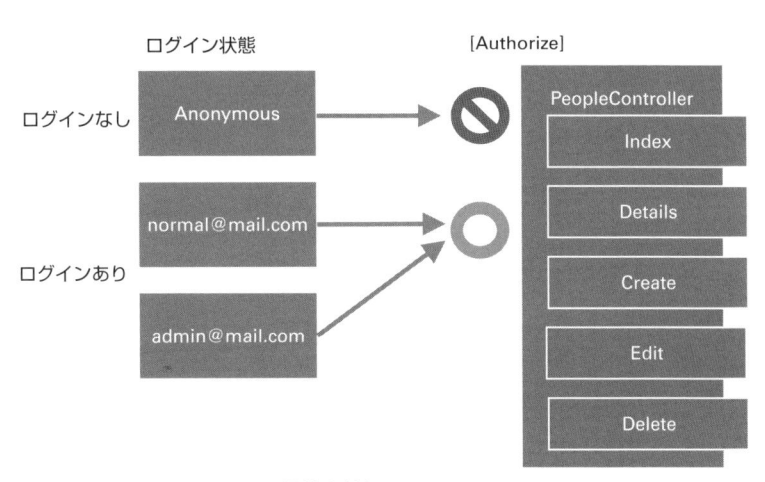

図7-12　クラスに Authorize 属性を付加

　匿名ユーザーのまま http://localhost/People/ にアクセスすると、自動的にログイン用の
ページにジャンプします（図7-13）。

図7-13　ログインページ

　もう1つ、Controller クラスが持つそれぞれの Action メソッドに Authorize 属性を付ける方
法があります。この場合は、元となる PeopleController クラスへのアクセスは無制限にでき
ますが、特定の Action メソッドだけをログインユーザーで制限します（図7-14）。
　スキャフォールディング機能で作成したデータ編集のためのメソッド（Create、Edit、
Delete）に Authorize 属性を付けた場合（リスト7-4）、ログインをしていない匿名ユーザーの
ときは、この3つのメソッドにはアクセスできません。それに対して一覧を表示するための

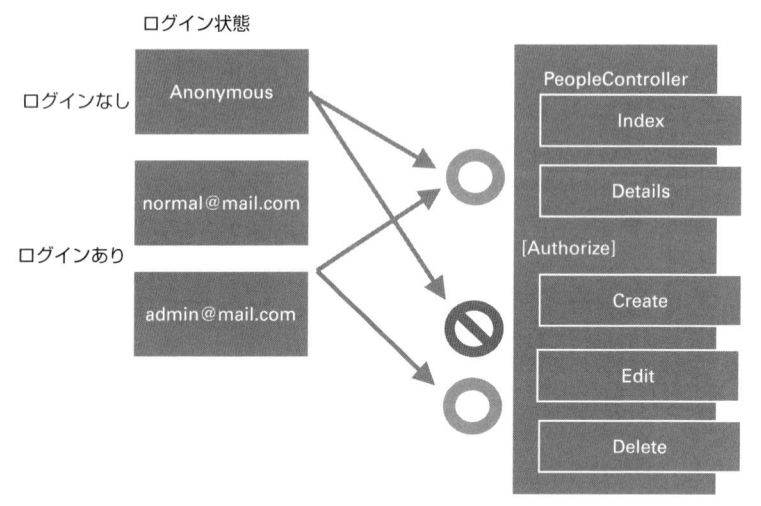

図7-14　ActionメソッドにAuthorize属性を付加

Indexメソッドや詳細表示のためのDetailsメソッド呼び出しは可能で、それぞれに対応する
Viewページを開くことができます。

リスト7-4　**Edit**メソッドに付加

```
[Authorize]
public async Task<IActionResult> Edit(int? id)
{
    if (id == null)
    {
        return NotFound();
    }
```

　一覧表示や詳細表示などのデータの表示だけを匿名ユーザーに許可し、編集機能が必要な
ときは適宜ログインを行うという使い方をします。

7.2.2 ｜ 匿名ユーザーを許可する

　ControllerクラスがたくさんのActionメソッドを持っている場合、ログイン状態で制御す
るために、1つ1つのActionメソッドにAuthorize属性を付けていくのは大変です。先の編集
機能のように、ログインをしていないユーザーには一覧のみを表示させて、それ以外の操作
を禁止するようなときは、AllowAnonymous属性を使うと便利です。
　ControllerクラスにAuthorize属性を付けて、全てのActionメソッドのアクセス制限を付
加したあとで、匿名ユーザーに許可したいActionメソッドだけにAllowAnonymous属性を付
けます。クラス全体を制限したあとで、必要な分だけのActionメソッドを実行できるように
許可する方法です。

図7-15では、AllowAnonymous属性を付けていないCreate、Edit、Deleteの3つのメソッ
ドはログインをしていない匿名ユーザーでは実行できなくなります。

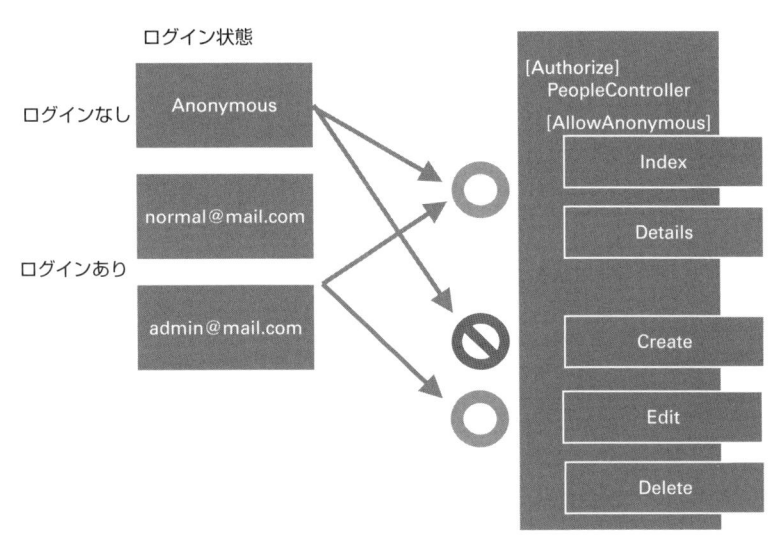

図7-15 AllowAnonymous属性で許可する

7.2.3 | ロールを指定する

今まではログイン状態の有無によってActionメソッドの実行を制限していましたが、ロー
ルによって実行を制限することができます。

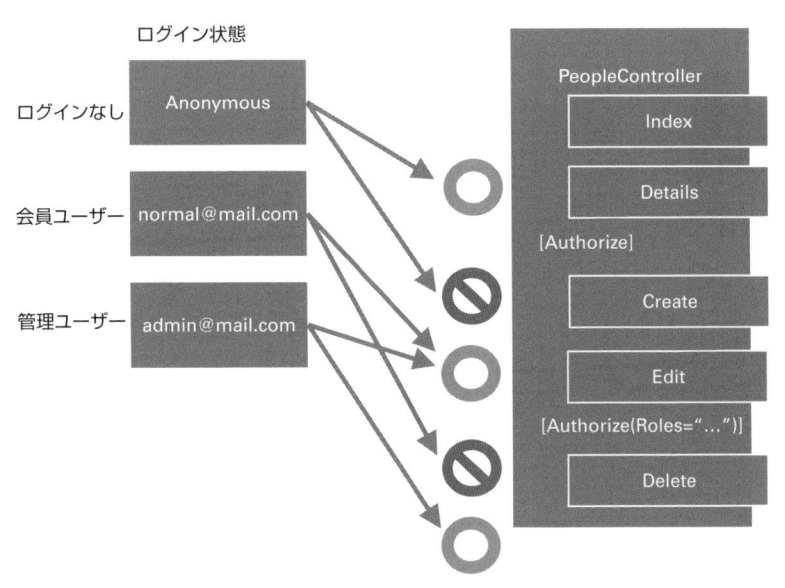

図7-16 ロールを指定する

　ログインしているユーザーの種類が会員（Normal）と管理（Administrator）としているときに、管理ユーザーのみ、データの削除をできるようにしてみましょう（リスト7-5）。

　Authorize属性には、Rolesという引数を使ってロール名を指定できます。この場合は、Roles引数で指定したロールを持つユーザーだけがActionメソッドを実行できます。

リスト7-5　**Delete**メソッドに付加

```
[Authorize(Roles = "Administrator")]
public async Task<IActionResult> Delete(int? id)
{
    if (id == null)
    {
        return NotFound();
    }
```

　会員ユーザー（normal@mail.com）でDeleteページにアクセスしようとすると、図7-17のようにHTTP 404のエラーが表示されます。

図7-17　**会員ユーザーでDeleteページをアクセスしたとき**

　一覧を表示するIndexページでは、データの編集のための［Edit］／［Details］／［Delete］の3つのリンクが表示されています。会員ユーザーがうっかりDeleteのリンクをクリックしてしまうかもしれず、ちょっと不親切です。

　ロールによる制御を行ったとき、アクセス時に404エラーが表示されるよりも、［Delete］のリンクが表示されないようにしてしまうほうがIndexページのレイアウトとしては適切でしょう。これはログイン状態をViewページ内で制御することで実現できます。

7.3 | 制限されたViewページ

　ControllerクラスのActionメソッドでは、Viewページ単位でアクセス制限が行われます。これとは異なり、Viewページ内で細かく制御できる方法を解説します。Razor構文を使い、Userプロパティと条件文を使いながら、Viewページに表示を変えていきます。

7.3.1 Userプロパティを利用

Viewページには、ログイン時のユーザーを保持するためのUserプロパティがあります。ClaimsPrincipalクラスから生成されるオブジェクトは、いくつかの状態を保持しています。

ここでは、ログイン状態の有無を保持しているUser.Identity.IsAuthenticatedプロパティと、指定したロールに属しているかどうかをチェックするUser.IsInRoleメソッドを使います。

7.3.1.1 ログイン状態をチェック

User.Identity.IsAuthenticatedプロパティの戻り値は、bool値になります。ログインしていない状態の場合はfalse、ログインしている状態がtrueになり、User.Identity.Nameプロパティでログイン時のユーザー名を取得することができます。

ログイン状態の表示は、Views/Shared/_LoginPartial.cshtmlファイルの中でも記述がされています。_LoginPartialは、ログイン時に左上にユーザー名を表示するためのパーツです。

Userプロパティではなく、SignInManagerクラスを使うことでも、リスト7-6のようにログイン状態を取得することができます。

リスト7-6　**SignInManager**クラスの利用

```
@inject SignInManager<ApplicationUser> SignInManager
...
@if (SignInManager.IsSignedIn(User)) {
    ログイン時の表示
} else {
    ログインしていないときの表示
}
```

この方法は、Userプロパティを持たないControllerクラスのActionメソッドでも利用できます。

7.3.1.2 ユーザーがロールに属しているかチェック

ユーザーは複数のロールに属することができます。このため、ロール名を指定して、そのロールに属しているかどうかをチェックするためのUser.IsInRoleメソッドを使います。例えば、Administratorロールに属しているかどうかをチェックしたい場合は、User.IsInRole("Administrator")を使います。属していれば、trueを返します。

Userプロパティを持たないControllerクラスでは、ロールの情報にアクセスするときはUserManagerクラスを使います。Viewページでは、@inject文を使ってリスト7-7のように記述します。

リスト7-7　**UserManager**クラスの利用

```
@inject UserManager<ApplicationUser> UserManager
...
@if ( await UserManager.IsInRoleAsync(
    await UserManager.GetUserAsync(User), "Administrator" )) {
  指定ロールに属しているとき
```

```
} else {
    指定ロールに属していないとき
}
```

　UserManagerクラスのGetUserAsyncメソッドで、ApplicationUserオブジェクトを取得して、IsInRoleAsyncメソッドでロールに属しているかどうかをチェックします。非同期メソッドなので、awaitキーワードを使います。

　ApplicationUserクラスは、ASP.NET MVCプロジェクトのテンプレートで使われるIdentityUserクラスを継承したユーザー情報です。このApplicationUserクラスを書き換えることで、独自のプロパティや情報を保持させることができます。これを使って、Viewページで表示を切り替えることも可能です。

7.3.2 | ユーザーの状態でViewページを書き換える

　では、詳細ページ（Details.cshtml）をログイン時の状態に従って表示を変えてみましょう。

　User.Identity.IsAuthenticatedプロパティとUser.IsInRoleメソッドを使って、匿名ユーザー、会員ユーザー、管理ユーザーの三者での表示を変えていきます。

　Detailsページを個人情報の表示に見立てて、匿名ユーザーの場合には情報を少なくし、管理ユーザーの場合にはすべてのデータを表示するようにします。

リスト7-8　修正した**Details.cshtml**

```
@model SampleMultiViewMvc.Models.Person
@{
    ViewData["Title"] = "Details";
}
<h2>Details</h2>
<div>
    <h4>Person</h4>
    <hr />
    <dl class="dl-horizontal">
        <dt>
            @Html.DisplayNameFor(model => model.EmployeeNo)
        </dt>
        <dd>
            @Html.DisplayFor(model => model.EmployeeNo)
        </dd>
        <dt>
            @Html.DisplayNameFor(model => model.Name)
        </dt>
        <dd>
            @Html.DisplayFor(model => model.Name)
        </dd>
        <dt>
            @Html.DisplayNameFor(model => model.IsAttendance)
```

```
    </dt>
    <dd>
        @Html.DisplayFor(model => model.IsAttendance)
    </dd>

    <!-- 以下はログインユーザーのみ表示可能 -->
    @if ( User.Identity.IsAuthenticated ) {    ←①
    <dt>
        @Html.DisplayNameFor(model => model.Email)
    </dt>
    <dd>
        @Html.DisplayFor(model => model.Email)
    </dd>
    <dt>
        @Html.DisplayNameFor(model => model.Blog)
    </dt>
    <dd>
        @Html.DisplayFor(model => model.Blog)
    </dd>

    <!-- 以下は管理者のみ表示可能 -->
        @if ( User.IsInRole("Administrator")) {    ←②
    <dt>
        @Html.DisplayNameFor(model => model.Age)
    </dt>
    <dd>
        @Html.DisplayFor(model => model.Age)
    </dd>
    <dt>
        @Html.DisplayNameFor(model => model.Hireate)
    </dt>
    <dd>
        @Html.DisplayFor(model => model.Hireate)
    </dd>
        }
    }
    </dl>
</div>
<div>
    <a asp-action="Edit" asp-route-id="@Model.Id">Edit</a> |
    <a asp-action="Index">Back to List</a>
</div>
```

①で、User.Identity.IsAuthenticatedプロパティを使い、ログイン済のユーザーだけメールアドレス（Email）やブログのURLアドレス（Blog）の表示を行います。ログインをしていない匿名ユーザーの場合は、社員番号（EmployeeNo）と名前（Name）、出社状態（IsAttendance）の3つだけが表示されます。

さらに②でUser.IsInRoleメソッドを使い、管理者ロール（Administrator）に属しているかどうかをチェックしています。Administratorに属していれば、さらに年齢（Age）と入社日（Hireate）を表示させています。

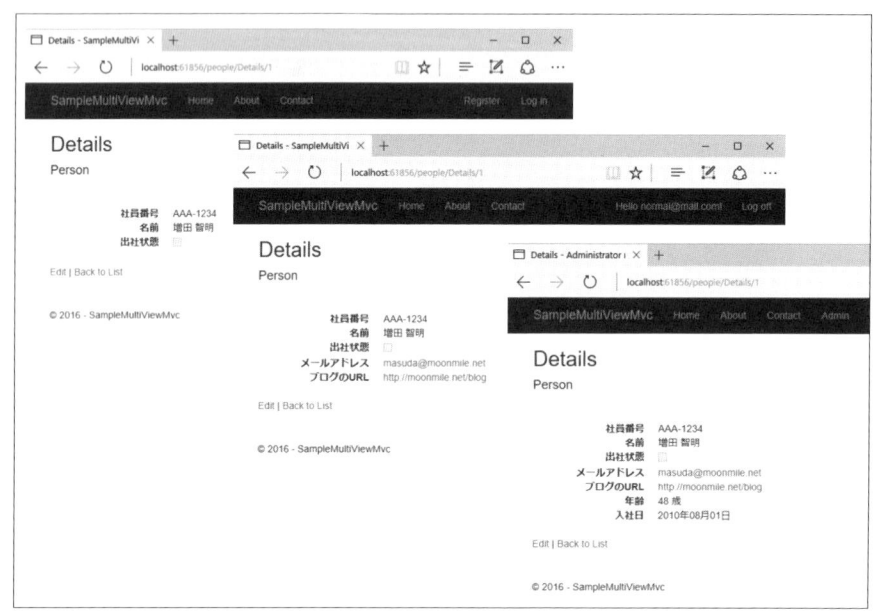

図7-18　ログイン状態による表示の違い

未ログインのときと、normal@mail.com、admin@mail.comでログインしたいときの状態を確認してみましょう。それぞれの状態で、表示されている情報が異なることが分かります（図7-18）。

7.3.3 │ Indexページを書き換える

一覧ページ（Index.cshtml）を修正して、EditとDeleteのリンクの表示を制御してみましょう（リスト7-9）。詳細ページ（Details.cshtml）と同じように、User.Identity.IsAuthenticatedプロパティと、User.IsInRoleメソッドを使います。

リスト7-9　修正した**Index.cshtml**

```
@foreach (var item in Model) {
  ...
  <!-- ログイン状態でボタンを切り替える -->
  @if (User.Identity.IsAuthenticated) {  ◀①
          <a asp-action="Edit" asp-route-id="@item.Id">◯
Edit</a> <span>|</span>
  }
```

```
                    <a asp-action="Details" asp-route-id="@item.↺
  Id">Details</a>
    @if (User.IsInRole("Administrator")) { ←②
                    <span>|</span> <a asp-action="Delete" asp-route-↺
  id="@item.Id">Delete</a>
    }
    ...
  }
```

①で、User.Identity.IsAuthenticatedプロパティをチェックし、［Edit］ボタンをログイン状態の場合のみ表示させます。

②で、User.IsInRoleメソッドを使い、ユーザーがAdministratorに属しているかどうかをチェックして、［Delete］ボタンの表示を制御します。

このように、ユーザーによってViewページの一部を変更して表示させることができます。ただし、部分的な表示であれば、User.Identity.IsAuthenticatedプロパティなどを使い一部を変更するほうがよいのですが、Viewページ全体が大きく変わる場合は、Controllerクラスの ActionメソッドでViewページ名を指定するとよいでしょう。

また、全体のレイアウトが異なる場合は、「7.4　レイアウトの自動切り替え」からの_ ViewStart.cshtmlファイルを修正していきます。

7.4 | レイアウトの自動切り替え

これまで、ControllerクラスのActionメソッドや、Viewページに分岐のコードを埋め込んで画面の表示を変えてきました。

今度は、メニューやタイトルなどを表示してる共通のレイアウトを切り替えてみましょう。

7.4.1 | レイアウトの指定場所

Viewページのレイアウトの指定はLayoutプロパティに設定します。スキャフォールディングでCRUD機能を自動生成するときや［ビューの追加］ダイアログでは、［レイアウトページを使用する］にチェックを入れると、自動的にLayoutプロパティの値が初期値の「_Layout」に設定されます（図7-19）。

図7-19　［ビューの追加］ダイアログ

ソリューションエクスプローラーを見る
と、[Views]フォルダー内に_ViewStart.
cshtmlファイルがあります(図7-20)。この
ファイルがViewページを表示するときに
最初に読み込まれて、Layoutプロパティの
値を設定します。

_ViewStart.cshtmlファイルを開くと、
Layoutプロパティに「_Layout」を設定して
いるコードがあります(リスト7-10)。この
「_Layout」は、[Views/Shared]フォルダー
内にある_Layout.cshtmlファイルに対応します。

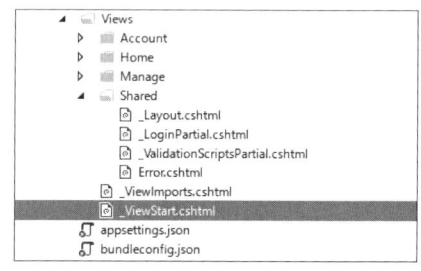

図7-20　ソリューションエクスプローラー

リスト7-10　**_ViewStart.cshtml**

```
@{
    Layout = "_Layout";
}
```

つまり、全体のレイアウトを同時に変更したい場合は、_ViewStart.cshtmlファイルの
Layoutプロパティの値を変更し、個別にレイアウト指定したい場合はViewページでLayout
プロパティを指定することになります。

例えば、Index.cshtmlの最初で、Layoutプロパティの値にnullを設定すると、_Layout.
cshtmlファイルを読み込まないIndexページが表示されるようになります(リスト7-11)。

リスト7-11　レイアウトを使わない**Index.cshtml**

```
@model IEnumerable<SampleMultiViewMvc.Models.Person>
@{
    ViewData["Title"] = "Index";
    // レイアウトを使わない
    Layout = null;
}
```

図7-21　レイアウトを使わないIndexページ

装飾のない状態でデータを確認したいときに有効に使えます。

7.4.2 │ 管理者用のレイアウトを作る

　では、ログインしたユーザーがAdministratorのときのみレイアウトを変更してみましょう。ソリューションエクスプローラーで、_Layout.cshtmlをコピーして「_LayoutAdmin.cshtml」というファイルを作ります。ファイル名は分かりやすい名前であれば、変更しても構いません。

リスト7-12　**_LayoutAdmin.cshtml**の変更

```
<div class="navbar-collapse collapse">
    <ul class="nav navbar-nav">
        <li><a asp-area="" asp-controller="Home" asp-action=↻
"Index">Home</a></li>
        <li><a asp-area="" asp-controller="Home" asp-action=↻
"About">About</a></li>
        <li><a asp-area="" asp-controller="Home" asp-action=↻
"Contact">Contact</a></li>
        <li><a asp-area="" asp-controller="People" asp-action=↻
"Index">Admin</a></li>  ←①
    </ul>
    @await Html.PartialAsync("_LoginPartial")
</div>
```

　管理者モードであることが分かるように、①のように新しいメニューを追加しておきます（リスト7-12）。bodyタグのスタイルを変えて背景色を設定してもよいでしょう。リンク先は［People］フォルダーのIndexページになります。

7.4.3 │ 管理者のときにレイアウトを変更する

　再び、Views/_ViewStart.cshtmlファイルを開いて、ロールがAdministratorのときにレイアウトが_LayoutAdmin.cshtmlファイルを読み込むように変更します（リスト7-13）。

リスト7-13　**_ViewStart.cshtml**

```
@{
    Layout = "_Layout";
    if ( User.Identity.IsAuthenticated )  ←①
    {
        if (User.IsInRole("Administrator"))  ←②
        {
            // 管理者のときレイアウトを変更する
            Layout = "_LayoutAdmin";  ←③
        }
    }
}
```

①で、User.Identity.IsAuthenticatedプロパティをチェックして、ログイン状態を確認します。

②で、ログイン済みのユーザーがロールの「Administrator」に含まれていることを確認します。

管理者モードのときに、③でLayoutプロパティの値を「_LayoutAdmin」に変更します。

ここでは、ユーザー認証を使ってレイアウトを変更していますが、ASP.NET MVCアプリケーションの起動状態をチェックして読み込むレイアウトを変更することもできます。

リスト7-14 **EnvironmentName**をチェック

```
@inject Microsoft.AspNetCore.Hosting.IHostingEnvironment Env
@{
    Layout = "_Layout";
    if ( Env.EnvironmentName == "Development")
    {
        Layout = "_LayoutDebug";
    }
}
```

プロジェクトで設定されている環境変数ASPNETCORE_ENVIRONMENTの値をチェックして、レイアウトを変更します（リスト7-14）。この環境変数は、プロジェクトのプロパティを開きデバッグのタブで確認ができます。

7.4.4 | **動作を確認する**

では、実際に動作を確認してみましょう。プロジェクトをデバッグ実行して、管理者ユーザーであるadmin@mail.comでログインをします。

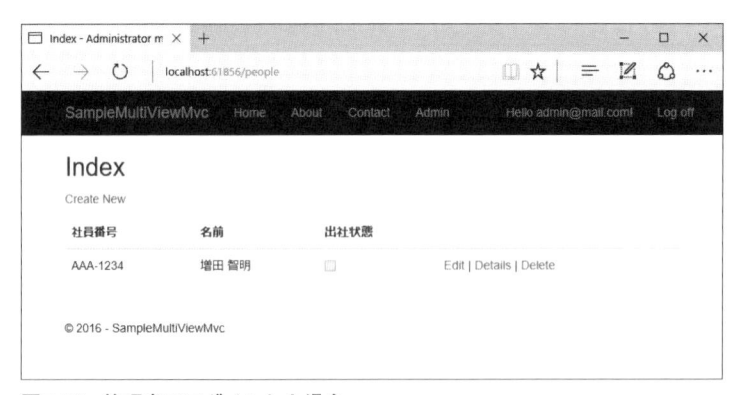

図7-22 管理者でログインした場合

ログインしてトップページを開くと、メニューに［Admin］が追加されていることが分かります（図7-22）。このAdminのリンクをクリックしてPeople/Indexページを開いたときも、メニューに［Admin］が追加されています。

　このようにユーザーの権限やASP.NET MVCアプリケーションの条件によって、共通レイアウトを自由に切り替えられます。

7.5 部分ビューの活用

　最後にViewページの部品としての部分ビューの解説をしましょう。Viewページを構成するときに、何度も使われるコードがある場合は、部分ビューとして取り出すと再利用が可能になります。

7.5.1 ログイン状態の部分ビュー

　ASP.NET MVCアプリケーションをログイン認証付きで作成すると、ログイン状態を表示するための部分ビュー（_LoginPartial.cshtml）がレイアウトに追加されます。ログインしていない状態では［Register］と［Log in］のリンクが表示され、ログインした状態では「Hello noraml@mail.com!」のようにユーザー名と［Log off］のボタンが表示されます。
　これらの表示は、直接レイアウトページ（_Layout.cshtml）に記述されているのではなく、部分ビューとして_LoginPartial.cshtmlファイルに独立しています（リスト7-15）。
　部分ビューは［Views/Shared］フォルダー内に配置されています。

リスト7-15　**_LoginPartial.cshtml**

```
@using Microsoft.AspNetCore.Identity
@using SampleMultiViewMvc.Models

@inject SignInManager<ApplicationUser> SignInManager
@inject UserManager<ApplicationUser> UserManager

@if (SignInManager.IsSignedIn(User))   ◀①
{
    <form asp-area="" asp-controller="Account" asp-action="LogOff"
        method="post" id="logoutForm" class="navbar-right">
        <ul class="nav navbar-nav navbar-right">
            <li>
                <a asp-area="" asp-controller="Manage" asp-action↩
="Index"
                    title="Manage">Hello @UserManager.GetUserName↩
(User)!</a>   ◀②
            </li>
            <li>
                <button type="submit" class="btn btn-link ↩
navbar-btn navbar-link">Log off</button>
            </li>
        </ul>
```

```
        </form>
    }
    else
    {
        <ul class="nav navbar-nav navbar-right">  ←③
            <li><a asp-area="" asp-controller="Account" asp-action=⟳
"Register">Register</a></li>
            <li><a asp-area="" asp-controller="Account" asp-action=⟳
"Login">Log in</a></li>
        </ul>
    }
```

　①でログイン状態を判別して、ログインしている状態としていない状態の表示を切り替えます。
　ログインしているときには、②のようにユーザー名と［Log off］ボタンを表示しています。ログインしてないときは、③のように［Log in］のリンクを表示させています。
　部分ビューをViewページから利用するときには、Html.PartialAsyncメソッドやHtml.Partialメソッドを使います。それぞれのメソッドは非同期と同期の違いになるだけで、どちらも同じように部分ビューをViewページに組み入れることができます（リスト7-16）。

リスト7-16　部分ビューの読み込み

```
// 非同期読み込み
@await Html.PartialAsync("_LoginPartial")
// 同期読み込み
@Html.Partial("_LoginPartial")
```

　Html.PartialAsyncとHtml.Partialメソッドは、最初にカレントの［Views］フォルダー（［/Views/People］など）を探索したあとに、［/Views/Shared］フォルダーを探索します。

7.5.2 | 部分ビューを作成

　ASP.NET MVCの部分ビューは、通常のViewと同じように作成します。ここではユーザー名と時刻を表示するための_Parts.cshtmlを作ってみましょう（図7-23）。
　_Parts.cshtmlファイルは、［/Views/People］フォルダー内に作成しておきます。

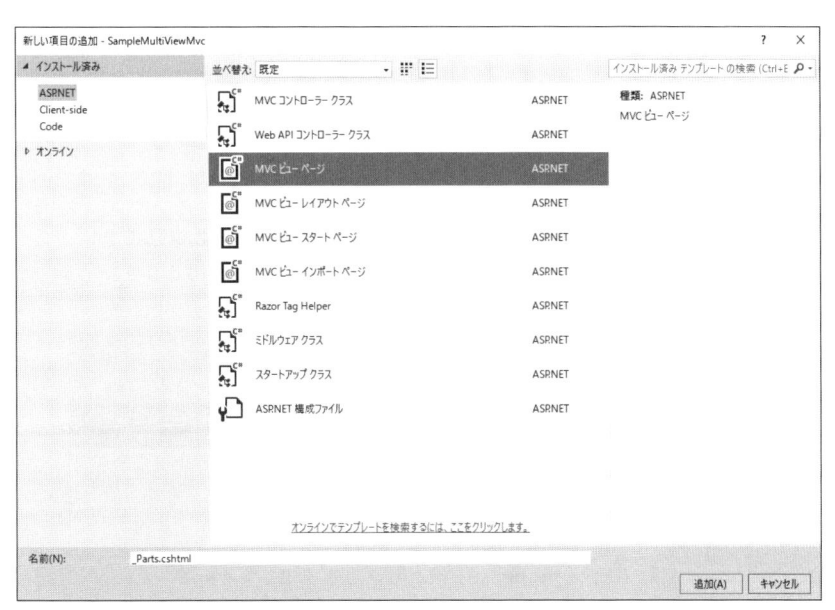

図7-23 ［新しい項目の追加］ダイアログ

リスト7-17 **_Parts.cshtml**

```
@{
    var name = ViewBag.UserName;   ←①
}
<div style="font-size:20pt">
    @name さん、こんにちは at @DateTime.Now.ToString()   ←②
</div>
```

　ユーザー名は呼び出し元のViewページから、①のようにViewBagオブジェクトを使って引き渡して貰います。
　②でユーザー名と現在の日時を表示するような簡単な部分ビューです。
　この部分ビューをIndex.cshtmlから呼び出します。

リスト7-18 **Index.cshtml**

```
@model IEnumerable<SampleMultiViewMvc.Models.Person>
@{
    ViewData["Title"] = "Index";

    if (User.Identity.IsAuthenticated)   ←③
    {
        ViewBag.UserName = User.Identity.Name;
    }
    else
    {
```

```
        ViewBag.UserName = "匿名";
    }
}
...
@Html.Partial("_Parts")  ◀─④
```

部分ビューに引き渡す ViewBag.UserNameの値を③で設定します。
④で、Html.Partialメソッドを使って部分ビューを呼び出します。

図7-24　未ログイン状態のとき

　ログインしていない状態では、ViewBag.UserNameの値が「匿名」になっています（図
7-24）。このように部分ビューを使って手軽にViewページを部品に分解できます。ASP.NET
MVCアプリケーションの全体を統一するためにはレイアウトを使い、サイドバーやメッセー
ジなどのパーツは部分ビューを使うと、Webサイトのデザインが統一化されます。

7.6 | この章のチェックリスト

　この章では、ASP.NET MVCのユーザー認証の機能などを使いながら、Viewページの表示
を切り替えてきました。どのような方法で画面を切り替えるのかを再チェックしてみましょう。

✔チェックリスト

① ユーザーのログインによるViewページのアクセス制限を掛けるときに、ログインしたユーザー名でチェックする方法と、ログインしたユーザーが属している A を使う方法があります。ユーザー名の場合は一人のユーザー名で区別をしなければいけませんが、 A を使うと複数のユーザーに一括してアクセス制限を掛けられます。

② ControllerのActionメソッド単位でアクセス制限を付ける場合は、 B 属性を使います。それぞれのActionメソッドに B 属性を付けるか、Controllerクラスに B 属性を付けた後に匿名ユーザーを許可させるActionメソッド（Indexメソッドなど）に C 属性を付けます。

③ Viewページ内でアクセス制限の機能を使う場合は、 D プロパティを使います。ユーザーがログインしているかどうかをチェックするために「 D .Identity.IsAuthenticated」を使い、ユーザーが指定のロールに属しているかどうかを「 D .IsInRole(ロール名)」でチェックします。

④ Viewページのレイアウトは E プロパティに設定されています。共通レイアウトを使っているときには「 F 」が設定されています。レイアウトファイルは、[Views/Shared] フォルダー内にあります。

答え

①A　ロール

②B　Authorize　　　C　AllowAnonymous

③D　User

④E　Layout　　　　F　_Layout

第8章
Web API

この章では、Web APIアプリケーションのCRUD機能を詳しく説明したあとに、具体的にさまざまなクライアントでWeb APIの呼び出しを試していきます。ASP.NET MVCアプリケーションでは、クライアントはブラウザのみでしたが、Web APIではいろいろな環境を使って活用ができます。ASP.NETを使った利用範囲の広いWeb APIを学んでいきましょう。

8.1 | Web API プロジェクトを活用

Visual Studioでは、ASP.NET MVCアプリケーションを作るときと同じように、Web APIプロジェクトのひな型があります。この章では、このひな型を使ってWeb APIの解説をします。

最初に、Web APIプロジェクトを作成して、データベースの接続を行うところまでを済ませましょう。

8.1.1 | Web APIプロジェクトを作成する

Visual Studioを起動して、メニューから［ファイル］→［新規作成］→［プロジェクト］を選択し、［新しいプロジェクト］ダイアログを開きます（図8-1）。利用するプロジェクトのテンプレートは、［Visual C#］→［Web］の中から「ASP.NET Core Web Applicaiton(.NET Core)」を使います。プロジェクトの名前は「SampleWebApi」のように入力します。

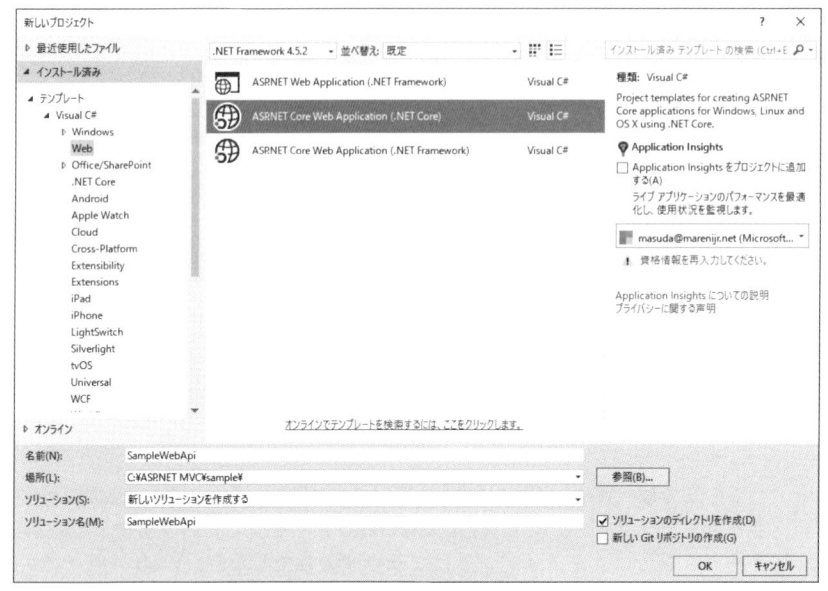

図8-1 ［新しいプロジェクト］ダイアログ

［OK］ボタンをクリックすると、引き続き［New ASP.NET Core Web Applicaiton (.NET Core)］ダイアログが開きます（図8-2）。ここではASP.NET Coreで作成できる3種類のプロジェクトテンプレートが選択できるので、Web APIプロジェクトのひな型を作成するために［Web API］を選択します。［認証の変更］は変更せず、認証なしのままにしておきます。

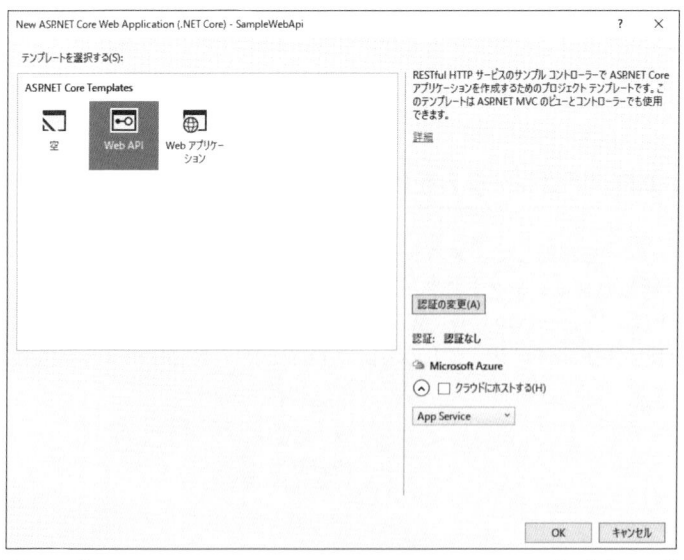

図8-2 ［New ASP.NET Core Web Applicaiton (.NET Core)］ダイアログ

　ASP.NET MVCアプリケーションの場合、［認証の変更］をするとローカルデータベースを自動的に作成してくれるのですが、Web APIアプリケーションの場合は［個別のユーザーアカウント］の設定ができないため、認証なしのままにしておきます。データベースを扱うための設定などは、project.jsonを手動で編集します。

　ただし、試験的にWeb APIを使いたい場合は、ここで［Webアプリケーション］を選択したあとに、ソリューションエクスプローラーでWeb API用のControllerクラスを追加してもよいでしょう。

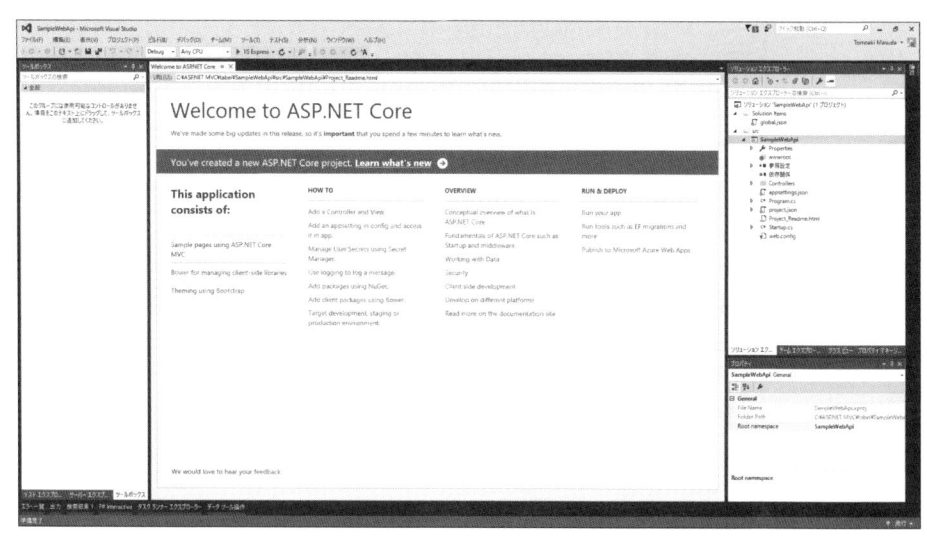

図8-3　Web APIプロジェクトのひな型

　ソリューションエクスプローラーを見ると、ASP.NET MVCアプリケーションとは違って［Controllers］フォルダーのみができていることが分かります（図8-4）。Web APIアプリケーションは、ASP.NET MVCアプリケーションのControllerクラスのみを取り出した形をしています。そのほかの設定（appsettings.jsonやStartup.csなど）は、ASP.NET MVCアプリケーションの知識を流用できます。

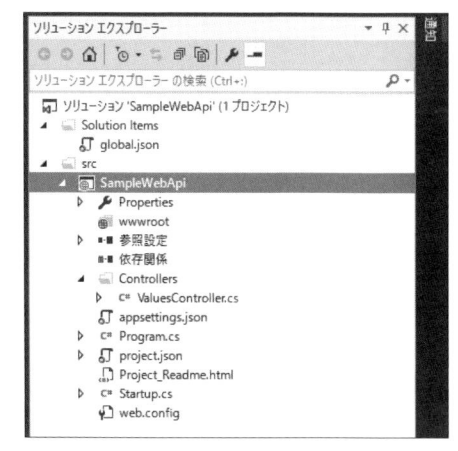

図8-4　ソリューションエクスプローラー

8.1.2 | project.jsonを編集する

　Web APIプロジェクトのひな型では、データベースに接続するための設定がされていません。ASP.NET MVCアプリケーションと同じようにローカルにあるSQL Serverに接続し、Entity Framework を使いデータベースにアクセスできるようにproject.jsonを書き替えます（図8-5）。

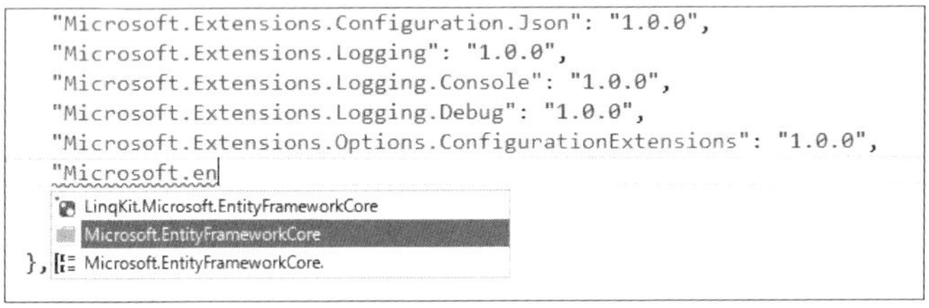

```
"Microsoft.Extensions.Configuration.Json": "1.0.0",
"Microsoft.Extensions.Logging": "1.0.0",
"Microsoft.Extensions.Logging.Console": "1.0.0",
"Microsoft.Extensions.Logging.Debug": "1.0.0",
"Microsoft.Extensions.Options.ConfigurationExtensions": "1.0.0",
"Microsoft.en
     LinqKit.Microsoft.EntityFrameworkCore
     Microsoft.EntityFrameworkCore
}, [  Microsoft.EntityFrameworkCore.
```

図8-5　project.json編集時の候補

　project.jsonを編集しているときには、設定可能なライブラリ名やバージョンなどが候補として表示されます。ここで示されているバージョンは本書執筆時（2016年8月）の最新のものですので、読者はサンプルを作成するときの最新バージョンに書き替えてください。

リスト8-1　`project.json`の変更

```
{
  "dependencies": {
    "Microsoft.NETCore.App": {
      "version": "1.0.0",
      "type": "platform"
    },
    "Microsoft.AspNetCore.Mvc": "1.0.0",
    "Microsoft.AspNetCore.Server.IISIntegration": "1.0.0",
    "Microsoft.AspNetCore.Server.Kestrel": "1.0.0",
    "Microsoft.Extensions.Configuration.EnvironmentVariables": ➲
"1.0.0",
    "Microsoft.Extensions.Configuration.FileExtensions": "1.0.0",
    "Microsoft.Extensions.Configuration.Json": "1.0.0",
    "Microsoft.Extensions.Logging": "1.0.0",
    "Microsoft.Extensions.Logging.Console": "1.0.0",
    "Microsoft.Extensions.Logging.Debug": "1.0.0",
    "Microsoft.Extensions.Options.ConfigurationExtensions": ➲
"1.0.0",
    "Microsoft.EntityFrameworkCore": "1.0.0",           ←①
    "Microsoft.EntityFrameworkCore.SqlServer": "1.0.0", ←②
    "Microsoft.EntityFrameworkCore.SqlServer.Design": {  ←③
      "version": "1.0.0",
      "type": "build"
    },
    "Microsoft.EntityFrameworkCore.Tools":  "1.0.0-preview2-final" ←④
```

```
    },

    "tools": {
      "Microsoft.AspNetCore.Server.IISIntegration.Tools": ↩
"1.0.0-preview2-final",
      "Microsoft.EntityFrameworkCore.Tools": "1.0.0-preview2-final"   ←⑤
    },
```

　.NET Core用のEntity Frameworkを使うために、①のように「Microsoft.EntityFrame
workCore」を設定します（リスト8-1）。この設定でLINQなどを使うDbContextクラスを扱
えるようになります。

　データベースとしてSQL Serverを扱うために、②と③の設定をします。③はデータベース
からモデルクラスを生成するときのデータベースファーストを使うときに必要な設定です。
今回はコードファーストを使いますが、一応設定しておきます。

　コードファーストのためのdotnet efコマンドを実行するために、④と⑤の設定をしておき
ます。⑤の設定がない場合、PowerShellでdoetnet efコマンドを実行したときには、図8-6の
ようなエラーが表示されるので注意してください。

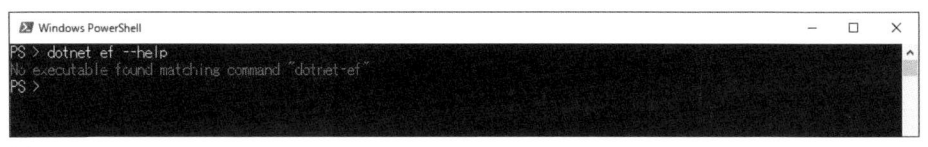

図8-6　dotnet efコマンドのエラー

　dependenciesの設定は、NuGetでも行えます。NuGetパッケージマネージャーを使うと、
必要なパッケージも同時にインストールを行うため効率よくライブラリの設定ができます
（図8-7）。

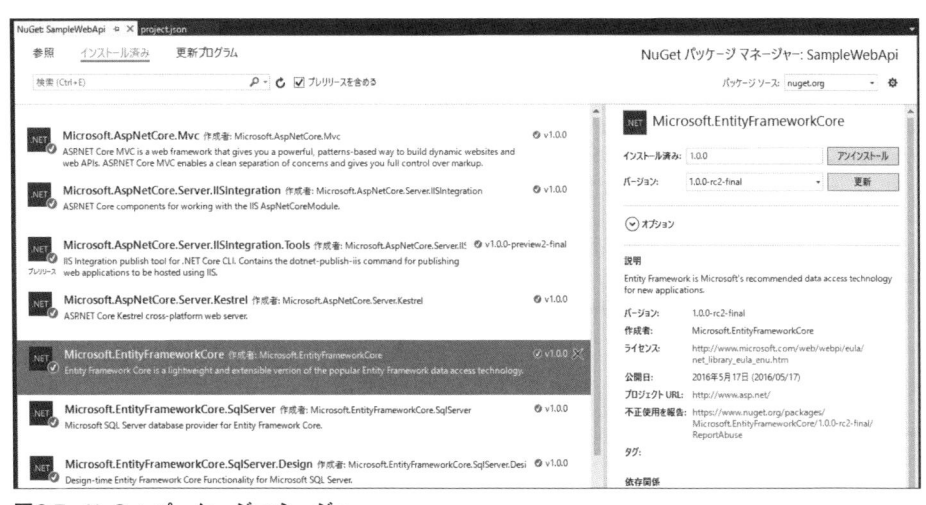

図8-7　NuGetパッケージマネージャー

NuGetで必要なパッケージをインストールしたあとに、dotnet efコマンドのための⑤の toolsの設定をしてもよいでしょう。

8.1.3 | Modelクラスを作る

Web APIアプリケーションで扱うためのModelクラスを作成します。ここではPersonクラスとPerfectureクラスを作成しましょう。

ソリューションエクスプローラーで［Models］フォルダーを作成して、そのフォルダー内にPerson.cs（リスト8-2）とPerfecture.csファイル（リスト8-3）を作ります。

リスト8-2 **Person**クラス

```
public class Person
{
    public int Id { get; set; }
    public string Name { get; set; }
    public int Age { get; set; }
    public int PerfectureId { get; set; }
    public Perfecture Perfecture { get; set; }
}
```

リスト8-3 **Perfecture**クラス

```
using Microsoft.EntityFrameworkCore;

public class Perfecture
{
    public int Id { get; set; }
    public string Name { get; set; }
    // 初回のみ都道府県のデータを作る
    public static void Initialize(DbContext context)
    {
        var t = context.Set<Perfecture>();
        if (t.Any() == false)
        {
            // データを作る
            t.AddRange(
                new Perfecture() { Name = "北海道" },
                new Perfecture() { Name = "青森県" },
                ...
                new Perfecture() { Name = "沖縄県" });
            context.SaveChanges();
        }
    }
}
```

Personクラスから都道府県のPerfectureオブジェクトを参照できるように、Perfectureプロパティを作っておきます。この部分は、後でJSON形式でデータを確認するために使います。

8.1.4 データベースに接続する

データベースにアクセスする方法はいくつかありますが、ASP.NET MVCアプリケーションのテンプレートに習って、DbContextクラスを継承したApplicationDbContextクラスを作成して、Controllerクラスからのデータベースアクセスを実現します。

まずは、ソリューションエクスプローラーで[Data]フォルダーを作成し、このフォルダーの中にApplicationDbContext.csファイルを作成します(リスト8-4)。

リスト8-4 **ApplicationDbContext**クラス

```
using Microsoft.EntityFrameworkCore;
using SampleWebApi.Models;

public class ApplicationDbContext : DbContext  ←①
{
    public ApplicationDbContext(DbContextOptions<➲
ApplicationDbContext> options)
        : base(options)
    {
    }

    protected override void OnModelCreating(ModelBuilder builder)
    {
        base.OnModelCreating(builder);
    }
    public DbSet<Person> Person { get; set; }  ←②
}
```

ASP.NET MVCアプリケーションではユーザー認証用にIdentityDbContext<ApplicationUser>クラスを継承していましたが、Web APIアプリケーションの場合はユーザー認証を利用しないので、①のようにDbContextクラスをそのまま継承しています。

②はApplicationDbContextクラスから、Personクラスのデータを扱えるようにするためのプロパティです。

次にStartup.csファイルに記述されているStartupクラスのConfigureServicesメソッドを書き変えます(リスト8-5)。

リスト8-5 **Startup.cs**ファイルの編集

```
public class Startup
{
    ...
    // This method gets called by the runtime. Use this method ➲
to add services to the container.
```

```
    public void ConfigureServices(IServiceCollection services)
    {
        services.AddDbContext<ApplicationDbContext>(options =>   ←③
            options.UseSqlServer(Configuration.GetConnection↻
String("DefaultConnection")));
        // Add framework services.
        services.AddMvc();
    }
```

SQL Serverに接続するための接続文字列をappsettings.jsonファイルから読み込むように
③を追加します。

リスト8-6 **appsettings.json**

```
{
  "ConnectionStrings": {
    "DefaultConnection": "Server=(localdb)¥¥mssqllocaldb;Database↻
=aspnet-SampleWebApi-180D65E8-0A4B-42D1-9F7F-8B3FBF38F8E8;↻
Trusted_Connection=True;MultipleActiveResultSets=true"   ←④
  },
  ...
}
```

ソリューションエクスプローラーでappsettings.jsonファイルを開き、ConnectionStringsの
設定を追加します。Startup.ConfigureServicesメソッドで追加している「DefaultConnection」
の値を書いておきます（リスト8-6）。
　④ではデータベースのファイル名が他のものと重複しないようにGUIDを使って生成して
いますが、「aspnet-SampleWebApi」のように分かりやすい名前に変えてもかまいません。
テーブル構造やデータをSQL Server Management Studioで確認できるようにデータベース
名を決めておきます。

8.1.5 | コードファーストでデータベースを作る

　データベースに接続するための準備ができたら、dotnet efコマンドを使ってデータベース
の作成とテーブルの作成を行いましょう。
　PowerShellでプロジェクトのproject.jsonファイルがあるディレクトリに移動して、リスト
8-7の2つのコマンドを実行します（図8-8）。

リスト8-7 **dotnet ef コマンド**

```
dotnet ef migrations add init
dotnet ef database update
```

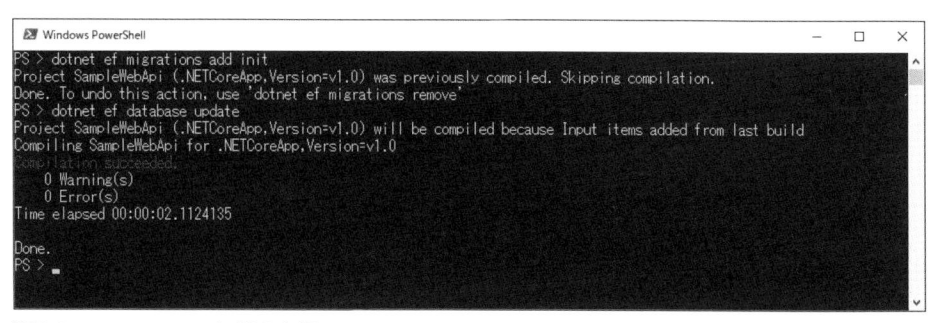

図8-8 dotnet ef コマンドの実行

マイグレーションが完了すると、ソリューションエクスプローラーのプロジェクトに［Migrations］フォルダーが作成され、データベースにテーブルを作成するためのコードが出力されます。

8.1.6 | Controllerクラスを作る

Web APIを実装するためのControllerクラスは、ソリューションエクスプローラーで［Controllers］フォルダーを右クリックして、［追加］→［新しい項目］を選択して、［新しい項目の追加］ダイアログで行います（図8-9）。ダイアログで［Web APIコントローラークラス］を選択することで、Web APIコントローラーのひな型が作成されます。ここではファイル名を「PeopleController.cs」にしておきます。

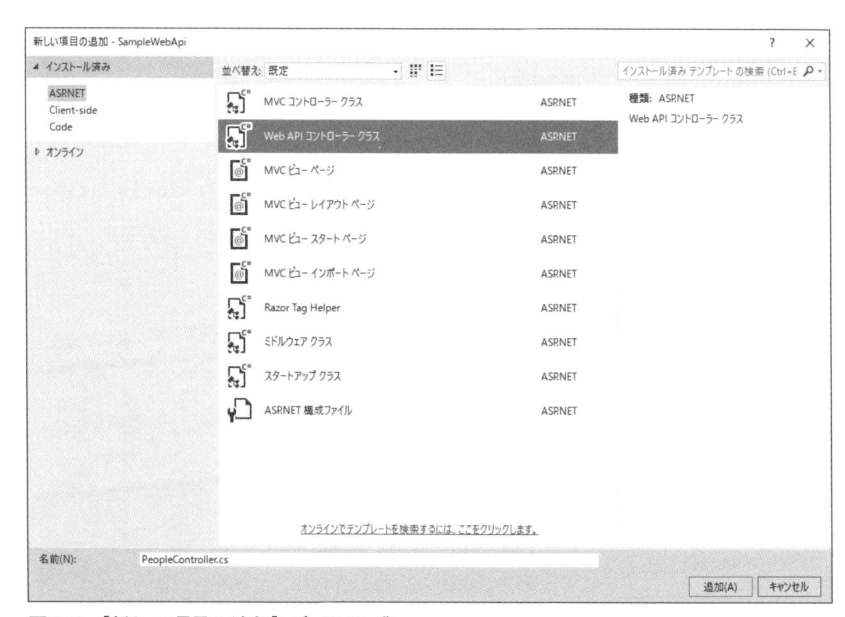

図8-9 ［新しい項目の追加］ダイアログ

　Web APIのControllerクラスも、ASP.NET MVCアプリケーションのControllerクラスのようにCRUD機能を実装しておきます。ただし、ASP.NET MVCとは異なりViewページを返す必要はありません。クライアントのアプリケーションからWeb APIを呼び出されたときに、Controllerクラスの対応するメソッドが呼び出されます。

　ASP.NET MVCアプリケーションではデータの作成などで、HTTPプロトコルのGETとPOSTが使われましたが、Web APIではGET、POST、PUT、DELETEの4つのメソッドを使ってCRUD機能を実現します。

　リスト8-8は、ASP.NET MVCアプリケーションのスキャフォールディングでの自動生成を参考しながら、Web API風に書き直したものです。各メソッドについては「8.3　GETメソッドで一覧データを取得」以降で詳しい解説をしますので、ここではざっと眺めてください。

リスト8-8　**PeopleController**クラス

```
[Route("api/[controller]")]
public class PeopleController : Controller
{
    private readonly ApplicationDbContext _context;

    public PeopleController(
        ApplicationDbContext context)
    {
        _context = context;
        // 初回のみ都道府県を挿入する
        Perfecture.Initialize(_context);
    }

    // GET: api/values
    [HttpGet]
    public async Task<IEnumerable<Person>> Get()
    {
        var applicationDbContext = _context.Person.Include(p => ⦿
p.Perfecture);
        return await applicationDbContext.ToListAsync();
    }

    // GET api/values/5
    [HttpGet("{id}")]
    public async Task<Person> Get(int? id)
    {
        if (id == null)
        {
            return null;
        }
        var person = await _context.Person
                .Include( p => p.Perfecture )
                .SingleOrDefaultAsync(m => m.Id == id);
        return person;
    }
```

```
// POST api/values
[HttpPost]
public async Task<int> Post([FromBody]Person person)
{
    _context.Add(person);
    await _context.SaveChangesAsync();
    return person.Id;
}

// PUT api/values/5
[HttpPut("{id}")]
public async Task<int> Put(int id, [FromBody]Person person)
{
    if (id != person.Id)
    {
        return -1;
    }
    _context.Update(person);
    await _context.SaveChangesAsync();
    return person.Id;
}

// DELETE api/values/5
[HttpDelete("{id}")]
public async Task Delete(int id)
{
    var person = await _context.Person.SingleOrDefaultAsync➲
(m => m.Id == id);
    _context.Person.Remove(person);
    await _context.SaveChangesAsync();
}
}
```

8

　SQL Server Managemnet StudioでPersonテーブルにいくつかのデータを入れて（図
8-10）、ブラウザー（Edge）からいくつかの動作を確認してみましょう。

Id	Age	Name	Perfectureld
3	48	masuda	1
4	20	yamada	10
5	30	tanaka	2
▶* NULL	NULL	NULL	NULL

図8-10　Person テーブルの編集

　Visual Studioでデバッグ実行してブラウザーを起動させて、動作を確認しましょう。

8.1.7 | デバッグ実行する

　ブラウザーのURLアドレスを「http://localhost/api/People/」のように書き変えて再表示します（図8-11）。

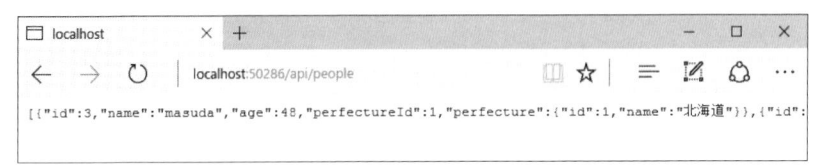

図8-11　/api/Peopleの場合

　内容をメモ帳などに貼り付け確認をすると、Personテーブルの一覧がJSON形式で取得できていることが分かります。これは、PeopleControllerクラスのGetメソッドに対応します。

　また、IDを指定して「http://localhost/api/People/3」のようにURLアドレスを変更したあとで再表示を行うと、1件のPersonデータが表示されることが分かります。

　HTTPプロトコルのGetメソッドを使ったテストはブラウザーから可能なのですが、POSTやPUTなどの他のメソッドを使った場合のテストはブラウザーからは難しいので、別に確認用のクライアントを作成します。テスト用のクライアントは、「8.3　GET メソッドで一覧データを取得」以降で解説をします。

　データベースを扱ったWeb APIアプリケーションの作り方は一通り確認できたので、改めてWeb APIアプリケーションの詳しい動作やWeb APIの仕組みについて、次から解説していきましょう。

8.2 | Web APIの仕組み

　Visual StudioでSampleWebApiプロジェクトを作ったときに分かったと思いますが、Web APIプロジェクトとASP.NET MVCプロジェクトの構造は非常に似ています。実際、2つのプロジェクトを混在させることも可能です。

　ここでは、ASP.NET MVCと比較しながら、Web API特有の仕組みを確認していきましょう。

8.2.1 | Web APIとASP.NET MVCの違い

　Visual Studioでは、［New ASP.NET Core Web Application(.NET Core)］ダイアログ（図8-12）で、［Web API］か［Webアプリケーション］を選択してプロジェクトを作成します。

　ここで［Web API］を選択したときは、［Views］フォルダーのないWeb APIプロジェクトのひな型が作成され、［Webアプリケーション］を選択したときは、［Views］フォルダーにViewページが生成されているASP.NET MVCプロジェクトのひな型が作成されます。

　「8.1　Web APIプロジェクトを活用」で動作を確認した通り、どちらもControllerクラスが

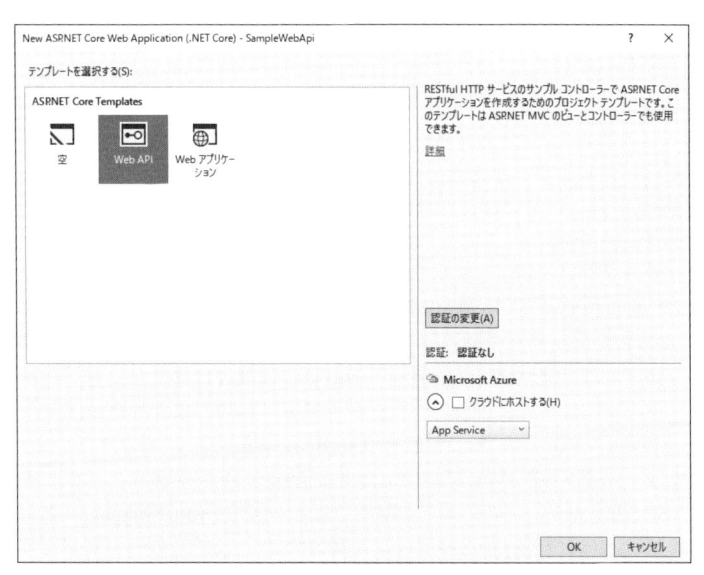

図8-12　［New ASP.NET Core Web Application(.NET Core)］ダイアログ

あり、それぞれのActionメソッドでクライアント（ブラウザー）に返すデータの形式を決めています。ASP.NET MVCプロジェクトでは、Viewメソッドなどを使ってHTML形式のデータをブラウザーに返していますが、Web APIプロジェクトの場合は、JSON形式などHTML形式とは違ったデータを返しています。

　例としてデータ検索の流れを比較してみましょう（図8-13）。

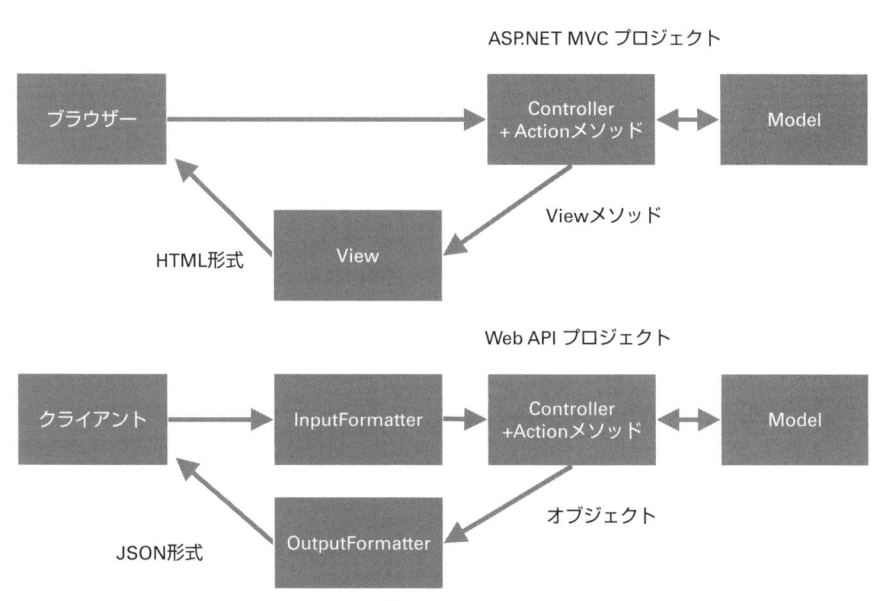

図8-13　ASP.NET MVCとWeb APIのデータ検索の流れ

ASP.NET MVCプロジェクトではブラウザーからURLアドレスが指定されて、対応するController クラスの Action メソッドが呼び出されます。Action メソッドでは Model クラスからデータを抽出したのちに、対応する View ページを呼び出します。View ページは、HTML形式のデータを作成してブラウザーに返す流れになります。ブラウザーは、HTML形式のデータを受けて、レイアウトを整えてユーザーに表示することになります。

Web APIプロジェクトでは、クライアントのアプリケーションからURLアドレスやJSON形式などのデータが送られます。このときの形式を、InputFormatter で解析して対応するController クラスの Action メソッドが呼び出します。Web API プロジェクトの初期値ではJSON形式が使われています。Action メソッドでは、ASP.NET MVCプロジェクトと同じように Model クラスからデータを抽出します。抽出したデータは、Action メソッドのオブジェクトの戻り値として、そのまま OutputFormatter に渡されます。この OutputFormatter が、オブジェクトを JSON形式に変換して、クライアントに返します。クライアントのアプリケーションでは JSON形式のデータから値を取り出し、ユーザーに表示することになります。

この図では、ASP.NET MVCプロジェクトとWeb APIプロジェクトの比較を示しましたが、実際は、ASP.NET MVCプロジェクトの場合であっても InputFormatter と OutputFormatterが使われます。主に HTML 形式のデータを扱うためにアプリケーションを作成するときに特に気にする必要はありません。また、どちらのプロジェクトの Controller クラスも Microsoft.AspNetCore.Mvc.Controller クラスを継承して作成されるため、Action メソッドの戻り値に制限はありません。例えば、画像データを返すための使われる FileStreamResult クラスは両方のプロジェクトでも使えます。

むしろ、2つのプロジェクトの違いは、クライアントからのデータ入力部分（Inputformatter）とクライアントにデータを返す出力部分（OutputFormatter）の違いだけとも言えます。この部分に注目することによって、Web APIプロジェクトであっても、ASP.NET MVCプロジェクトと同じようにアプリケーション作成を行えます。

8.2.2 | HTTP プロトコル

ブラウザーからWebサイトを表示するときは、URLアドスが入力やフォーム入力が使われれます。このとき、クライアト（ブラウザー）とWebサーバーの間では、インターネットを通じて「HTTPプロトコル」が利用されます。ASP.NET MVCアプリケーションを作成するときは、あまり HTTPプロトコルを意識することはあまりありません。しかし、Web APIアプリケーションを作成したり、Web APIを利用するクライアントのデスクトップアプリケーションを作成するするときには、HTTPプロトコルがどのように使われているのかを理解しておくと、効率的に開発ができるようになります。ここでHTTPプロトコルを少し掘り下げて解説しておきましょう。

先の図のように、Web APIアプリケーションでは、クライアントからの送受信のデータ解析をInputformatterとOutputFormatterが受け持っています。この入出力部分で、HTTプロトコルがどのように使われているのかを見ていきましょう。

図8-14は、Microsoft Edgeを開いて、URLアドレスに「http://localhost:5000/Home/Index」を指定したときの例です。ネットワークの状態は、F12キーを押して閲覧することができます。

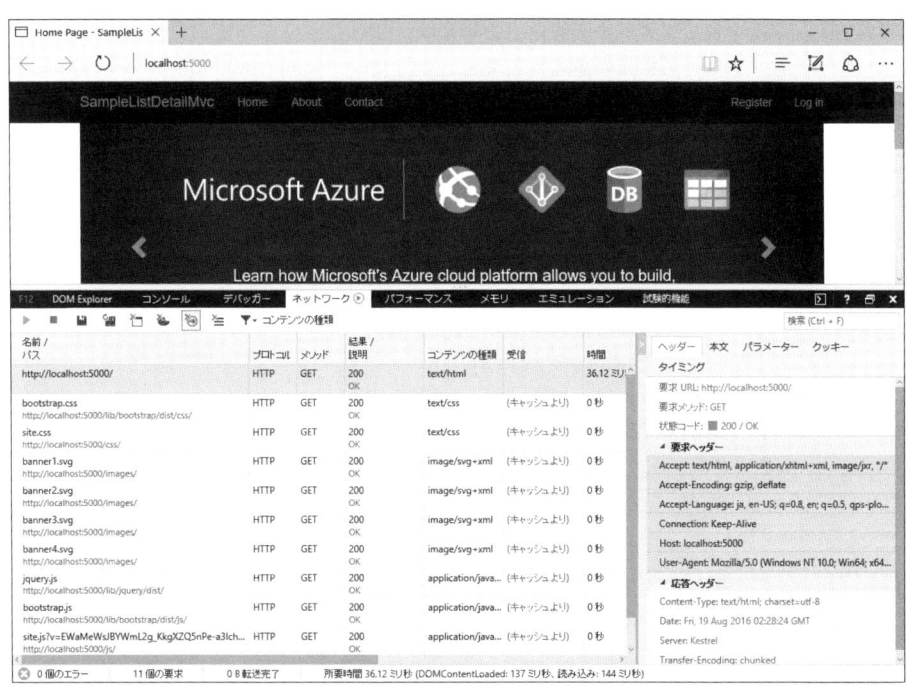

図8-14　Microsoft Edge でのネットワークの表示

　Microsoft Edge でのネットワーク送受信のデータは整形済みですが、ここでは説明のため
に少し順番を変えています。ブラウザーから Web サーバーに HTTP プロトコルを送信する
データを「リクエストメッセージ」、Web サーバーからブラウザーに返すデータを「レスポン
スメッセージ」と言います。

リスト8-9　リクエストメッセージ例

```
GET /Home/Index HTTP/1.1  ←①
Host: localhost:5000  ←②
User-Agent: Mozilla/5.0 (Windows NT 10.0; Win64; x64) AppleWebKit↩
/537.36 (KHTML, like Gecko) Chrome/51.0.2704.79 Safari/↩
537.36 Edge/14.14393
Accept: text/html, application/xhtml+xml, image/jxr, */*  ←③
Accept-Encoding: gzip, deflate
Accept-Language: ja, en-US; q=0.8, en; q=0.5, qps-ploc; q=0.3
Connection: Keep-Alive
```

　まずはリクエストメッセージから見ていきましょう。

　HTTP プロトコルは、ヘッダー部とボディ部に分かれています。ヘッダー部は、送信先の
サーバー名や受信するデータ形式などの設定を記述し、ボディ部はデータそのものを送ります。

　HTTP プロトコルの最初のデータは、リクエスト時のメソッドと URL アドレス、バージョ
ンが指定されています。①では、GET メソッドを使い、「/Home/Index」にアクセスするこ
とを示しています。ブラウザから URL アドレスだけ使う場合は、「GET」となり、入力フォー

ムを使ってデータを送信する場合は、「POST」になります。

②は、送信先のホスト名です。ここでは「localhost:5000」となり、ローカルホストの5000番ポート宛てにHTTPプロトコルを送信しています。

③で受信するデータの形式を指定します。ここでは、「text/html」や「application/xhtml+xml」などのいくつかのデータ形式が指定されています。この受信時のデータ形式をWebサーバーが解析して、対応する適切なデータを返すことになります。

このリクエストメッセージは、GETメソッドなのでボディ部がありませんが、フォーム入力などでブラウザーからWebサーバーにデータを送信する場合は、送信するデータが続きます。

リスト8-10　レスポンスメッセージ例

```
HTTP/1.1 200 OK  ←④
Content-Type: text/html; charset=utf-8  ←⑤
Date: Fri, 19 Aug 2016 02:28:24 GMT
Server: Kestrel
Transfer-Encoding: chunked
  ←⑥
<!DOCTYPE html>  ←⑦
<html>
<head>
    <meta charset="utf-8" />
...
```

Webサーバーの処理からレスポンスメッセージ（リスト8-10）が返ってくると、④の最初の行にレスポンスの状態が設定されています。ここでは正常値の「200」が帰ってきています。ASP.NET MVCアプリケーションでNotFoundメソッドを使った場合は「404」となりページが存在しなかったという意味になります。このコードはHTTPプロトコルのRFCにより決められています。

Webサーバーから送信されてきたデータの形式が⑤に記述されています。ここでは「text/html」となりHTML形式のデータが送られてきていることが分かります。

HTTPプロトコルのヘッダー部とボディ部の区切りは、⑥のように空行が入っています。実際のコードは改行と復帰（CRとLF）の2文字のコードになります。

ボディ部は⑦になり、ここではHTML形式のデータが返されています。

8.2.3 │ Web APIの4つのメソッド

Web APIアプリケーションにアクセスするクライアントプログラムも、HTTPプロトコルを使ってWebサーバーにアクセスします。リクエスト時のメソッド（リスト8-11）は、ブラウザーからURLアドレスを使ったときの「GET」とフォーム入力で使われえる「POST」のほかに、データを更新するための「PUT」と、データを削除するための「DELETE」の4種類のメソッドを使います。

Web APIアプリケーションのHTTPプロトコルのヘッダー部はブラウザーで送信するときよりもシンプルになっています。しかし、HTTPプロトコルで送られるそれぞれの要素は同じです。

リスト8-11　リクエストメッセージ例

```
GET /api/People HTTP/1.1  ←①
Host: localhost:5000  ←②
Accept: application/json  ←③
```

①では、GETメソッドを使い、「/api/People」にアクセスすることを示しています。Web APIを扱うクライアントアプリケーションから、用途に従ってGET、POST、PUT、DELETEのいずれかのメソッドが使われます。

②は、ブラウザーのときと同じように送信先のホスト名になります。

Web APIを扱うときはデータ形式が決まっている場合が多いので、③でデータの形式を決めておきます。ここではJSON形式のデータを受け取るために「application/json」を指定しています。

リスト8-12　レスポンスメッセージ例

```
HTTP/1.1 200 OK  ←④
Content-Type: application/json; charset=utf-8  ←⑤
Date: Fri, 19 Aug 2016 02:28:24 GMT
Server: Kestrel
  ←⑥
[{"id":3,"name":"masuda","age":48,"perfectureId":1,"perfecture":⤸
{"id":1,"name":"北海道"}},  ←⑦
 {"id":4,"name":"yamada","age":20,"perfectureId":10,"perfecture":⤸
{"id":10,"name":"広島県"}},
 {"id":5,"name":"tanaka","age":35,"perfectureId":2,"perfecture":⤸
{"id":2,"name":"京都府"}}]
```

Web APIを実行するWebサーバーからのレスポンスも、ブラウザの場合と同じように読み取れます（リスト8-12）。

④でWebサーバーの応答コードが記述されています。

リクエストした形式に従って、⑤でJSON形式である「application/json」が指定されています。

実際のデータは、⑥の空行の後に、⑦のようにテキスト形式のJSONデータが続きます。

クライアントからWeb APIを呼び出すときには、図8-15のようにHTTPプロトコルのAcceptヘッダーで受信するときの形式を指定します。JSON形式の場合は「application/json」を指定し、XML形式の場合は「application/xml」を指定します。このAcceptヘッダーを解析して、OutputFormatterがレスポンスメッセージを作成します。Web APIプロジェクトのひな型では、初期値はJSON形式になるため、XML形式のレスポンスが必要なときはStartup.csなどの修正が必要になります。XML形式の対応は「8.3　GETメソッドで一覧データを取得」で解説します。

GETメソッドとDELETEメソッドは、「http://localhost/api/People/10」のようにデータのidをURLアドレスに埋め込んで利用するため、HTTPプロトコルのボディ部は必要ありません。データを新規作成するためのPOSTメソッドと、データを更新するためのPUTメソッドは、更新するためのデータをボディ部に記述するために、Content-Typeヘッダーの指定が必要です。

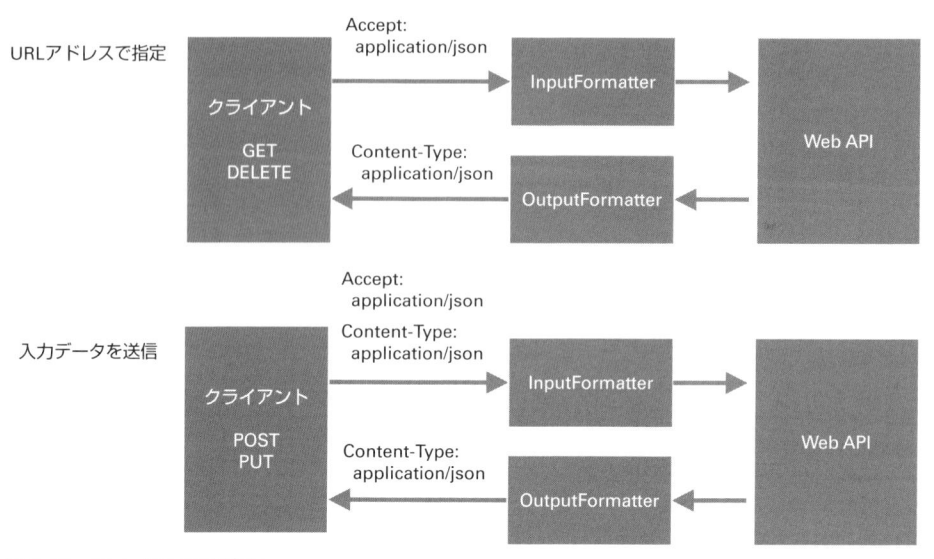

図8-15　Web APIの呼び出し

8.2.4 | HttpClientとActionメソッドの属性

　HTTPプロトコルの詳細を解説しましたが、これらのヘッダー部やボディ部を1つ1つコードで記述する必要はありません。JSON形式のコードは単純なものであれば、String.Formatメソッドなどを使い記述することもできますが、クライアント側ではJsonSerializerクラスを使うことにより既存のクラスからJSON形式への相互変換ができます。また、Web APIアプリケーション側では、InputFormatterとOutputFormatterが適切にJSON形式から変換をしてくれるので、Actionメソッド内では特に気を使う必要はありません。

　HTTPプロトコルで設定するメソッドは、クライアント側ではHttpClientクラスのメソッドとして、Web APIアプリケーションではActionメソッドの属性として対応させます（表8-1）。

表8-1　HttpClientクラスとActionメソッドの属性

メソッド	HttpClientのメソッド	Actionメソッドの属性
GET	GetAsync	HttpGet
POST	PostAsync	HttpPost
PUT	PutAsync	HttpPut
DELETE	DeleteAsync	HttpDelete

　フォーム入力で利用したHttPost属性のように、Web APIが他のメソッドで呼び出されたときにはエラーになります。

　このように、Web APIアプリケーションは、APIを提供するアプリケーションサーバーとして開発を行いますが、同時にそれらのAPIに対応するクライアントの作成が必須になります。クライアントには、Windowsのデスクトップアプリケーションのほかにも、ストアで配

布できるUWPアプリケーション、ブラウザーからjQueryを使って呼び出ことができます。次からはこれらのクライアントアプリケーションとWeb APIアプリケーションとワンセットにして、どのような動きをしているのかを解説していきます。

8.3 | GETメソッドで一覧データを取得

　最初にWeb APIのGETメソッドを使って一覧のデータをJSON形式で取得しましょう。Web APIアプリケーションは、「8.1　Web API プロジェクトを活用」で作成したSampleWebApiプロジェクトを流用していきます。

　呼び出すクライアントは、WFPアプリケーションを使います。

8.3.1 | Web APIサーバーの準備

　これからWeb APIアプリケーションの解説をしますが、「8.1　Web API プロジェクトを活用」で作成したSampleWebApiを「IIS Express」で実行すると実行時にポート番号が変更してまうので、Web APIを扱うクライアントが作りにくくなります。ポート番号を固定にするために、dotnet runコマンドを使う（図8-16）か、Visual Studioでデバッグ実行を[SampleWebApi]に切り替えて（図8-17）から実行してください。

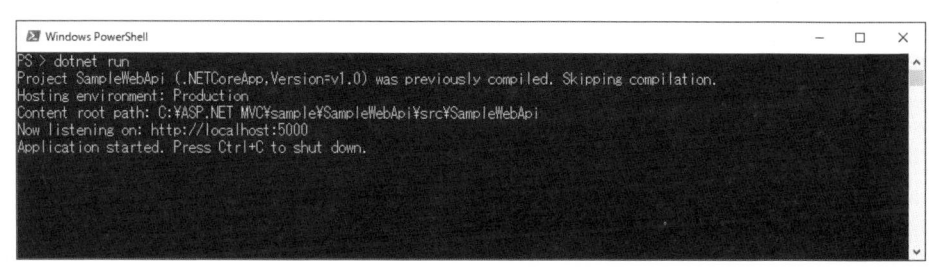

図8-16　dotnet run コマンドの実行

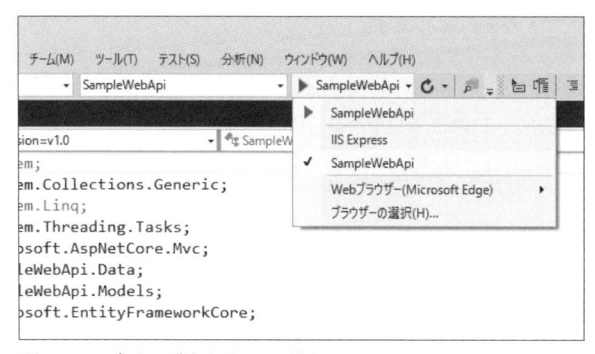

図8-17　デバッグ実行を切り替える

　このようにすると、ポート番号が5000番に固定化されるので、Web APIを利用する試験用のクライアントで「http://localhost:5000/api/People」のように呼び出しが可能になります。
　PowerShellを使い、プロジェクトのカレントディレクトリーに移動して、Web APIアプリケーションを実行させることもできます。

8.3.2 ｜ Getメソッドの解説

　では、PeopleControllerクラスのGetメソッドの詳細を見ていきましょう（リスト8-13）。
　ASP.NET MVCアプリケーションのスキャフォールディング機能で作成したIndexメソッドと同じように、Personテーブルの一覧データを取得するメソッドになります。

リスト8-13　**Get**メソッド

```
[Route("api/[controller]")]  ←①
public class PeopleController : Controller  ←②
{
    private readonly ApplicationDbContext _context;  ←③
    ...
    // GET: api/values
    [HttpGet]  ←④
    public async Task<IEnumerable<Person>> Get()  ←⑤
    {
        var applicationDbContext = _context.Person.Include(p => ⏎
p.Perfecture);  ←⑥
        return await applicationDbContext.ToListAsync();  ←⑦
    }
}
```

　①はControllerクラスの各Actionメソッドが呼び出されるときのルーティングの設定です。クライアントから呼び出されたURLアドレスを参照して各Controllerクラスに割り当てます。「api/[controller]」の設定にある「[controller]」の部分はControllerクラスのプレフィックス（クラス名からControllerを除いたもの）に置き換えられます。ここでは「api/People」になります。
　ASP.NET MVCアプリケーションのControllerクラスと同じように、Microsoft.AspNetCore.Mvc.Controllerクラスを継承します。
　③はデータベースアクセスのためのコンテキストです。
　HTTPプロトコルのGETメソッドに対応するように、④でHttpGet属性を設定します。
　Getコマンドの戻り値は、⑤のようにPersonクラスのコレクションになります。ここではデータベースアクセスで非同期処理を行っているので、asyncキーワードとTask<>クラスを使っています。
　⑥でデータベースのPersonテーブルにアクセスしています。PersonクラスのPerfectureプロパティ（都道府県のデータ）を含めるために、Includeメソッドを使います。
　検索したデータを、⑦でListコレクションに変換します。
　Getメソッドの戻り値は、Listコレクションになりますが、クライアントへ返すデータはJSON形式に変換されています。これはWeb APIアプリケーションがHTTPプロトコルの

Acceptヘッダーをチェックし、OutputFormatterで適宜JSON形式に変換しています。変換時に使われえるフォーマッターはMicrosoft.AspNetCore.Mvc.Formatters.JsonOutputFormatterです。

8.3.3 | WPFクライアントの準備

Web APIを呼び出すためのWPFアプリケーションを作りましょう。

Visual Studioを起動して、メニューから［ファイル］→［追加］→［新しいプロジェクト］を選択し、［新しいプロジェクト］ダイアログを開きます。利用するプロジェクトのテンプレートは、［Visual C#］→［Windows］→［クラシックデスクトップ］の中から［WPFアプリケーション］を使います。プロジェクトの名前は「ClientJson」としておきます。

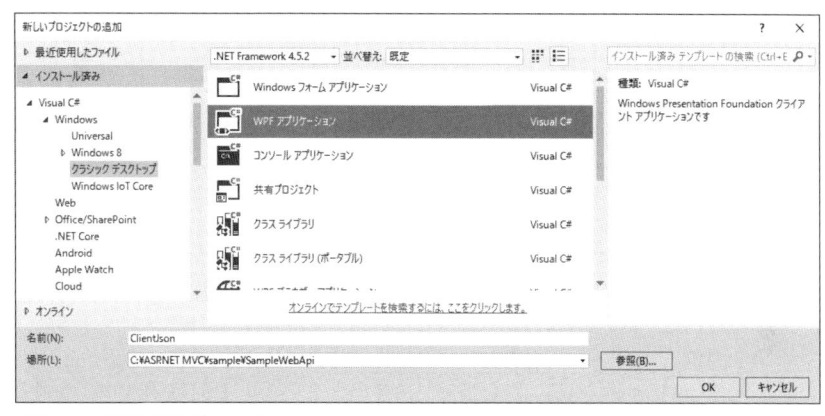

図8-18 WPFプロジェクト

Web APIの各コマンドがテストできるように、4つのボタンを配置させます。また、Web APIアプリケーションから戻ってきたJSON形式のデータを表示するためのTextBlockを1つだけ配置させましょう（図8-19、リスト8-14）。

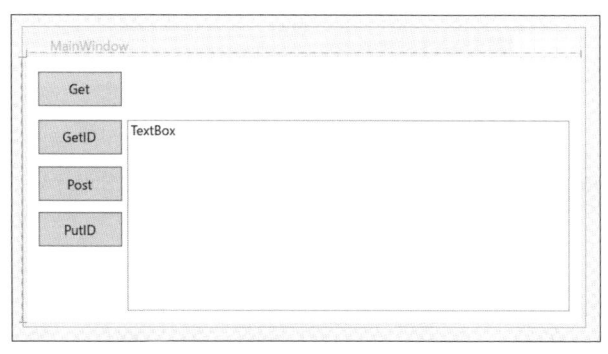

図8-19 WPFプロジェクトのデザイン

リスト8-14 **XAML**

```
<Window ... >
    <Grid>
        <Button Click="clickGet" Content="Get"    ←①
            HorizontalAlignment="Left" Margin="10,12,0,0"
            VerticalAlignment="Top" Width="75" Height="30"/>
        <Button Click="clickGetId" Content="GetID"    ←②
            HorizontalAlignment="Left" Margin="10,54,0,0"
            VerticalAlignment="Top" Width="75" Height="30"/>
        <Button Click="clickPost" Content="Post"    ←③
            HorizontalAlignment="Left" Margin="10,95,0,0"
            VerticalAlignment="Top" Width="75" Height="30"/>
        <Button Click="clickPutId" Content="PutID"    ←④
            HorizontalAlignment="Left" Margin="10,135,0,0"
            VerticalAlignment="Top" Width="75" Height="30"/>
        <TextBox x:Name="textResult" Text="TextBox"    ←⑤
            HorizontalAlignment="Left" Height="167" ◗
Margin="90,54,0,0"
            TextWrapping="Wrap" VerticalAlignment="Top" ◗
Width="396"/>
    </Grid>
</Window>
```

①のGetボタンは、データの一覧を取得するためのGETメソッドを呼び出します。
②のGetIDボタンは、IDを指定してデータを取得するGETメソッドを呼び出します。
③のPostボタンは、新規のデータを作成するためのPOSTメソッドを呼び出します。
④のPutIDボタンは、IDを指定してデータを更新するPUTメソッドを呼び出します。
Web APIからの戻り値は⑤のTextBoxで表示させます。
DELETEメソッドについては、もう1つのWPFアプリケーションで試していきましょう。

8.3.4 | HttpClient.GetAsyncメソッドの呼び出し

Getボタンをクリックしたときのc1ickGetを実装していきましょう（リスト8-15）。

リスト8-15 **clickGet**メソッド

```
using System.Net.Http;    ←①

private async void clickGet(object sender, RoutedEventArgs e)
{
    var hc = new HttpClient();    ←②
    var res = await hc.GetAsync("http://localhost:5000/api/◗
People");    ←③
    var str = await res.Content.ReadAsStringAsync();    ←④
    textResult.Text = str;    ←⑤
}
```

　　Webサイトに接続するためにHttpClientクラスを使います。名前空間を設定するため、①のように「System.Net.Http」を追加します。

　　②でHttpClientオブジェクトを生成します。

　　③ではGetAsyncメソッドを使ってWeb APIを呼び出します。GetAsyncメソッドは非同期メソッドなので、awaitキーワード使い応答を待ちます。

　　応答が返ってきたときのデータを、④でContentプロパティのReadAsStringAsyncメソッドを使い文字列として取得します。

　　取得した文字列のデータを⑤で画面に表示します。

　　実際のアプリケーションでは取得したJSON形式のデータを解析して利用しますが、ReadAsStringAsyncメソッドはこのように文字列で途中の形式をみるときに便利です。

8

8.3.5 ｜ JSON形式の戻り値

　　SQL Server Management StudioでPersonテーブルにいくつかのデータを入れておいてください。

　　WFPアプリケーションをデバッグ実行するときは、Visual Studioを2つ起動させるか、Web APIアプリケーションのほうをdotnet runコマンドで実行させると便利です。

　　Getボタンをクリックして、正常に動作が行われるとJSON形式のデータが返されます（図8-20、リスト8-16）。このときに例外が発生する場合は、③のURLアドレスやWeb APIアプリケーションのSampleWebApiが5000番ポートで起動されていることを確認してください。

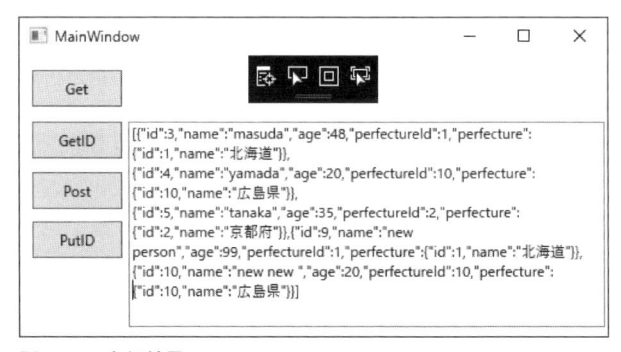

図8-20　実行結果

リスト8-16　戻り値の例

```
[
  {"id":1,"name":"masuda","age":48,"perfectureId":1,"perfecture":➡
{"id":1,"name":"北海道"}},
  {"id":2,"name":"yamada","age":20,"perfectureId":10,"perfecture":➡
{"id":10,"name":"広島県"}},
  {"id":3,"name":"tanaka","age":35,"perfectureId":2,"perfecture":➡
{"id":2,"name":"京都府"}}
]
```

　GETメソッドの戻り値は、配列形式のJSONになっていることが分かります。JSON形式の場合は配列を「[」と「]」で表します。「{」と「}」の間は連想配列になります。「id」や「name」がプロパティ名にあたり、「1」や「masuda」がそれぞれの値になります。

　SampleWebApiプロジェクトの［Models］フォルダーにあるPersonクラス、Perfectureクラスと見比べてみましょう（リスト8-17）。Personクラス内にある都道府県を示すPerfectureプロパティの値が、JSON形式では「"perfecture":{"id":1,"name":"北海道"}」のように入れ子になっていることが分かります。

リスト8-17　**Person**クラスと**Perfecture**クラス

```
public class Person
{
    public int Id { get; set; }
    public string Name { get; set; }
    public int Age { get; set; }
    public int PerfectureId { get; set; }
    public Perfecture Perfecture { get; set; }
}
public class Perfecture
{
    public int Id { get; set; }
    public string Name { get; set; }
}
```

　このように、Web APIアプリケーションが返すJSON形式は、うまくもとのクラスの構造を反映させたものになっています。C#のクラスが持つ各プロパティがJSON形式の連想配列にうまくマッピングされています。これを「シリアライズ（serialize）」と呼びます。シリアライズされたJSON形式のデータは、逆の手順を使って元のC#のクラスのオブジェクトに直すことが可能です。これを「デシリアライズ（deserialize）」と言います。

8.3.6 ｜ デシリアライズ用のプロジェクトを準備する

　シリアライズとデシリアライズの相互変換が分かりやすいように、受信したJSON形式のデータを使ってDataViewコントロールにマッピングしてみましょう。

　DataViewコントロールのItemsSourceプロパティを使うことで、Personクラス内の各プロパティを自動的にマッピングすることができます。

　新しくWPFアプリケーションを追加して、DataViewコントロールを貼り付けます。プロジェクト名は「ClientJson2」としています。

　プロジェクトではJSONのシリアライザ（JsonSerializer）を使うため、NuGetで「Newtonsoft.Json」を取得しておきます（図8-21）。

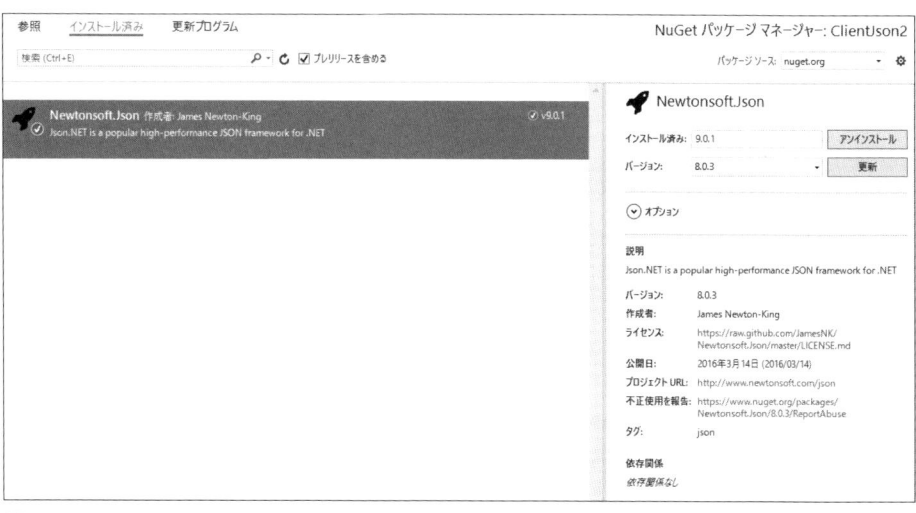

図8-21　Newtonsoft.Jsonの取得

　PersonクラスとPerfectureクラスにJSON形式のデータをデシリアライズするために、SampleWebApiプロジェクトの［Models］フォルダーにあるPerson.csとPerfecture.csをClientJson2プロジェクトにコピーします（図8-22）。

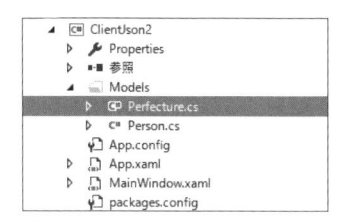

図8-22　PersonとPerfectureをコピー

　このとき、「using Microsoft.EntityFrameworkCore」や「using System.ComponentModel.DataAnnotations」でビルドエラーが発生するので、これらを削除しておきます。

リスト8-18　**Person**クラス

```
namespace SampleWebApi.Models
{
    public class Person
    {
        public int Id { get; set; }
        public string Name { get; set; }
        public int Age { get; set; }
        public int PerfectureId { get; set; }
        public Perfecture Perfecture { get; set; }
    }
}
```

リスト8-19 **Perfecture**クラス

```
namespace SampleWebApi.Models
{
    public class Perfecture
    {
        public int Id { get; set; }
        public string Name { get; set; }
    }
}
```

クライアントでは不要なPerfecture.Initializeメソッドも削除しておきます（リスト8-18、8-19）。

SampleWebApiプロジェクト内にあるPersonクラスやPerfectureクラスと名前空間やメソッドなどの構造が代わってしまいますが、問題ありません。JSON形式のデータからデシリアライズするときは、プロパティ名と型が一致していれば正常に動作します。

8.3.7 | DataViewコントロールにバインドする

準備ができたらDataViewコントロールにデータバインドする部分を実装していきましょう（図8-23）。

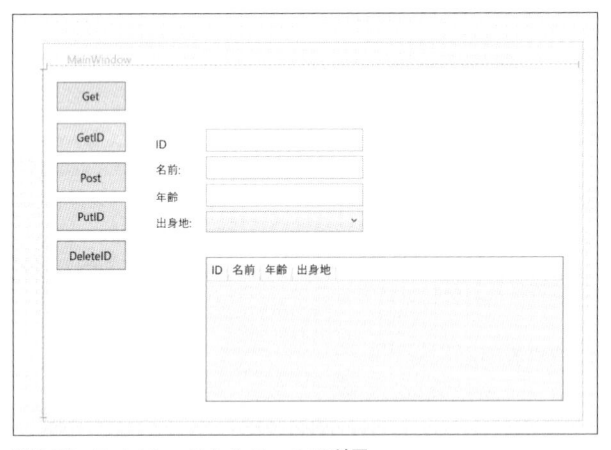

図8-23 DataViewコントロールの利用

画面表示に利用されるXAMLの抜粋がリスト8-20です。

リスト8-20 **XAML**の抜粋

```
<Window ... >
    <Grid>
        <Button Click="clickGet" Content="Get"    ◀─①
```

```
            HorizontalAlignment="Left" Margin="10,12,0,0"
            VerticalAlignment="Top" Width="75" Height="30"/>
    ...
        <DataGrid x:Name="dataGrid" HorizontalAlignment="Left"  ◄②
        VerticalAlignment="Top" Margin="170,192,0,0" ◗
Height="148" Width="375"
            AutoGenerateColumns="False"  ◄③
            IsReadOnly="True" >  ◄④
            <DataGrid.Columns>
                <DataGridTextColumn Binding="{Binding Path=Id}◗
"  Header="ID"/>  ◄⑤
                <DataGridTextColumn Binding="{Binding Path=Name}◗
" Header="名前"/>  ◄⑥
                <DataGridTextColumn Binding="{Binding Path=Age}◗
" Header="年齢"/>  ◄⑦
                <DataGridTextColumn Binding="{Binding Path=◗
Perfecture.Name}" Header="出身地"/>  ◄⑧
            </DataGrid.Columns>
        </DataGrid>
    </Grid>
</Window>
```

①は一覧を取得するためのGetボタンになります。

②でデータを表示するためのDataViewコントロールを作ります。名前を「dataGrid」としています。DataViewコントロールの列は4列作ります。

バインド時に列を自動生成しないように、③でAutoGenerateColumnsの値をFalseにしておきます。

DataViewを読み取り専用にするために、④でIsReadOnlyの値をTrueにします。

⑤、⑥、⑦が、ID（Id）と名前（Name）、年齢（Age）のプロパティにバインディングしています。

入れ子になったプロパティは、⑧のように「{Binding Path=Perfecture.Name}」で設定することができます。

リスト8-21　**clickGet**メソッド

```
private async void clickGet(object sender, RoutedEventArgs e)
{
    var hc = new HttpClient();  ◄⑨
    var res = await hc.GetAsync("http://localhost:5000/api/◗
People");  ◄⑩
    var st = await res.Content.ReadAsStreamAsync();  ◄⑪
    var js = new Newtonsoft.Json.JsonSerializer();  ◄⑫
    var jr = new Newtonsoft.Json.JsonTextReader(new System.IO.◗
StreamReader(st));  ◄⑬(呼)
    var items = js.Deserialize<IEnumerable<Person>>(jr);  ◄⑭(株)
    dataGrid.ItemsSource = items;  ◄⑮(資)
}
```

　JSON形式のデータを表示していたClientJsonプロジェクトと同じように、clickGetメソッドを実装します（リスト8-21）。

　⑨でHttpClientオブジェクトを生成して、⑩でGetAsyncメソッドを使って応答を待ちます。

　戻ってきたレスポンスメッセージは、⑪のContentプロパティのReadAsStreamAsyncメソッドで読み取り用のストリームを取得します。

　⑫でJSONのシリアライザーを作成し、JsonTextReaderメソッドを使って読み取りストリームからJSON形式のデータを読み取ります。

　デシリアライズされるデータ形式は⑬のDeserializeメソッドで指定します。Web APIプロジェクトのGetメソッドでは、IEnumerableコレクションを返していますが、ここでListやObservableCollectionのコレクションを使うことも可能です。

　取得したコレクションを⑭でItemsSourceプロパティに設定します。コレクションの要素であるPersonクラスのプロパティが、XAMLの⑤から⑧に動的にバインドされてデータが表示されます。

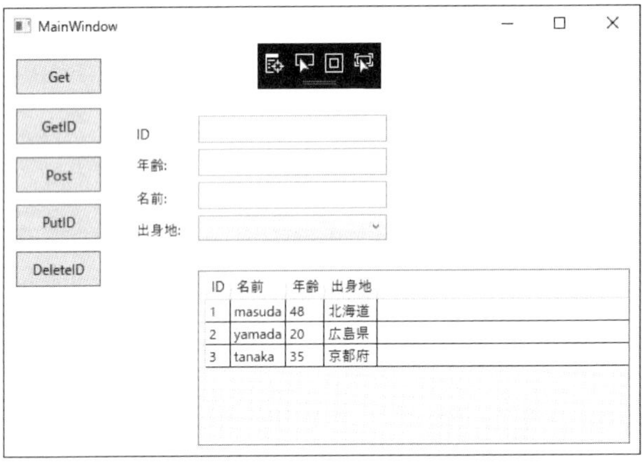

図8-24　実行結果

　データ取得とバインドが成功すると、Personテーブルの内容が表示されます（図8-24）。アプリケーションエラーが発生する場合は、⑩のURLアドレスやSampleWebApiが起動しているかどうかをチェックしてください。

　このように、Web APIアプリケーションとクライアントのWPFアプリケーションの間をJSON形式でやり取りをして一覧表のデータを取得できます。クライアントにはさまざまなアプリケーション（PHPやJavaなど）が使われる可能性もあり、Web APIアプリケーションとしては正常にJSON形式のデータを返すことに専念させるとよいでしょう。同時に、組み合わせとしてWPFアプリケーションを使うとJSONのデシリアライズ機能を使って既存のクラスに再マッピングができます。

8.4 | GETメソッドで詳細データを取得

　次にWeb APIのGETメソッドを使い、idを指定して1件のデータを取得しましょう。ちょうど、ASP.NET MVCアプリケーションのDetailsメソッドにあたります。
　実験用のWeb APIアプリケーションやクライアントは同じものを使います。

8.4.1 | 引数付きのGetメソッドの解説

　もう1つのPeopleControllerクラスのGetメソッドの詳細を見ていきましょう（リスト 8-22）。
　ASP.NET MVCアプリケーションのスキャフォールディング機能で作成したDetailsメソッドと同じように、Personテーブルの詳細データを取得するメソッドになります。

リスト8-22　**Get**メソッド

```
[HttpGet("{id}")]   ◀──①
public async Task<Person> Get(int? id)   ◀──②
{
    if (id == null)   ◀──③
    {
        return null;
    }
    var person = await _context.Person   ◀──④
                .Include( p => p.Perfecture )
                .SingleOrDefaultAsync(m => m.Id == id);
    return person;   ◀──⑤
}
```

　HTTPプロトコルのGETメソッドに対応するように、①でHttpGet属性を設定します。このときURLアドレスにidが指定されるので「{id}」としてテンプレートを設定します。
　Getメソッドの戻り値は、②のようにPersonクラスになります。データベースアクセスで非同期処理を行っているので、asyncキーワードとTask<>クラスを使っています。
　URLアドレスにidが指定されていないときは、nullとなるため③でチェックをします。idが指定されていない場合は、戻り値はnullにしておきます。
　指定したidを④で検索します。SingleOrDefaultAsyncメソッドでは、idにマッチしないデータの場合は戻り値がnullになるので、そのまま変数に代入し、⑤でGetメソッドの戻り値として返しています。

8.4.2 | idを指定したHttpClient.GetAsyncメソッドの呼び出し

　GetIDボタンをクリックしたときのclickGetIDメソッドを実装していきましょう（リスト 8-23）。

リスト8-23 **clickGetID**メソッド

```
private int _id = 1;  ←①
private async void clickGetId(object sender, RoutedEventArgs e)
{
    var hc = new HttpClient();
    var res = await hc.GetAsync($"http://localhost:5000/api/⦿
People/{_id}");  ←②
    var str = await res.Content.ReadAsStringAsync();  ←③
    textResult.Text = str;  ←④
}
```

①でGetAsyncメソッドで呼び出すときのIDの値を_id変数に保存しておきます。

②でGetAsyncメソッドを使ってWeb APIを呼び出します。GetAsyncメソッドで指定するURLアドレスに_id変数を指定します。

応答が返ってきたときのデータを③で取得して、テキストボックスに④で表示させます。

8.4.3 | JSON形式の戻り値

WPFアプリケーションを起動して、GetIDボタンをクリックしてみましょう（図8-25、リスト8-24）。

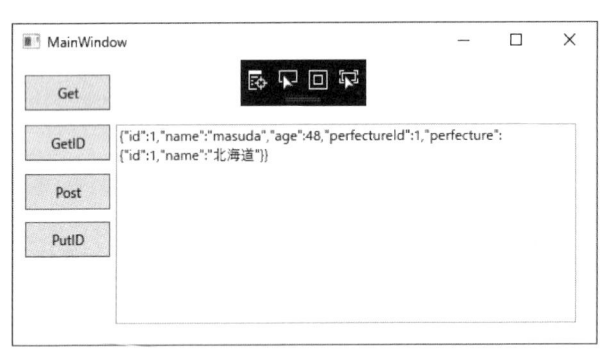

図8-25 実行結果

リスト8-24 戻り値の例

```
{"id":1,"name":"masuda","age":48,"perfectureId":1,"perfecture":⦿
{"id":1,"name":"北海道"}}
```

Getボタンをクリックして、正常に動作が行われるとJSON形式のデータが返されます。

一覧を取得するGETメソッドでは配列でしたが、idを指定するGETメソッドでは1つの連想配列のJSON形式のデータが返されます。これがちょうどPersonクラスのプロパティにマッチングしています。

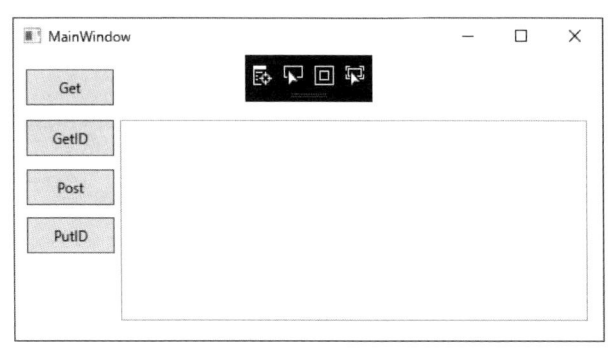

図8-26　IDがマッチしなかったとき

8

　_id変数の値を「0」のように検索にマッチしない状態で実行してみてください。すると、テキストボックスには何も表示されず空欄のままになります（図8-26）。これはWeb APIのGetメソッドがnullを返しているため、null値がJSON形式で空欄としてシリアライズされているためです。

8.4.4 │ 都道府県を選択式にする

　デシリアライズ用のプロジェクト（ClientJson2）にPersonプロパティの表示ができるように修正します（リスト8-25）。このとき、都道府県にComboBoxコントロールを使い、既存のデータから選択できるようにしておきましょう。

リスト8-25　修正した**XAML**

```xml
<Window ... >
    <Grid>
        ...
        <Button Click="clickGetId" Content="GetID"    ←①
            HorizontalAlignment="Left" Margin="10,54,0,0"
            VerticalAlignment="Top" Width="75" Height="30"/>
        ...
        <TextBlock Text="ID" HorizontalAlignment="Left" ➐
Margin="116,68,0,0"
            TextWrapping="Wrap"  VerticalAlignment="Top" ➐
Width="49"/>
        <TextBlock Text="名前:" HorizontalAlignment="Left" ➐
Margin="116,122,0,0"
            TextWrapping="Wrap"  VerticalAlignment="Top" ➐
Width="49"/>
        <TextBlock Text="年齢:" HorizontalAlignment="Left" ➐
Margin="116,94,0,0"
            TextWrapping="Wrap"  VerticalAlignment="Top" ➐
Width="49"/>
        <TextBlock Text="出身地:" HorizontalAlignment="Left" ➐
```

```
Margin="116,149,0,0"
        TextWrapping="Wrap" VerticalAlignment="Top" ↩
Width="49"/>
    <TextBox x:Name="textId" HorizontalAlignment="Left" ↩
Height="23"  ◀─②
        Margin="170,61,0,0" TextWrapping="Wrap" Text="" ↩
VerticalAlignment="Top" Width="165"/>
    <TextBox x:Name="textName" HorizontalAlignment="Left" ↩
Height="23"  ◀─③
        Margin="170,89,0,0" TextWrapping="Wrap" Text="" ↩
VerticalAlignment="Top" Width="165"/>
    <TextBox x:Name="textAge" HorizontalAlignment="Left" ↩
Height="23"  ◀─④
        Margin="170,117,0,0" TextWrapping="Wrap" Text="" ↩
VerticalAlignment="Top" Width="165"/>
    <ComboBox x:Name="comboPerfecture" ↩
HorizontalAlignment="Left"  ◀─⑤
        Margin="170,145,0,0" VerticalAlignment="Top" Width="165"
            SelectedValuePath="Id"
            DisplayMemberPath="Name" />

    ...
  </Grid>
</Window>
```

①でid付きのGETメソッドを呼び出すためのGetIDボタンを作成します。

IDと名前、年齢は②と③と④でTextBoxコントロールで作成しておきます。TextBoxコントロールにはそれぞれ名前を付けておきます。

都道府県のComboBoxコントロールは、⑤のように設定します。DataViewコントロールのデータバインドと同じように、ItemsSourceプロパティでバインドをします。このとき、選択時の値はSelectedValuePathプロパティで、表示する文字列はDisplayMemberPathプロパティで指定します。名前はcomboPerfectureとしておきます。

ComboBoxコントロールにバインドするためのデータを、WPFアプリケーション起動時に読み込んでおきましょう（リスト8-26）。

リスト8-26 **都道府県データを読み込む**

```
public MainWindow()
{
    InitializeComponent();
    this.Loaded += MainWindow_Loaded;  ◀─⑥
}
private async void MainWindow_Loaded(object sender, RoutedEventArgs e)
{
    // 都道府県データを読み込む
    var hc = new HttpClient();
    var res = await hc.GetAsync("http://localhost:5000/api/↩
Perfectures");  ◀─⑦
```

```
    var st = await res.Content.ReadAsStreamAsync();
    var js = new Newtonsoft.Json.JsonSerializer();
    var jr = new Newtonsoft.Json.JsonTextReader(new System.IO.↺
StreamReader(st));
    var items = js.Deserialize<IEnumerable<Perfecture>>(jr);   ←⑧
    comboPerfecture.ItemsSource = items;   ←⑨
}
```

⑥でアプリケーションをロードしたときのメソッドを指定します。

都道府県のデータは⑦のように「http://localhost:5000/api/Perfectures」として取得するようにします。

JsonSerializerを使ってデシリアライズした結果を、⑧で取得します。取得するデータの型は、Perfectureクラスのコレクションになります。

このコレクションを⑨でComboBoxコントロールのItemsSourceプロパティに設定してバインドを行います。

都道府県データを返すために、SampleWebApiプロジェクトにPerfecturesControllerクラスを追加しておきましょう。

リスト8-27　**PerfecturesControllerクラス**

```
[Route("api/[controller]")]
public class PerfecturesController : Controller
{
    private readonly ApplicationDbContext _context;

    public PerfecturesController(   ←⑩
        ApplicationDbContext context)
    {
        _context = context;
    }
    // GET: api/values
    [HttpGet]
    public IEnumerable<Perfecture> Get()   ←⑪
    {
        return _context.Perfecture.ToList();   ←⑫
    }
}
```

PerfecturesControllerクラスのコンストラクタで、⑩のようにデータベースコンテキストを保存しておきます。

都道府県の一覧を返すだけなので、⑪のGetメソッドだけを用意します。検索したデータは、ToListメソッドでコレクションに変換して、Getメソッドの戻り値にします。

Web APIができあがったら、試しにWPFアプリケーションを起動して、都道府県のデータがComboBoxコントロールに表示されるかどうかを確認してみましょう。

8.4.5 単一データをデシリアライズする

では、IDを指定して取得したJSON形式のデータをデシリアライズして、画面に表示させてみましょう。

リスト8-28 **clickGetId**メソッド

```
private async void clickGetId(object sender, RoutedEventArgs e)
{
    if (textId.Text == "") return;  ←①
    int id = int.Parse(textId.Text);  ←②
    var hc = new HttpClient();
    var res = await hc.GetAsync($"http://localhost:5000/api/⟳
People/{id}");  ←③
    var st = await res.Content.ReadAsStreamAsync();  ←④
    var js = new Newtonsoft.Json.JsonSerializer();
    var jr = new Newtonsoft.Json.JsonTextReader(new System.IO.⟳
StreamReader(st));
    var item = js.Deserialize<Person>(jr);  ←⑤
    if (item == null) return;  ←⑥
    textName.Text = item.Name;  ←⑦
    textAge.Text = item.Age.ToString();
    comboPerfecture.SelectedValue = item.PerfectureId;  ←⑧
}
```

取得するIDを指定して、GetIDボタンをクリックします(リスト8-28)。IDが指定されているかどうかを①でチェックし、②でint型に直します。

③でGetAsyncメソッドを使い、id付きのGETメソッドを呼び出します。

戻ってきたレスポンスメッセージは、④のContentプロパティのReadAsStreamAsyncメソッドで読み取り用のストリームを取得します。

デシリアライズされるデータ形式は⑤のDeserializeメソッドで指定します。Web APIプロジェクトのid付きのGetメソッドでは、Personオブジェクト返しています。

idの指定が「0」のときのように、Web APIのGetメソッドがnullを返したときには、⑤の戻り値がnullになります。このため正常にデータが取得できたかどうかを⑥でnullのチェックをします。

取得したデータはPersonクラスのオブジェクトとなるので、⑦でNameプロパティやAgeプロパティの値をTextBoxコントロールに表示させます。

都道府県の設定は、ComboBoxコントロールのSelectedValueプロパティに、PerfectureIdプロパティの値を設定することで指定した県名が表示されます。

図8-27　実行結果

　データ取得が成功すると、図8-27のように取得したPersonオブジェクトの値が画面に表示されます。HTTPプロトコルのGETメソッドは、データの検索に使われるため取得したJSON形式のデータをデシリアライズして扱うことになります。ただし、id付きのGETメソッドのように検索にマッチしない場合には、デシリアライズに失敗し、オブジェクトの値がnullになるため取得したデータのチェックが必須になります。

8.5 | POSTメソッドでデータを新規作成する

　Web APIのPOSTメソッドを使い、データを新規作成します。ASP.NET MVCアプリケーションのCreateメソッドにあたる機能になります。POSTメソッドでは、GETメソッドとは異なりデータをJSON形式で送信するためにシリアライズを使います。

8.5.1 | Postメソッドの解説

　PeopleControllerクラスのPostメソッドの詳細を見ていきましょう（リスト8-29）。
　ASP.NET MVCアプリケーションのスキャフォールディング機能で作成したCreateメソッドと同じように、Personテーブルに新規のデータを作成するメソッドになります。
　ASP.NET MVCアプリケーションの場合は、ブラウザーから入力フォームを使ってデータを送信していました。このとき、Bind属性を使って自動でPersonクラスにデータが変換されていました。Web APIの場合も同じように、Postメソッドが呼び出されたときに引数のPersonオブジェクトにクライアントからのデータが設定された状態になります。Web APIのPostメソッドでは、変換となる対象のデータとしてFromBody属性を付けます。

リスト8-29 **Post**メソッド

```
[HttpPost]   ←①
public async Task<int> Post([FromBody]Person person)   ←②
{
    _context.Add(person);   ←③
    await _context.SaveChangesAsync();   ←④
    return person.Id;   ←⑤
}
```

　HTTPプロトコルのPOSTメソッドに対応するように、①でHttpPost属性を設定します。
　Postメソッドの引数は、②のようにクライアントから渡されてきたPersonオブジェクトに
なります。オブジェクトの中身は、InputFomenterによりJSON形式のデータから変換され
ます。変換元のデータがHTTPプロトコルのボディ部に示されていることをFromBody属性
で指定しておきます。
　クライアントから設定されたデータを③でデータベースコンテキストに追加し、④でデー
タベースに反映させます。
　POSTメソッドは、GETメソッドと違い戻り値は必要ありません。しかし、新規に作成し
たデータを検索するためにIDが必要となるので、ここでは⑤のように、新しく作成した
PersonオブジェクトのIdプロパティの値を返しています。ここでは、Idプロパティの型はint
型になります。
　ここでは、Personオブジェクトの整合性はチェックしていません。実際にはクライアント
から渡されてきたオブジェクトの内容がデータベースに保存できるかどうかを②の前に挿入
するとよいでしょう。内容のチェックでエラーが発生した場合は、不正のIDとして「-1」な
どを返します。

8.5.2 | HttpClient.PostAsyncメソッドの呼び出し

　クライアントでPostボタンをクリックしたときのclickPostメソッドを実装していきま
しょう（リスト8-30）。

リスト8-30 **clickPost**メソッド

```
private async void clickPost(object sender, RoutedEventArgs e)
{
    var hc = new HttpClient();
    var data = new Dictionary<string, string> {   ←①
        { "Name", "new person" },
        { "EmployeeNo", "ABC-9999" },
        { "PerfectureId", "1"  },
        { "Age", "99" }
    };
    var json = Newtonsoft.Json.JsonConvert.SerializeObject(data);   ←①
    var cont = new StringContent(json, Encoding.UTF8, ⟳
"application/json");   ←③
```

```
        var res = await hc.PostAsync("http://localhost:5000/api/⏎
People", cont);  ←④
        var str = await res.Content.ReadAsStringAsync();  ←⑤
        textResult.Text = str;  ←⑥
        _id = int.Parse(str);  ←⑦
    }
```

　データ更新のテストを単純にするために、POSTメソッドに渡すデータをプログラムコードに固定で記述しています。①でDictionaryクラスを使い、JSON形式のキーと値のペアを作ります。

　JsonConvert.SerializeObjectメソッドを使うことで、②のようにDictionaryからJSON形式の文字列（string型）に変換ができます。

送信するデータのConetnt-Typeを③で指定します。JSON形式なので「application/json」と指定して、StringContentクラスを使い、コンテンツオブジェクトを作成します。

できあがったコンテンツオブジェクトを引数にして、④のようにPostAsyncメソッドを実行します。

　Web APIからの戻り値を⑤で文字列として読みだして、⑥で画面に表示させています。

更新したときのIDを、⑦で_id変数に保存しておきます。

　Web APIのPostメソッドが正常に実行されたかどうかのチェックをここではやっていません。実際には戻り値となるint型のIdをチェックするなどの方法が必要になります。

8.5.3 ┃ Postメソッドの戻り値

　Web APIアプリケーション側のPeopleControllerクラスのPostメソッドの戻り値をint型にしました。エラー値を「-1」と決めることもできますが、ここではHTTPプロトコルのレスポンスのステータスを利用することにします。

リスト8-31　戻り値を**IActionResult**型にする

```
[HttpPost]
public async Task<IActionResult> Post([FromBody]Person person)
{
    if ( ... )
    {
        // エラーが発生した場合
        return NotFound();
    }
    _context.Add(person);
    await _context.SaveChangesAsync();
    return Ok(person.Id);
}
```

　Postメソッドの戻り値を、HTTPプロトコルのステータスが返せるようにIActionResult型に変更します（リスト8-31）。引数のPersonオブジェクトの内容でエラーが発生した場合、

NotFoundメソッドを呼び出して404のエラーを発生させます。

正常にデータが更新されたときはOKメソッドを使い、新しく作成したIDを返します。

リスト8-32　ステータスをチェックする

```
var res = await hc.PostAsync("http://localhost:5000/api/People", cont);
if ( res.StatusCode != System.Net.HttpStatusCode.OK )
{
    MessageBox.Show("新規作成時にエラーが発生しました");
    return;
}
var str = await res.Content.ReadAsStringAsync();
textResult.Text = str;
```

クライアント側ではレスポンスのStatusCodeプロパティの値をチェックします（リスト8-32）。ステータスがOK以外のときは何らかのエラーが発生したとみなして、エラーメッセージを表示させます。

正常に挿入が行われた場合は、レスポンスの戻り値として新規に作成したデータのIDが返ります。

8.5.4 | 送信データをシリアライズする

ClientJsonプロジェクトではDictionaryクラスを使って送信するJSON形式の文字列を作りましたが、もう1つのClientJson2プロジェクトでは直接PersonクラスのオブジェクトをJSON形式にシリアライズしてみましょう。

リスト8-33　**clickPost**メソッド

```
private async void clickPost(object sender, RoutedEventArgs e)
{
    var hc = new HttpClient();
    var data = new Person  ←①
    {
        Name = textName.Text,
        Age = int.Parse(textAge.Text),
        PerfectureId = (int)comboPerfecture.SelectedValue
    };
    var json = Newtonsoft.Json.JsonConvert.SerializeObject(data);  ←②
    var cont = new StringContent(json, Encoding.UTF8, ➲
"application/json");  ←③
    var res = await hc.PostAsync("http://localhost:5000/api/➲
People", cont);  ←④
    var str = await res.Content.ReadAsStringAsync();  ←⑤
    textId.Text = str;  ←⑥
}
```

新しく作成するPersonクラスのデータを①で作成します（リスト8-33）。データの新規作成のためIdプロパティの値は「0」になります。

②ではJsonConvert.SerializeObjectメソッドを使い、PersonオブジェクトをJSON形式の文字列に変換します。

送信するときのContent-Typeを③で指定して、コンテンツオブジェクトを作成します。

④でPostAsyncメソッドを使ってPOSTメソッドを呼び出し、戻り値を⑤で受け取ります。受け取ったデータをIDとして⑥で表示させています。

図8-28　実行結果

データ作成が成功すると、画面でIDの値が変わります。挿入されたデータを確認するために、GetボタンをクリックしてDataViewコントロールの内容を更新しています（図8-28）。

8.6 | PUTメソッドでデータを更新する

Web APIのPUTメソッドを使い、既存のデータを更新します。ASP.NET MVCアプリケーションのEditメソッドにあたる機能になります。PUTメソッドでは、POSTメソッドと同じようにデータをJSON形式で送信するためにシリアライズを使います。

8.6.1 | Putメソッドの解説

PeopleControllerクラスのPutメソッドの詳細を見ていきましょう（リスト8-34）。

ASP.NET MVCアプリケーションのスキャフォールディング機能で作成したEditメソッドと同じように、Personテーブルの既存データを更新するメソッドになります。

Postメソッドと同じように、Putメソッドが呼び出されたときに引数のPersonオブジェクトにクライアントからのデータが設定された状態になります。Web APIのPostメソッドでは、変換となる対象のデータとしてFromBody属性を付けます。

リスト8-34 **Put**メソッド

```
[HttpPut("{id}")]  ←①
public async Task<int> Put(int id, [FromBody]Person person)  ←②
{
    if (id != person.Id)  ←③
    {
        return -1;
    }
    _context.Update(person);  ←④
    await _context.SaveChangesAsync();  ←⑤
    return person.Id;  ←⑥
}
```

　HTTPプロトコルのPUTメソッドに対応するように、①でHttpPut属性を設定します。id
がURLアドレスに埋め込まれることを示すため、「{id}」と指定しておきます。

　Putメソッドの引数は、②のようにクライアントから渡されてきたPersonオブジェクトで
す。Postメソッドと同じように変換元のデータがHTTPプロトコルのボディ部に示されてい
ることをFromBody属性で設定します。

　③でURLアドレスで埋め込まれたidと、ボディ部で渡されたIdプロパティの値が一致する
かをチェックします。

　クライアントから設定されたデータを④でデータベースコンテキストに対して更新し、⑤
でデータベースに反映させます。

　PUTメソッドもPOSTメソッドと同じように戻り値は必要ありません。ここでは③の
チェックでエラーが発生したときには「-1」を、正常に更新が行われた場合は元のIdプロパ
ティを返しています。

8.6.2 | HttpClient.PutAsyncメソッドの呼び出し

　クライアントでPutIdボタンをクリックしたときのclickPutIDメソッドを実装していきま
しょう (リスト8-35)。

リスト8-35 **clickPutId**メソッド

```
private async void clickPutId(object sender, RoutedEventArgs e)
{
    var hc = new HttpClient();
    var data = new Dictionary<string, string> {  ←①
        { "Id", _id.ToString() },
        { "Name", "update person" },
        { "EmployeeNo", "ABC-9999" },
        { "PerfectureId", "1"  },
        { "Age", "99" }
    };
    var json = Newtonsoft.Json.JsonConvert.SerializeObject(data);  ←②
    var cont = new StringContent(json, Encoding.UTF8, ➋
```

```
"application/json");  ◄─③
    var res = await hc.PutAsync($"http://localhost:5000/api/⏎
People/{_id}", cont);  ◄─④
    var str = await res.Content.ReadAsStringAsync();  ◄─⑤
    textResult.Text = str;
}
```

　POSTメソッドのときと同じように、データ更新のテストを単純にするためにデータをプログラムコードに固定で記述しています。①でDictionaryクラスを使い、JSON形式のキーと値のペアを作ります。Idプロパティは、GETメソッドで確認をした_id変数を使っています。

　作成したオブジェクトを②のJsonConvert.SerializeObjectメソッドでJSON形式の文字列に変換します。

　③でコンテンツオブジェクトを作成して、④でPutAsyncメソッドでWeb APIを呼び出します。

　Web APIを呼び出したときの戻り値は⑤で取得し、テキストボックスに表示させています。正常に処理が終われば、元のIDが返されるため画面に変化はありません。

8.6.3 | Putメソッドの戻り値

　Postメソッドと同じように、Putメソッドも戻り値にHTTPプロトコルのレスポンスのステータスを利用する方法を使えます。PeopleControllerクラスのPutメソッドが成功した場合には、Ok(person.Id)を使い、指定したIdが見つからないなど更新ができなかった場合はNotFound()を使うことができます（リスト8-36）。

リスト8-36　戻り値を`IActionResult`型にする

```
[HttpPut("{id}")]
public async Task<IActionResult> Put(int id, [FromBody]Person person)
{
    if (id != person.Id)
    {
        return NotFound();
    }
    _context.Update(person);
    await _context.SaveChangesAsync();
    return Ok(person.Id);
}
```

　あるいは、Personテーブルに更新日時のCreateDateカラムを追加して、データ更新をした時刻を保存する場合には、Personオブジェクトそのものを返す方法も使えます（リスト8-37）。

リスト8-37　更新日時を追加する

```
[HttpPut("{id}")]
```

```
public async Task<IActionResult> PutX(int id, [FromBody]Person person)
{
    if (id != person.Id)
    {
        return NotFound();
    }
    person.CreateDate = DateTime.Now;
    _context.Update(person);
    await _context.SaveChangesAsync();
    return Ok(person);
}
```

更新日時をチェックすることで、同じレコードに対する二重更新を防ぐことが可能になります。

8.6.4 | 送信データをシリアライズする

POSTメソッドのときと同じように、ClientJson2プロジェクトで直接PersonクラスのオブジェクトをJSON形式にシリアライズしてみましょう（リスト8-38）。

リスト8-38 **clickPost**メソッド

```
private async void clickPutId(object sender, RoutedEventArgs e)
{
    if (textId.Text == "") return;
    int id = int.Parse(textId.Text);   ←①
    var data = new Person   ←②
    {
        Id = id,
        Name = textName.Text,
        Age = int.Parse(textAge.Text),
        PerfectureId = (int)comboPerfecture.SelectedValue
    };
    var json = Newtonsoft.Json.JsonConvert.SerializeObject(data);   ←③
    var cont = new StringContent(json, Encoding.UTF8, ◎
"application/json");   ←④
    var hc = new HttpClient();
    var res = await hc.PutAsync($"http://localhost:5000/api/◎
People/{id}", cont);⑤
}
```

①で更新対象となるPersonデータのIDをTextBoxコントロールから取得します。
②で更新する新しく作成するPersonクラスのデータを作成します。
JsonConvert.SerializeObjectメソッドを使って③でJSON形式の文字列に変換し、④でコンテンツオブジェクトを作成します。

⑤ではPutAsyncメソッドを使い、Personテーブルの更新を行います。

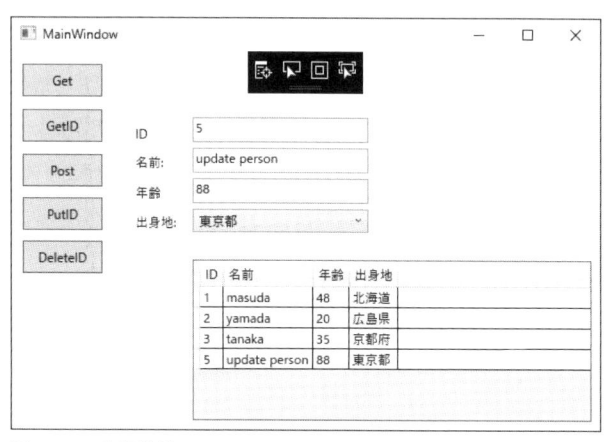

図8-29　実行結果

　データ更新が成功したあとに、更新したデータを確認するためにGetボタンをクリックして、DataViewコントロールの内容を更新しています（図8-29）。

8.7 DELETEメソッドでデータを削除する

　最後にWeb APIのDELETEメソッドを使い、既存のデータを削除します。ASP.NET MVCアプリケーションのDeleteメソッドにあたる機能になります。DELETEメソッドでは、id付きのGETメソッドと同じようにURLアドレスの指定だけでデータを削除します。

8.7.1 Deleteメソッドの解説

　PeopleControllerクラスのDeleteメソッドの詳細を見ていきましょう（リスト8-39）。
　ASP.NET MVCアプリケーションのスキャフォールディング機能で作成したDeleteメソッドと同じように、Personテーブルの既存データを削除するメソッドになります。

リスト8-39　Deleteメソッド

```
[HttpDelete("{id}")]   ◀―①
public async Task Delete(int id)   ◀―②
{
    var person = await _context.Person.SingleOrDefaultAsync(m => ↩
m.Id == id);   ◀―③
    _context.Person.Remove(person);   ◀―④
    await _context.SaveChangesAsync();   ◀―⑤
}
```

　HTTPプロトコルのDELETEメソッドに対応するように、①でHttpDelete属性を設定します。idがURLアドレスに埋め込まれることを示すため、「{id}」と指定しておきます。

　Deleteメソッドの引数は、②のようにidになります。このメソッドには戻り値がないため、非同期処理を行うasyncキーワードだけが付きます。

　③でデータベースから指定したidにマッチするPersonオブジェクトを取得します。

　取得したデータに対して、④でデータベースコンテキストのRemoveメソッドで、該当するデータを削除します。

　⑤でデータベースに反映を行います。

8.7.2 | HttpClient.DeleteAsyncメソッドの呼び出し

　ClientJson2プロジェクトでidを指定してデータを削除してみましょう（リスト8-40）。

リスト8-40　**clickDeleteId**メソッド

```
private async void clickDeleteId(object sender, RoutedEventArgs e)
{
    if (textId.Text == "") return;   ←①
    int id = int.Parse(textId.Text);   ←②
    var hc = new HttpClient();
    var res = await hc.DeleteAsync($"http://localhost:5000/api/↺
People/{id}");   ←③
}
```

　TextBoxコントロールにIDが指定されているかどうかを①でチェックします。設定されていれば②でid変数に代入します。

　③では、DeleteAsyncメソッドを使いWeb APIのDELETEメソッドを呼び出します。戻り値のレスポンスは無視しています。

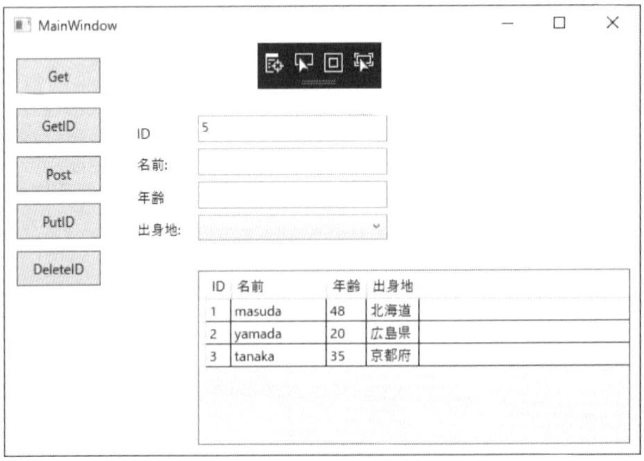

図8-30　実行結果

　データの削除に成功したあとに、GetボタンをクリックしてDataViewコントロールの表示
を更新しています（図8-30）。
　これで、Web APIで使われる4つのメソッドの解説が終わりました。次はクライアントに
ブラウザを使い、jQueryでWeb APIにアクセスする方法を解説しましょう。

8.8 | jQueryからWeb APIの呼び出し

　Web APIアプリケーションのクライアントは、WPFアプリケーションやWindowsフォー
ムアプリケーションのようなデスクトップのアプリケーションだけではありません。ブラウ
ザからJavaScriptを使って、指定のWeb API　を呼び出すことができます。
　ここではjQueryを使ってWeb APIを呼び出してみましょう。

8.8.1 | ブラウザーからWeb APIを呼び出す

　Microsoft EdgeのようなブラウザーからASP.NETで作成されたWeb APIに接続すること
ができます。Visual Studioで作成するASP.NET MVCアプリケーションやWeb APIアプリ
ケーションのひな型では、jQueryが自動的に組み込まれます。ここでは、jQueryを使って
Web APIにアクセスする例を見ていきましょう。
　jQueryでWeb APIにアクセスする方法はいくつかあります。$.get()や$.post()を使う方法
もありますが、ここではエラー状態の取得できる$.ajax()を使った例を示します。

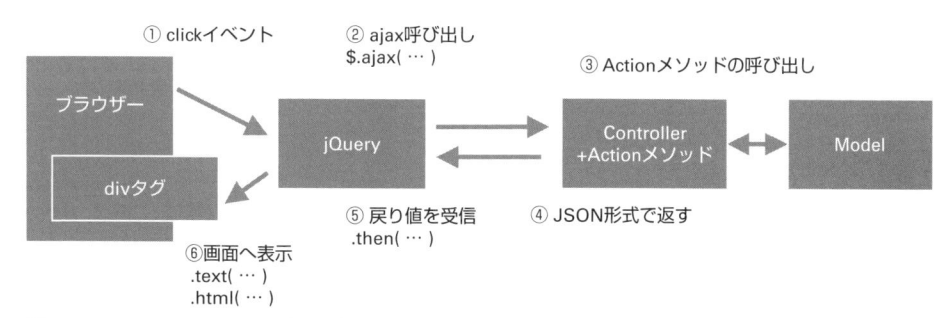

図8-31　jQueryでWeb APIを呼び出す仕組み

　図8-31のように、ブラウザーでユーザーが①でボタンをクリックします。このボタンクリッ
クのイベントで、②の$.ajax()を呼び出します。このとき、$.ajax関数の引数は、Web APIの
URLアドレスになります。
　Web APIアプリケーションでは、④で呼び出されたActionメソッドの処理を行い、結果を
④のJSON形式で返します。この戻り値を、⑤のthen()で受けます。Web API呼び出しでエ
ラーが発生した場合は、fail()になります。戻ってきたJSON形式をJavaScriptで解析して、⑥
の.text()や.html()で画面に表示させます。

　今まで解説してきたWPFアプリケーションのHttpClientのときと同じようにWeb APIを呼び出すことが可能です。jQueryの場合は、JSON形式をそのまま扱える（JavaScriptの連想配列そのものである）ので、クライアントとなるブラウザー側でJSON形式のデータのデシリアライズの処理がいらなくなります。

8.8.2 │ jQueryを使うWebアプリケーションを準備する

　ブラウザーからWeb APIを呼び出すときは、クロスサイトスクリプティング（XSS）に注意します。JavaScriptでは、ブラウザーで表示しているWebサーバーから別のWebサーバーのWeb APIを直接呼び出すことができません。Web APIを提供するWebサーバーとWeb APIを呼び出すスクリプトを提供するWebサーバー（ブラウザーの内容を表示しているWebサーバー）は同一でなければいけません。異なるWebサーバーを使う場合には、JSONPの方式を使う必要があります。

　本書の例では、プログラムを簡潔にするために、同一のWebサーバーで、スクリプトの提供とWeb APIの提供を行う普通の方式で解説しましょう。

　「SampleWebApi」のプロジェクトとは別に「ClientWeb」プロジェクトを作成します。SampleWebApiソリューションを右クリックして、［追加］→［新しいプロジェクト］で新しいプロジェクトの追加］ダイアログを開きます。利用するプロジェクトのテンプレートは、［Visual C#］→［Web］の中から［ASP.NET Core Web Applicaiton(.NET Core)］を使い、［New ASP.NET Core Web Applicaiton (.NET Core)］ダイアログでは［Webアプリケーション］を選択します（図8-32）。

図8-32　［New ASP.NET Core Web Applicaiton (.NET Core)］ダイアログ

　ブラウザーでHTML形式で表示させるために、ASP.NET MVCアプリケーションを使い

ます。そして、［Controllers］フォルダーにWeb APIを提供するPeopleControllerクラスを作ることになります（図8-33）。

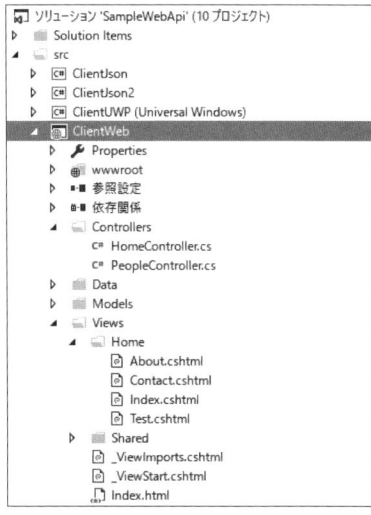

図8-33 ClientWebプロジェクトの構成

元のSampleWebApiプロジェクトから、以下の4つのファイルをそのままClientWebプロジェクトにコピーします。

- Controllers/PeopleController.cs
- Data/ApplicationDbContext.cs
- Models/Perfecture.cs
- Models/Person.cs

名前空間は「SampleWebApi」のままでもかまいません。データベースにアクセスするための処理をStartup.csファイルに追加します（リスト8-41）。

リスト8-41 **Startup.cs**ファイルの修正

```
public void ConfigureServices(IServiceCollection services)
{
    services.AddDbContext<ApplicationDbContext>(options =>  ←①
        options.UseSqlServer(Configuration.GetConnectionString↩
("DefaultConnection")));
    // Add framework services.
    services.AddMvc();
}
```

StartupクラスのConfigureServicesメソッドに、①の行を追加します。接続文字列をappsettings.jsonから取得する処理になります。

この接続文字列を保存しているDefaultConnectionをappsettings.jsonに追加します（リスト8-42）。

リスト8-42　**appsettings.json**の修正

```
{
  "ConnectionStrings": {  ◀─②
    "DefaultConnection": "Server=(localdb)¥¥mssqllocaldb;Database⟳
=aspnet-SampleWebApi-180D65E8-0A4B-42D1-9F7F-8B3FBF38F8E8;⟳
Trusted_Connection=True;MultipleActiveResultSets=true"
  },
  "Logging": {
    "IncludeScopes": false,
    "LogLevel": {
      "Default": "Debug",
      "System": "Information",
      "Microsoft": "Information"
    }
  }
}
```

②の行を、SampleWebApiプロジェクトのappsettings.jsonファイルからコピーして、ClientWebプロジェクトのものに追加します。データベースの接続文字列を、SampleWebApiプロジェクトのものと同じにすることで、既に作成済みのデータベースを扱えます。データベース内のデータを修正したい場合は、SampleWebApiプロジェクトをデバッグ実行してデータを更新するか、SQL Server Management Studioで直接編集をします。

これで、Web APIを提供する準備が終わりました。次は、Web APIを呼び出すためのViewページを追加しましょう。

8.8.3 | Web APIを呼び出すViewページを作成

［Views/Home］フォルダーを右クリックして、［追加］→［新しい項目］を選択します。［新しい項目の追加］ダイアログで［MVCビューページ］を選択します。名前は「Test.cshtml」にしておきましょう。

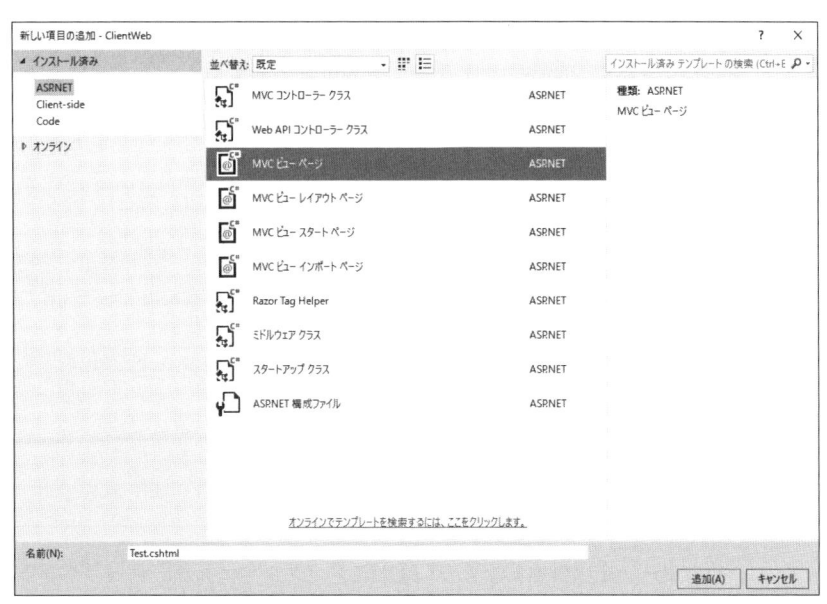

図8-34　［新しい項目の追加］ダイアログ

リスト8-43　**Test.cshtml**

```
@{
    ViewData["Title"] = "Web API TEST";  ←①
}
<h2>Web API test</h2>
<p>
    <input id="btnGet" type="button" value="Get" />  ←②
</p>
<p>
    <input id="btnGetID" type="button" value="GetID" />  ←③
</p>
<div id="msg">Response message.</div>  ←④
```

　ここでは、一覧を取得するためのGETメソッドと、id付きのGETメソッドの2つのWeb
API呼び出しを試しています（リスト8-43）。
　①でViewページのタイトルを付けます。
　②では、inputタグでボタンを作り、id属性に「btnGet」を設定しておきます。jQueryでは
「$("#btnGet")」として参照ができます。表示は「Get」にしておきます。
　同じように、③ではid属性に「btnGetID」を設定しておきます。ボタンの表示は「GetID」
です。
　④はレスポンスを表示するためのdivタグです。「$("#msg")」で参照できるようにしておき
ます。
　次にTestページを表示するためのActionメソッドをHomeControllerクラスに追加します。

リスト8-44　**HomeController**クラスに**Test**メソッドを追加

```
public class HomeController : Controller
{
    ...
    public IActionResult Test()    ←⑤
    {
        return View();
    }
}
```

　Testページを表示するだけなので、⑤のようにViewメソッドを呼び出すActionメソッドを作成しておきます。

8.8.4 | GETメソッドの呼び出し

　一覧のデータを取得するためのGetボタンをクリックしたときのイベントをスクリプトで書いていきましょう（リスト8-45）。

リスト8-45　スクリプトの記述

```
@section scripts    ←①
{
    <script>    ←②
        $(function () {    ←③
            $('#btnGet').click(function () {    ←④
                $.ajax("/api/People")    ←⑤
                .then(function (res) {    ←⑥
                    var msg = "";
                    for (var i = 0; i < res.length; i++) {    ←⑦
                        msg += res[i].name + " "    ←⑧
                            + res[i].age + " " + res[i].❍
perfecture.name + "<br />";
                    }
                    $("#msg").html(msg);    ←⑨
                })
                .fail(function () {    ←⑩
                    $("#msg").text("error");
                });
            });
        });
    </script>
}
```

　ASP.NET MVCアプリケーションのViewページにJavaScriptを記述する場合は、①のように@seciton キーワードを使うと便利です。@seciton キーワードでは、レイアウトページな

どで設定されたセクション（場所）にコードを埋め込むことができます。「@section scripts |… |」でスクリプトを記述することによって、_Layout.cshtml内で指定されている「@RenderSection("scripts", required: false)」の場所に、スクリプトのコードが書き込まれます。@RenderSectionの指定は、スクリプトだけでなくヘッダーやフッターなどのレイアウト上ではあらかじめ場所を決めておきたいときに使います。

スクリプトを示すためのscriptタグを②で記述します。

③は変数利用のための無名関数の記述です。

ボタンをクリックしたときの処理を④で記述し、Web APIを$.ajax関数を使い⑤の用に呼び出します。

Web APIからのレスポンスは⑥のthenメソッド内に記述します。

レスポンスメッセージはJSON形式の配列となるため、⑦でlengthプロパティで配列の長さを取得し、⑧のようにmsg変数につなげていきます。JSON形式なのでres[i].nameのように、連想配列を直接参照できます。

できあがったメッセージを、⑨で表示させます。改行のbrタグを有効にするためにhtmlメソッドを使っています。

Web APIでエラーが発生したときの処理は、⑩のようにfailメソッド内に記述します。

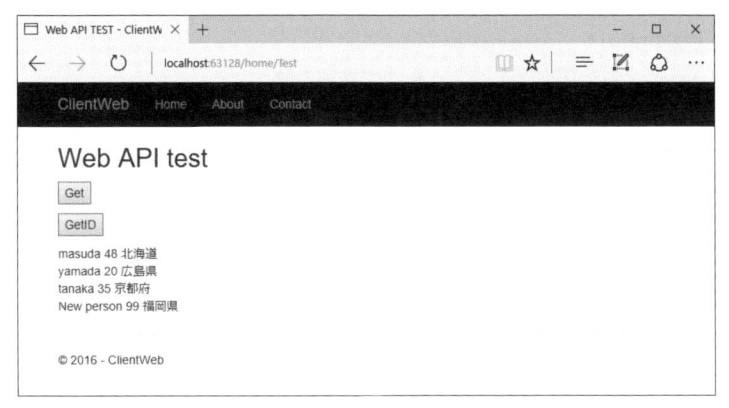

図8-35　GETメソッドの実行

Visual StudioでClientWebプロジェクトをデバッグ実行して「http://localhost:5000/Home/Test」にアクセスします。GetボタンをクリックしてWeb APIを呼び出すと、Personテーブルの内容が表示されます（図8-35）。

8.8.5 ｜ id付きGETメソッドの呼び出し

もう1つのid付きのGETメソッドを呼び出してみましょう。先に記述したJavaScriptにコードを追加していきます（リスト8-46）。

リスト8-46　スクリプトの追加

```
@section scripts
{
    <script>
        ...
        $(function () {  ←①
            $('#btnGetID').click(function () {  ←②
                $.ajax("/api/People/3")  ←③
                .then(function (res) {  ←④
                    $("#msg").text(res.name + " " + res.age);  ←⑤
                })
                .fail(function () {  ←⑥
                    $("#msg").text("error");
                });
            });
        });
    </script>
}
```

①で変数利用のための無名関数を作成します。

GetIDボタンのクリックイベントを②で記述します。

$.ajax関数を使いWeb APIを呼び出します。URLアドレスに読み込み対象のIDを指定しておきます。実際は、IDを指定するためのinputタグを作成して、ユーザーにIDを入力して貰うことになります。

Web APIのレスポンスメッセージは、④のthen関数で処理をします。

レスポンスメッセージは、連想配列となります。⑤のように連想配列のキー名（nameやage）を使ってそれぞれの値を取り出せます。これをtextメソッドで表示させます。

Web APIでエラーが発生した場合は、⑥のfailメソッドの記述が実行されます。

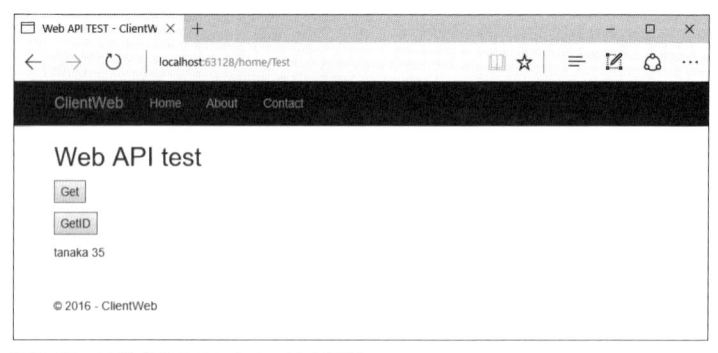

図8-36　id付きのGETメソッドの実行

GetIDボタンをクリックするとidでデータを検索して、1つのPersonオブジェクトを返します（図8-36）。

8.8.6 │ POSTメソッドとPUTメソッド

　jQueryの$.ajax関数では、GETメソッド以外で送信するときは、typeを指定します。type
に各メソッドの名前を指定し、送信するデータ形式をcontentTypeに設定します。JSON形式
で送信するために「application/json; charset=utf-8」のように文字コードも含めて指定しま
す。

　次に、実際にPOSTメソッドとPUTメソッドの例を示します（リスト8-47、8-48）。

リスト8-47　**POSTメソッドの場合**

```
$.ajax("/api/People", {
    type: 'POST',
    contentType: 'application/json; charset=utf-8',
    data: JSON.stringify({ name: 'new person', age: 99, ⏎
perfectureid: 2 })
})
```

リスト8-48　**PUTメソッドの場合**

```
var id = 10;
$.ajax("/api/People/" + id, {
    type: 'PUT',
    contentType: 'application/json; charset=utf-8',
    data: JSON.stringify({ id: id, name: 'update person', ⏎
age: 88, perfectureid: 1 })
})
```

　JavaScriptの連想配列から、JSON形式の文字列への変換は、JSON.stringify関数を使うと
よいでしょう。ここの例では、名前や年齢などはコード内に固定で記述しましたが、実際は
inputタグなどを使いユーザーから入力されたものを利用してWeb APIの呼び出しを行います。

　jQueryを使うと、Web APIのクライアントとしてブラウザーも利用できます。

8.9 │ WPFアプリからWeb APIの呼び出し

　デスクトップアプリケーションのクライアントサンプルとしてWPFアプリケーションを
作ってみましょう。WPFアプリケーションで使われているXAMLでは、データバインディ
ングを利用したMVVMパターンが利用されます。ここではクライアントアプリでMVVMパ
ターンを使ったWeb API呼び出しを作ってみます。

8.9.1 | MVVMパターンの仕組み

WPFアプリケーションのようなUIがXAMLで記述されているプログラムでは、MVVMパターンがよく使われます。MVVMパターンは、アプリケーションの構造をModel、ViewModel、Viewの3つの部分に分けて設計します（図8-37）。ちょうど、MVCパターンが、Mode、View、Controllerに分かれているように、ユーザーインターフェイス（UI）部分を業務ロジックからうまく切り離せる仕組みとなります。

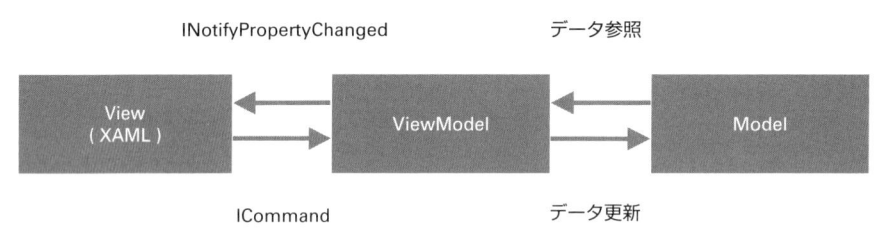

図8-37　MVVMパターン

WPFアプリケーションのMVVMパターンでは、ViewにXAMLが使われています。HTML記述と同じようにタグで記述できるため、Visual Studioのデザイナーを使い画面の作成ができるほかに、直接XAMLコードを編集することができます。

Modelは、データベースのEntity Frameworkを直接利用したり、データをファイルに保存するためのクラスになります。

ViewModelは、MVCパターンのControllerクラスと同じように、ViewとModelをつなげるロジックになります。MVCパターンでは、ViewがModelクラスを直接参照していましたが、MVMMパターンではViewとModelは直接つながってはいません。Viewへのデータの反映は、INotifyPropertyChangedインターフェイスやICommandインターフェイスを使います。

INotifyPropertyChangedインターフェイスはViewModelクラスが持つプロパティをViewページに反映する仕組みになり、ICommandインターフェイスはViewの操作イベントをViewModelクラスに伝える仕組みになります。

8.9.2 | MVVMパターンを使うWPFアプリケーションの準備

では、MVVMパターンを使ったWPFプロジェクトを作成していきましょう。SampleWebApiソリューションをVisual Studioで開き、ソリューションエクスプローラーで［src］フォルダーを右クリックして、［追加］→［新しいプロジェクト］を選択し、［新しいプロジェクトの追加］ダイアログを開きます（図8-38）。

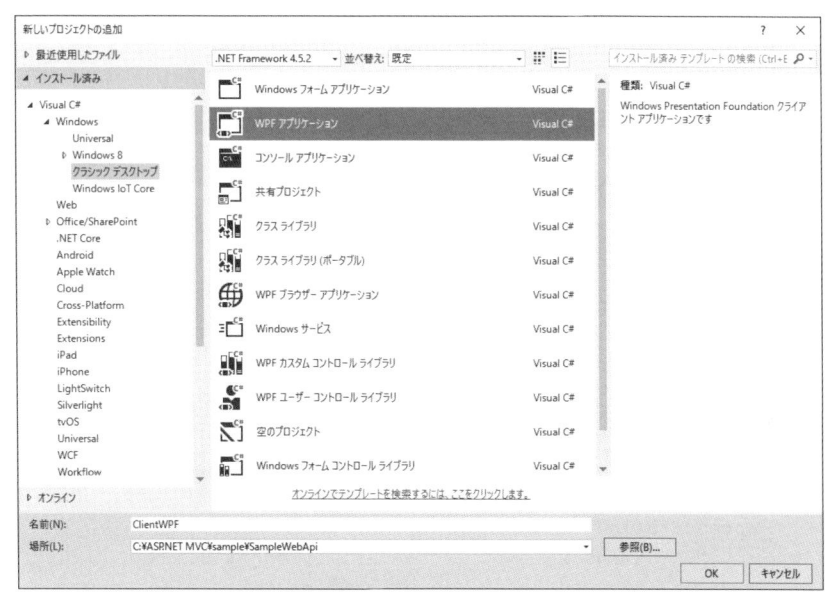

図8-38　［新しいプロジェクトの追加］ダイアログ

　テンプレートで［Visual C#］→［Windows］→［クラシックデスクトップ］を開き、［WPF
アプリケーション］を選択しましょう。プロジェクト名は「ClientWPF」にしておきます。
　Web APIを提供するSampleWebApiプロジェクトから2つのModelクラスをコピーしま
す（図8-39）。

- ■ Models/Perfecture.cs
- ■ Models/Person.cs

　名前空間は「SampleWebApi」のままでもかまいません。「using Microsoft.EntityFrame
workCore」や「using System.ComponentModel.DataAnnotations」でビルドエラーが発生す
るので削除しておきます。

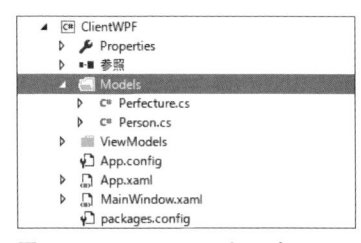

図8-39　Modelクラスをコピー

　NuGetパッケージマネージャーを使い、Newtonsoft.Jsonをインストールしておきます（図
8-40）。JsonのライブラリはWeb APIから渡されたJSON形式のデータをデシリアライズし
たり、データの更新時にJSON形式にシリアライズするときに使います。

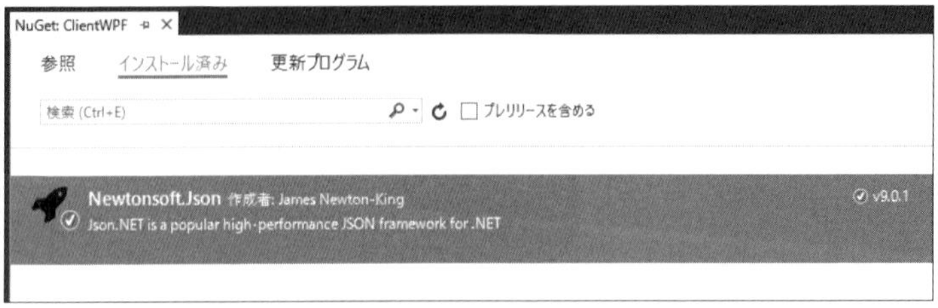

図8-40　NuGetパッケージマネージャー

　ViewであるXAMLは、「8.3　GETメソッドで一覧データを取得」などで作成した ClientJson2プロジェクトのXAMLを適宜コピーして使います（リスト8-49）。

リスト8-49　**XAMLをコピーする**

```
<Window x:Class="ClientWPF.MainWindow"
        xmlns="http://schemas.microsoft.com/winfx/2006/xaml/◕
presentation"
        xmlns:x="http://schemas.microsoft.com/winfx/2006/xaml"
        xmlns:d="http://schemas.microsoft.com/expression/◕
blend/2008"
        xmlns:mc="http://schemas.openxmlformats.org/markup-◕
compatibility/2006"
        xmlns:local="clr-namespace:ClientWPF"
        mc:Ignorable="d"
        Title="MainWindow" Height="387" Width="569">  ◀①
    <Grid>  ◀②
        <Button Click="clickGet" Content="Get"
            HorizontalAlignment="Left" Margin="10,10,0,0" ◕
VerticalAlignment="Top"
            Width="75" Height="30"/>
            ...
    </Grid>
</Window>
```

　WindowsタグにはクラスnázがHeight属性されているので、①のWindowの大きさを設定する Height属性とWidth属性の値と、ボタンなどが配置されている②のGridタグをコピーします。
　ButtonタグのClick属性に書かれている「clickGet」の場所で、F12キーを押して、ボタンクリック時のイベントを生成します。これらの作業を行って、ビルドをしてエラーがでなければプロジェクトの準備は完了です。

8.9.3 | ViewModelを作成

　では、ViewModelクラスを作っていきましょう。ClientWPFプロジェクトに、［View Models］フォルダーを作成して「MyViewModel.cs」ファイルを追加します。

MyViewModelクラスは、プロパティの更新を通知するためのINotifyPropertyChangedインターフェイスを実装していきます。

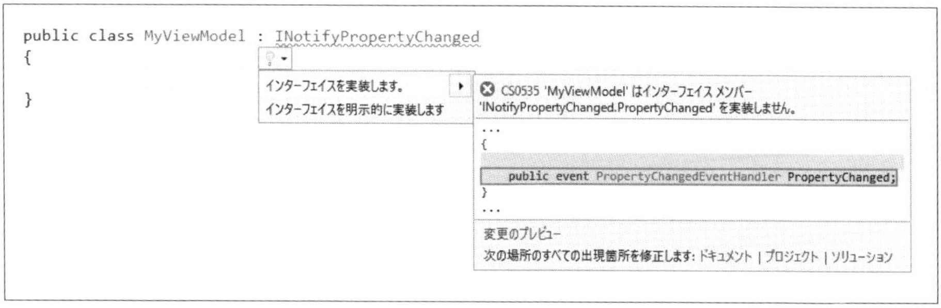

図8-41 クイック操作

INotifyPropertyChangedインターフェイスを継承したら、クイック操作でインターフェイスを実装していくと便利です（図8-41）。

リスト8-50 **MyViewModel**クラス

```
class MyViewModel : INotifyPropertyChanged
{
    /// <summary>
    /// INotifyPropertyChangedインターフェースのための実装
    /// </summary>
    public event PropertyChangedEventHandler PropertyChanged;  ←①
    private void OnPropertyChange(string name = "")  ←②
    {
        PropertyChanged?.Invoke(this, new PropertyChangedEvent⊃
Args(name));
    }

    private Person _Person;
    private List<Person> _Persons;
    private List<Perfecture> _Perfectures;
    /// <summary>
    /// コンストラクター
    /// </summary>
    public MyViewModel()
    {
        _Person = new Person();
        _Persons = new List<Person>();
        _Perfectures = new List<Perfecture>();
    }
    /// <summary>
    /// 画面表示のためのPersonプロパティ
    /// </summary>
    public Person Person  ←③
```

```
    {
        get { return _Person; }  ←④
        set
        {
            if (_Person != value)  ←⑤
            {
                _Person = value;
                OnPropertyChange("Person");  ←⑥
            }
        }
    }
    /// <summary>
    /// グリッドに表示するPersonリスト
    /// </summary>
    public List<Person> Persons  ←⑦
    {
        get { return _Persons; }
        set
        {
            if (_Persons != value)
            {
                _Persons = value;
                OnPropertyChange("Persons");
            }
        }
    }
    /// <summary>
    /// ComboBoxに表示するPerfectureリスト
    /// </summary>
    public List<Perfecture> Perfectures  ←⑧
    {
        get { return _Perfectures; }
        set
        {
            if (_Perfectures != value)
            {
                _Perfectures = value;
                OnPropertyChange("Perfectures");
            }
        }
    }
    /// <summary>
    /// POSTのためにIDプロパティを付ける
    /// </summary>
    public int ID  ←⑨
    {
        get { return _Person.Id; }
        set {  if ( _Person.Id != value )
```

```
            {
                _Person.Id = value;
                OnPropertyChange("Person");
            }
        }
    }
}
```

①がViewに通知を行うPropertyChangedイベントになります（リスト8-50）。イベントの通知は②を使ってプロパティの名前を使い、ViewとViewModel間でやり取りをします。

MyViewModelクラスは4つのプロパティを持たせています。

- 詳細データを表示するためのPersonプロパティ（③）
- DataGridにリスト表示をするためのPersonsプロパティ（⑦）
- 都道府県を選択するComboBoxのためのPerfecturesプロパティ（⑧）
- POSTメソッドの戻り値のIDを反映するためのIDプロパティ（⑨）

それぞれのプロパティのgetとsetアクセッサは同じように作ることができます。④のようにgetアクセッサでは、保持しているデータを返します。setアクセッサでは、⑤で元のオブジェクトと比較をして、異なっていたら値を保存します。その後に⑦でOnPropertyChangeメソッドを利用してプロパティの変更をViewに通知します。ここではPersonプロパティが変更されたことをViewに通知しています。

8.9.4 | XAMLにバインドを記述

ViewModelクラスの作成ができたら、View（XAMLコード）にバインディングを記述していきましょう（リスト8-51）。バインディングは、「属性値="|Binding Path=プロパティ名|"」のようにコントロールの属性名と、ViewModelクラス名のプロパティを結び付ける設定です。Path部分は省略でき「属性値="|Binding プロパティ名|"」と書くこともできます。

Viewへの表示だけでなく、TextBoxのようにユーザーからの入力を受けてViewModelに反映させたい場合は、「属性値="|Binding Path=プロパティ名, Mode=TwoWay|"」として、ViewのコントロールとViewModelが相互に値の変更を行うようにします。

リスト8-51 **MainWindow.xaml**の抜粋

```
<Grid>
   ...
    <TextBox HorizontalAlignment="Left" Height="23" Margin=↺
"170,61,0,0" TextWrapping="Wrap"
       Text="{Binding Path=Person.Id, Mode=TwoWay}" ↺
VerticalAlignment="Top" Width="165"/> ←①
    <TextBox HorizontalAlignment="Left" Height="23" ↺
Margin="170,89,0,0" TextWrapping="Wrap"
       Text="{Binding Path=Person.Name, Mode=TwoWay}" ↺
```

```
            VerticalAlignment="Top" Width="165"/>  ←②
                <TextBox HorizontalAlignment="Left" Height="23" ⟳
            Margin="170,117,0,0" TextWrapping="Wrap"
                    Text="{Binding Path=Person.Age, Mode=TwoWay}" ⟳
            VerticalAlignment="Top" Width="165"/>  ←③
                <ComboBox HorizontalAlignment="Left" Margin="171,145,0,0" ⟳
            VerticalAlignment="Top" Width="165"
                            ItemsSource="{Binding Perfectures}"  ←④
                            SelectedValue="{Binding Path=Person.⟳
            PerfectureId, Mode=TwoWay}"  ←⑤
                            SelectedValuePath="Id"
                            DisplayMemberPath="Name"
                            />
                <DataGrid ItemsSource="{Binding Path=Persons}"  ←⑥
                            AutoGenerateColumns="False"
                            IsReadOnly="True"
                            HorizontalAlignment="Left" VerticalAlignment="Top"
                            Margin="170,192,0,0" Height="148" Width="375">
                    <DataGrid.Columns>
                        <DataGridTextColumn Binding="{Binding Path=Id}⟳
            "  Header="ID"/>  ←⑦
                        <DataGridTextColumn Binding="{Binding Path=Name}⟳
            " Header="名前"/>
                        <DataGridTextColumn Binding="{Binding Path=Age}⟳
            " Header="年齢"/>
                        <DataGridTextColumn Binding="{Binding Path=⟳
            Perfecture.Name}" Header="出身地"/>
                    </DataGrid.Columns>
                </DataGrid>
            </Grid>
```

　TextBoxコントロールのTextプロパティにViewModelとのバインディングを①と②と③に記述します。Pathには「Path=Person.Id」のように入れ子になったプロパティを指定できます。

　ComboBoxコントロールのItemsSourceプロパティ④と、SelectedValueプロパティ⑤にバインディングの記述をします。ItemsSourceプロパティはPerfecturesリストを設定します。選択した項目を示すSelectedValueプロパティには、PathにPerson.PerfectureIdを指定しておきます。

　リスト表示を行うDataGridコントロールは、コレクションデータを示すItemsSourceプロパティに、Personsリストを設定しておきます。各列は、⑦のようにPersonクラスのプロパティとして設定します。

　このようにBinding記述を使い、ViewModelにバインディングしておくことで、各コントロールの名前（x:Name）が必要なくなります。また、ボタンをクリックしたイベントなどを記述するXAMLのコードビハイドのC#コードと、ViewのXAMLをうまく切り離すことが可能です。

8.9.5 ボタンクリックのイベントを記述

　各ボタンのクリックイベントを記述しましょう（リスト8-52）。本来のMVVMパターンであればICommandインターフェイスを使ったイベント処理を行うのですが、元のClientJson2プロジェクトとの比較が分かりやすいように、通常のクリックイベントを使って変更していきます。

　Web API呼び出し部分のコードは、ClientJson2プロジェクトと変わりません。受信したデータをPersonクラスなどにデシリアライズしたあとに、ViewModelクラスに設定する部分が異なります。

リスト8-52 **MainWindow.xaml.cs**

```
public partial class MainWindow : Window
{
    public MainWindow()
    {
        InitializeComponent();
        this.Loaded += MainWindow_Loaded;
    }
    private async void MainWindow_Loaded(object sender, ➲
RoutedEventArgs e)
    {
        _vm = new MyViewModel();    ←①
        this.DataContext = _vm;     ←②
        // 都道府県データを読み込む
        var hc = new HttpClient();
        var res = await hc.GetAsync("http://localhost:5000/api/➲
Perfectures");
        var st = await res.Content.ReadAsStreamAsync();
        var js = new Newtonsoft.Json.JsonSerializer();
        var jr = new Newtonsoft.Json.JsonTextReader(new System.➲
IO.StreamReader(st));
        var items = js.Deserialize<List<Perfecture>>(jr);
        _vm.Perfectures = items;    ←③

    }
    MyViewModel _vm;
    /// <summary>
    /// Getボタンのクリックイベント
    /// </summary>
    private async void clickGet(object sender, RoutedEventArgs e)
    {
        var hc = new HttpClient();
        var res = await hc.GetAsync("http://localhost:5000/api/➲
People");
        var st = await res.Content.ReadAsStreamAsync();
        var js = new Newtonsoft.Json.JsonSerializer();
```

```
        var jr = new Newtonsoft.Json.JsonTextReader(new System.↩
IO.StreamReader(st));
        var items = js.Deserialize<List<Person>>(jr);
        _vm.Persons = items;    ←④
    }
    /// <summary>
    /// GetIDボタンのクリックイベント
    /// </summary>
    private async void clickGetId(object sender, RoutedEventArgs e)
    {
        if (_vm.Person.Id == 0) return;
        int id = _vm.Person.Id;

        var hc = new HttpClient();
        var res = await hc.GetAsync($"http://localhost:5000/api/↩
People/{id}");
        var st = await res.Content.ReadAsStreamAsync();
        var js = new Newtonsoft.Json.JsonSerializer();
        var jr = new Newtonsoft.Json.JsonTextReader(new System.↩
IO.StreamReader(st));
        var item = js.Deserialize<Person>(jr);
        _vm.Person = item;    ←⑤

    }
    /// <summary>
    /// Postボタンのクリックイベント
    /// </summary>
    /// <param name="sender"></param>
    /// <param name="e"></param>
    private async void clickPost(object sender, RoutedEventArgs e)
    {
        var hc = new HttpClient();
        _vm.Person.Id = 0;
        var json = Newtonsoft.Json.JsonConvert.SerializeObject(_↩
vm.Person);    ←⑥
        var cont = new StringContent(json, Encoding.UTF8, ↩
"application/json");
        var res = await hc.PostAsync("http://localhost:5000/api/↩
People", cont);
        var str = await res.Content.ReadAsStringAsync();
        _vm.ID = int.Parse(str);    ←⑦
    }
    /// <summary>
    /// PutIDボタンのクリックイベント
    /// </summary>
    private async void clickPutId(object sender, RoutedEventArgs e)
    {
        if (_vm.Person.Id == 0) return;    ←⑧
```

```
        int id = _vm.Person.Id;
        var json = Newtonsoft.Json.JsonConvert.SerializeObject(_↺
vm.Person);
        var cont = new StringContent(json, Encoding.UTF8, ↺
"application/json");
        var hc = new HttpClient();
        var res = await hc.PutAsync($"http://localhost:5000/api/↺
People/{id}", cont);
    }
    /// <summary>
    /// DeleteIDボタンのクリックイベント
    /// </summary>
    private async void clickDeleteId(object sender, RoutedEventArgs e)
    {
        if (_vm.Person.Id == 0) return;  ◀─⑨
        int id = _vm.Person.Id;
        var hc = new HttpClient();
        var res = await hc.DeleteAsync($"http://localhost:5000/↺
api/People/{id}");
    }
}
```

　フォームをロードしたときに、①でMyViewModelオブジェクトを生成して、②で DataContextプロパティに設定します。このようにすることで、ViewとViewModel間が MVVMパターンで結び付くようになります。

　都道府県のデータは、ComboBoxコントロールのItemsSourceプロパティに直接設定する のではなく、③のようにMyViewModelクラスのPerfecturesプロパティに代入します。この Perfecturesプロパティを変更したときに、Viewへ変更通知が送られる仕組みになっています。

　GetボタンやGetIDボタンのイベント処理でも、DataGridコントロールやTextBoxコント ロールのプロパティに直接代入するのではなく、MyViewModelクラスのPersonsプロパティ （④）やPersonプロパティ（⑤）に代入します。

　画面での入力値は、TextBoxコントロールのTextプロパティを調べるのではなく、そのま まMyViewModelクラスのPersonプロパティに代入されています。このためJSON形式への シリアライズが⑥のように簡潔に記述することができます。

　⑦でWeb APIから取得したIDの表示には、⑥のようにMyViewModelクラスのIDプロパ ティを使っています。

　⑧や⑨のように、画面に表示されているIDをチェックすることもできます。

8.9.6 | Web APIを呼び出す

　ClientWPFプロジェクトのビルドが成功したら、SampleWebApiプロジェクトを「dotnet run」で起動させてた後にClientWPFアプリケーションを起動してみましょう。

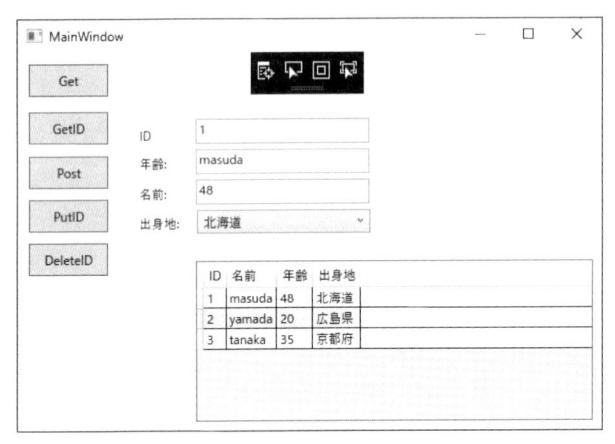

図8-42　実行結果

　GetボタンをクリックしてDataGridコントロールに一覧を表示させ、IDを設定してGetID
ボタンをクリックした状態が図8-42のようになります。

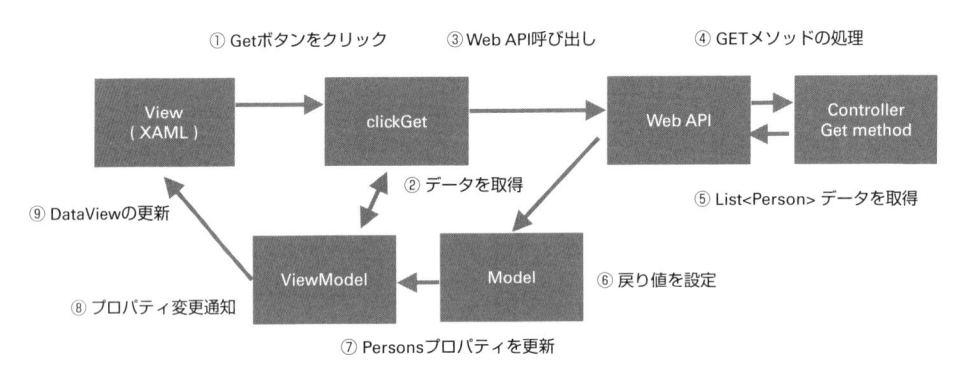

図8-43　Web APIとMVVMパターンの関係

　Web APIでJSON形式でシリアライズされたクラスやリストと、WPFアプリケーションの
ViewModelクラスのバインディング機能とがうまく組み合わさって、コードがシンプルに
なっていることが分かるでしょうか。
　ここで動作を確認しておきましょう（図8-43）。
　ユーザーがViweでボタンをクリックするなどの操作を行ったとき、①でクリックイベント
が発生します。次にPostボタンやPutIDボタンでは、更新するためのデータを画面から取得
するために、②でViewModelクラスのプロパティにアクセスします。
　ViewModelクラスの各プロパティを使って③でWeb APIを呼び出します。
　Web API側では、各Actionメソッドの処理（④）を行った後で、⑤のようにModelクラス
のオブジェクトを返します。クライアントが受け取るデータは、⑤と⑥の間でJSON形式が使
われ、シリアライズとデシリアライズが行われます。
　WPFアプリケーション側では、Modelクラスを共通にしているのでWeb APIの戻り値を
そのまま⑦で使うことができます。

　ViewModelクラスのプロパティを⑦で変更すると、自動的に⑧の変更通知がViewに送られ、⑨のようにバインド済みのコントロールが自動更新されます。

　このように、Web API側のシリアライズ機能とWPFアプリケーションのMVVMパターンのViewModelをうまく組み合わせることによって、アプリケーションからシームレスにWeb APIを呼び出して画面に反映させることが効率的にできるようになります。

8.10 | UWPアプリからWeb APIの呼び出し

　Windows 10ではアプリケーションにUWP（Universal Windows Platform）アプリがよく使われています。UWPアプリは、Windowsストアで配布ができるだけでなく、デスクトップやモバイル（スマートフォン）、タブレットで共通に動かせるアプリケーションになります。Raspberry Piなどで動くWindows IoT CoreのアプリケーションもUWPアプリです。

　UWPアプリでWeb APIを活用するアプリケーションを作ってみましょう。

8.10.1 | UWPアプリケーションの特徴

　UWPアプリケーションは、従来のデスクトップアプリケーションよりも限られた環境で動作するアプリケーションです。PCのリソース（ハードディスクやドキュメントファイルなど）のアクセスが制限された状態のアプリケーションですが、その代わりにアプリケーションから不用意なアクセスを禁止できるため、従来のアプリケーションよりもより安全にWindowsストアからインストールすることができます。

　社内での限られた環境の場合には、自由にPCの能力が使えるWPFアプリケーションのような「クラシックデスクトップ」を使い、幅広く不特定多数のユーザーに利用してもらったり、社内のPCに統一的に配布するようなアプリケーションはUWPで作成して配布するとよいでしょう。

　UWPで作成すると、PCにインストールできるだけでなく、タブレットやWindowsモバイルでも動作させることができます。画面はWPFアプリケーションと同じようにXAMLを使って作成するので、それらのノウハウを流用できます。

8.10.2 | UWPアプリケーションの準備

　では、UWPアプリケーションのプロジェクトを追加してきましょう。SampleWebApiソリューションをVisual Studioで開き、ソリューションエクスプローラーで［src］フォルダーを右クリックして、［追加］→［新しいプロジェクト］を選択し、［新しいプロジェクトの追加］ダイアログを開きます。

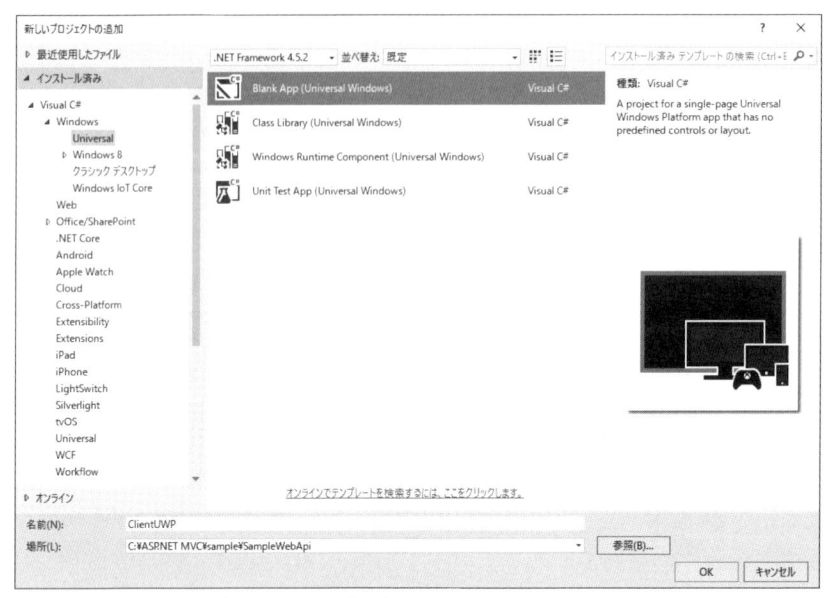

図8-44　［新しいプロジェクトの追加］ダイアログ

テンプレートで「Visual C#」→「Windows」→「Universal」を開き、「Blank App(Universal Windows)」を選択しましょう。プロジェクト名は「ClientUWP」にしておきます。

WPFアプリケーションのときと同じように、2つのModelクラスをコピーします（図8-45）。

- Models/Perfecture.cs
- Models/Person.cs

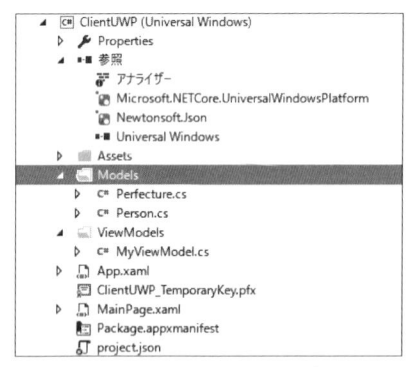

図8-45　ソリューションエクスプローラー

NuGetパッケージマネージャーを使い、Newtonsoft.Jsonをインストールしておきます。

ViewであるXAMLは、「8.3　GETメソッドで一覧データを取得」などで作成したClient Json2プロジェクトのXAMLを適宜コピーして使います。ただし、UWPアプリケーションに

は、DataGridコントロールがないので、ListViewコントロールに置き換えます。

　ListViewコントロールは後から追加するので、ひとまずDataGridタグを削除した状態でコピーします（リスト8-53）。

リスト8-53　**XAML**をコピーする

```
<Page

    x:Class="ClientUWP.MainPage"
    xmlns="http://schemas.microsoft.com/winfx/2006/xaml/presentation"
    xmlns:x="http://schemas.microsoft.com/winfx/2006/xaml"
    xmlns:local="using:ClientUWP"
    xmlns:d="http://schemas.microsoft.com/expression/blend/2008"
    xmlns:mc="http://schemas.openxmlformats.org/markup-➌
compatibility/2006"
    mc:Ignorable="d">
    <Grid Background="{ThemeResource ApplicationPageBackground➌
ThemeBrush}">  ◀─①
        <Button Click="clickGet" Content="Get" ➌
HorizontalAlignment="Left"  ◀─②
            Margin="59,45,0,0" VerticalAlignment="Top" ➌
Width="75" Height="30"/>
        ...
    </Grid>
</Page>
```

　UWPアプリケーションでは、Pageタグがルートタグになります。

　①のGirdタグのBackground属性を残したままにして、ボタンなどが配置されている②のGridタグの内容をコピーします。

　ButtonタグのClick属性に書かれている「clickGet」の場所で、F12キーを押して、ボタンクリック時のイベントを生成します。これらの作業を行ってビルドをしてエラーがでなければ、プロジェクトの準備は完了です。

8.10.3 | ListViewコントロールを追加する

　UWPアプリケーションのMainPage.xamlに、ListViewコントロールを追加しましょう（リスト8-54）。

　DataGridコントロールのように列に分かれてはいませんが、ItemTemplateタグを使うことによって、より自由度の高いデータの表現が可能になっています。

リスト8-54　**ListView**コントロールの追加

```
        <ListView HorizontalAlignment="Left" Height="228" ➌
  Margin="59,260,0,0"  ◀─①
                VerticalAlignment="Top" Width="341"
                ItemsSource="{Binding Path=Persons}">
```

```
                    <ListView.ItemTemplate>  ◀②
                        <DataTemplate>  ◀③
                            <Grid>  ◀④
                                <Grid.ColumnDefinitions>  ◀⑤
                                    <ColumnDefinition Width="50" />
                                    <ColumnDefinition Width="100" />
                                    <ColumnDefinition Width="50" />
                                    <ColumnDefinition Width="100" />
                                </Grid.ColumnDefinitions>
                                <TextBlock Text="{Binding Path=Id}"  ❍
Grid.Column="0"/>  ◀⑥
                                <TextBlock Text="{Binding Path=Name}"  ❍
Grid.Column="1" />
                                <TextBlock Text="{Binding Path=Age}"  ❍
Grid.Column="2"/>
                                <TextBlock Text="{Binding Path=❍
Perfecture.Name}" Grid.Column="3" />
                            </Grid>
                        </DataTemplate>
                    </ListView.ItemTemplate>
                </ListView>
            </Grid>
        </Page>
```

①でListViewタグを追加します。ViewModelクラスとのバインディングは、DataGridコントロールのときと同じくItemsSourceプロパティに設定します。

それぞれのアイテム（行のデータ）のレイアウトを②から指定します。

MVVMパターンでバインディングを行うので、③でDataTemplateタグを開始します。

レイアウトは、④のようにGirdを使っています。ここはコンテナが使えるのでStackPanelなどを利用することができます。

⑤で、列の幅を指定しています。ここでは4つの列を表示させています。

データの表示は⑥のようにTextBlockコントロールを使っています。それぞれのバインディングの方法は、Personクラスのプロパティを指定します。

8.10.4 | ViewModelクラスをコピー

UWPアプリケーションのViewModelクラスは、WPFアプリケーションで作成したものがそのまま使えます。

ClientUWPプロジェクトに［ViewModels］フォルダーを作成して、ClientWPFプロジェクトからMyViewModel.csをコピーしてください。

名前空間を「ClientWPF.ViewModels」から「ClientUWP.ViewModels」に変更しておきましょう。

8.10.5 | XAMLのバインドを確認

XAMLに記述するバインディングもWPFアプリケーションのXAMLコードと同じになります。DataGridコントロールをListViewコントロールに変換したあとは、そのままのXAMLが使えます。

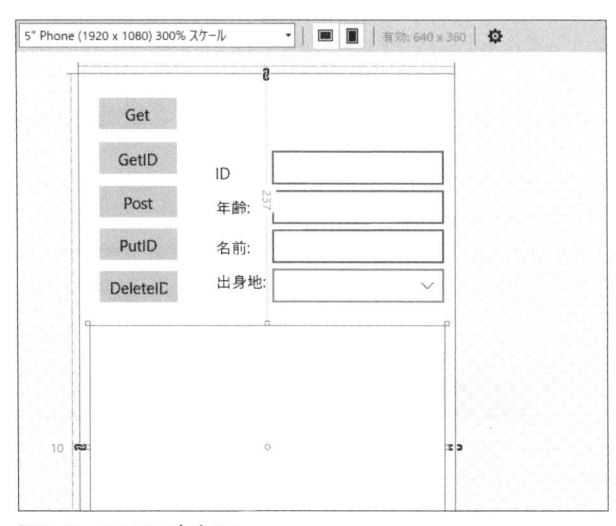

図8-46 XAMLデザイナー

UWPアプリケーションでは、XAMLデザイナーの左上にあるデバイスを変えることで、利用状況によるレイアウトを確認できます（図8-46）。

8.10.6 | ボタンクリックのイベントをコピー

ボタンをクリックしたときのイベントメソッドも、WPFアプリケーションで作成したものを流用できます。WPFアプリケーションでは「MainWindow」クラスが使われていますが、UWPアプリケーションでは「MainPage」に変更になります（リスト8-55）。

リスト8-55 `MainPage`クラス

```
public sealed partial class MainPage : Page
{
    public MainPage()
    {
        this.InitializeComponent();
        this.Loaded += MainPage_Loaded;  ←①
    }
    private async void MainPage_Loaded(object sender, ⮥
RoutedEventArgs e)  ←②
```

```
    {
        _vm = new MyViewModel();
        this.DataContext = _vm;
```

　画面をロードしたときのイベント名を①と②で変更しておきます。そのほかのコードは、WPFアプリケーションのコードをそのままコピーして使えます。

　このようにUWPアプリケーションは、セキュリティ面が強化されているにも関わらず、WPFアプリケーションで作成したXAMLやViewModelなどのクラスがそのまま使える高い互換性を持っています。

8.10.7 Web APIを呼び出す

　ClientUWPプロジェクトのビルドが成功したら、SampleWebApiプロジェクトを「dotnet run」で起動させた後に、ClientUWPアプリケーションを起動してみましょう。

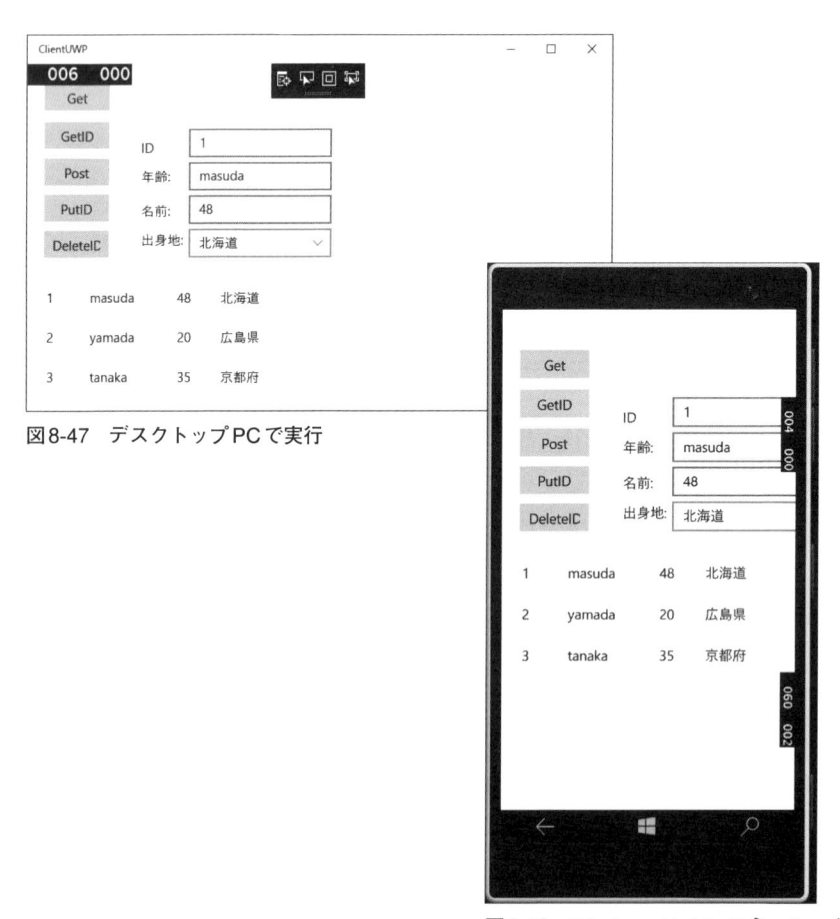

図8-47　デスクトップPCで実行

図8-48　Windows Mobileエミュレーターで実行

　GetボタンをクリックしてListViewコントロールに一覧を表示させ、IDを設定してGetID
ボタンをクリックした状態が図のようになります。

8.11 | スマートフォンアプリからWeb APIの呼び出し

　.NET Frameworkのプラットフォームを使ってiPhoneやAndroidのアプリケーションを
作ることができます。具体的にはXamarinを使うことで、C#を使ったスマートフォンアプリ
をプログラミングできます。

　Xamarinで扱える.NET FrameworkはWindowsでの.NET Frameworkと互換性があり、
デスクトップのWPFアプリやUWPアプリのノウハウを流用できます。

8.11.1 | Xamarinをダウンロードする

　Xamarinを利用すると、Visual Studio上でAndroidやiPhone/iPadのアプリケーションの
開発がC#でできるようになります。

　Xamarinには、Androidを開発するためのXamarin.Android、iOSアプリを開発するための
Xamarin.iOSがあります。これらはそれぞれのネイティブの環境を使ってスマートフォン対
応のアプリケーションを開発するものです。WindowsのプログラマがJavaやObjective-Cを
新たに習得することなしに、そのままC#という既に習得しているプログラム言語を使えると
いうメリットがあります。さらに、.NET Frameworkの豊富なクラスライブラリをXamarin.
AndroidやXamarin.iOSで利用ができます。

図8-49　Xamarinのインストール

　ここではオープンソースとして提供されているXamarin.Formsを使って、Androidと

iPhoneのアプリケーションを作成してWeb APIの呼び出しをテストしてみます（図8-49）。Xamarin.Formsは、XAMLを利用してAndroidとiPhoneの画面を同時に作ることができるフレームワークです。Xamarin.FormsのXAMLは、WPFアプリやUWPアプリとは少し違いますが、MVVMパターンを利用するためのバインディング機能を持つなど、XAMLのノウハウを流用できるので活用してみてください。

8.11.2 │ Xamrin.Formsアプリの準備

Xamarin.Formsを利用してアプリケーションを使う場合には、いくつかのプロジェクトが同時にできるので、SampleWebApiソリューションとは異なる新しいプロジェクトを作ります。

新しいVisual Studioで開き、ファイルメニューから［新規作成］→［プロジェクト］を選択し、［新しいプロジェクト］ダイアログを開きます。

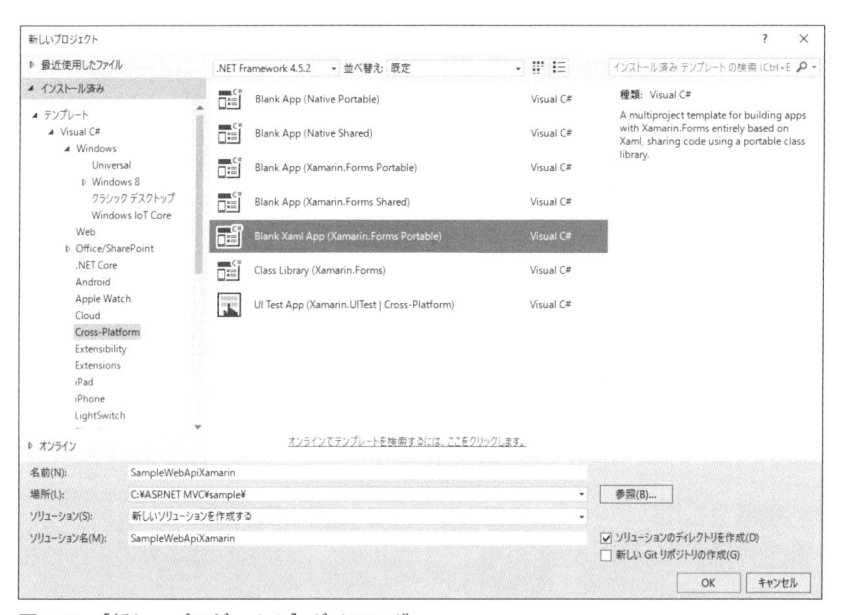

図8-50　［新しいプロジェクト］ダイアログ

テンプレートで［Visual C#］→［Cross-Platform］を開き、［Blank Xaml App (Xamarin. Forms Portalbe))］を選択しましょう。プロジェクト名は「SampleWebApiXamarin」にしておきます。

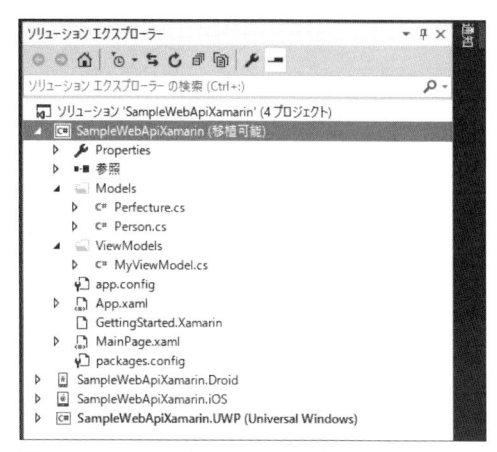

図8-51 ソリューションエクスプローラー

　いくつかのプロジェクトが作成されますが、必要なプロジェクトだけを残してあとは削除してしまいましょう。

- SampleWebApiXamarin（移植可能）
- SampleWebApiXamarin.Droid
- SampleWebApiXamarin.iOS
- SampleWebApiXamarin.UWP（Universal Windows）

　SampleWebApiXamarin.DroidはAndroidプロジェクトで、SampleWebApiXamarin.iOSはiPhoneのプロジェクトです。それぞれのプロジェクトが、「SampleWebApiXamarin（移植可能）」をプロジェクト参照しています。「SampleWebApiXamarin（移植可能）」のプロジェクトはPCL（Portable Class Library）プロジェクトになっており、ユーザーインターフェイスを記述するXAMLファイルは、このPCLプロジェクト内にあります。

　ModelクラスやViewModelクラスなどの共通の処理は、SampleWebApiXamarinプロジェクトで行い、それぞれのプラットフォームに特有な処理は、SampleWebApiXamarin.DroidやSampleWebApiXamarin.iOSのプロジェクトで記述します。

　ここでは、共通で使われれるSampleWebApiXamarinプロジェクトのみを対象にします。

　WPFアプリケーションのときと同じように、2つのModelクラスをコピーします。

- Models/Perfecture.cs
- Models/Person.cs

　NuGetパッケージマネージャーを使い、Newtonsoft.Jsonをインストールしておきます。

　Androidアプリはインターネットにアクセスするために許可の設定が必要になります。SampleWebApiXamarin.Androidプロジェクトを右クリックして［プロパティ］を選択して、プロジェクトのプロパティから［Android Manifest］タブのConfiguration properitesの［ACCESS_NETWORK_STATE］と［INTERNET］にチェックを入れておきます。

8.11.3 | **XAMLを記述**

Xamarin.Formsの場合は、執筆時点（2016年8月）の段階ではWPFアプリやUWPアプリのようなXAMLデザイナーはありません。しかし将来的にはデザイナーが作られると思われます。

ただし、スマートフォンのような小さな画面の場合、デスクトップの大きな液晶画面のように複数の項目をたくさん並べて配置することはあまりないでしょう。タップしやすいように大き目の文字がレイアウトされ、詳細情報などはスワイプして別ページで表示することが多いと考えられます。そのような場合には、StackLayoutのような自動的に項目を並べて表示するコンテナを利用します。

リスト8-56で示すMainPage.xamlでは、先ほど作成したWPFアプリケーションと同じように、プログラムが簡単になるように詳細表示と一覧表示を同じ画面で構成しています。実際には別の画面にしたほうが使いやすい画面となります。

リスト8-56 **MainPage.xaml**

```
<?xml version="1.0" encoding="utf-8" ?>
<ContentPage xmlns="http://xamarin.com/schemas/2014/forms"  ←①
             xmlns:x="http://schemas.microsoft.com/winfx/2009/xaml"
             xmlns:local="clr-namespace:SampleWebApiXamarin"
             x:Class="SampleWebApiXamarin.MainPage">
  <StackLayout>  ←②
    <Grid>  ←③
      <Grid.ColumnDefinitions>
        <ColumnDefinition Width="*" />
        <ColumnDefinition Width="*" />
        <ColumnDefinition Width="*" />
      </Grid.ColumnDefinitions>
      <Grid.RowDefinitions>
        <RowDefinition Height="50" />
        <RowDefinition Height="50" />
      </Grid.RowDefinitions>
      <Button Text="Get" Clicked="clickGet"      Grid.Row="0" ↵
Grid.Column="0"/>  ←④
      <Button Text="GetID" Clicked="clickGetId" Grid.Row="0" ↵
Grid.Column="1"/>
      <Button Text="Post" Clicked="clickPost"     Grid.Row="0" ↵
Grid.Column="2"/>
      <Button Text="PutID" Clicked="clickPutId" Grid.Row="1" ↵
Grid.Column="0"/>
      <Button Text="DeleteID" Clicked="clickDeleteId" ↵
Grid.Row="1" Grid.Column="1"/>
    </Grid>
    <Grid>  ←⑤
      <Grid.RowDefinitions>
        <RowDefinition Height="50" />
        <RowDefinition Height="50" />
```

```xml
            <RowDefinition Height="50" />
            <RowDefinition Height="50" />
        </Grid.RowDefinitions>
        <Entry Text="{Binding Person.Id}"  Grid.Row="0" ↩
Grid.Column="0" Placeholder="ID" />  ←⑥
        <Entry Text="{Binding Person.Name}" Grid.Row="1" ↩
Grid.Column="0" Placeholder="名前" />
        <Entry Text="{Binding Person.Age}"  Grid.Row="2" ↩
Grid.Column="0" Placeholder="年齢" />
        <Picker x:Name="picker" SelectedIndex="{Binding ↩
PerfectureIndex}"  ←⑦
            Title="都道府県を選択してください" Grid.Row="3" Grid.Column=↩
"0"  />
    </Grid>
    <ListView ItemsSource="{Binding Persons}"> ←⑧
      <ListView.ItemTemplate> ←⑨
        <DataTemplate> ←⑩
          <ViewCell> ←⑪
            <StackLayout Orientation="Horizontal"> ←⑫
              <Label Text="{Binding Id}"  WidthRequest="50"/> ←⑬
              <Label Text="{Binding Name}" WidthRequest="100" />
              <Label Text="{Binding Age}"  WidthRequest="50"/>
              <Label Text="{Binding Perfecture.Name}" />
            </StackLayout>
          </ViewCell>
        </DataTemplate>
      </ListView.ItemTemplate>
    </ListView>
  </StackLayout>
</ContentPage>
```

Xamarin.FormsのXAMLではルートタグが①のようにContentPageタグになります。
②で全体をStackLayoutで構成します。

Getボタンなどの配置を、③でGridを使って表示します。Gridのレイアウトの方法はWPF
やUWPアプリケーションのXAMLと同じ記述になり、④で各ボタンを配置させます。

⑤から詳細項目を入力するためのGridになります。

入力項目は⑥のようにEntryタグで指定します。Textプロパティにバインディングをして
おきます。

都道府県の選択は⑦のようにPickerタグを使います。PickerコントロールはComboBoxの
ようにItemsSourceプロパティがないので、x:Nameで名前を付けてItemsプロパティに直接
設定します。

⑧から一覧を表示するためにListViewコントロールを配置します。バインディングは、
ItemsSourceプロパティに設定します。

⑨でアイテムテンプレートの定義を開始して、⑩でデータテンプレートを記述します。

テンプレートは、⑪のようにViewCellタグを使います。ViewCellの中に⑫でStackLayout
を使い、横に項目を並べて配置させます。

Personクラスの各プロパティを⑬のようにTextプロパティにバインディングさせます。

8.11.4 | ViewModelを作成

ViewModelは、WPFやUWPアプリケーションのViewModelとほぼ同じものです。WPFアプリケーションのViewModelクラスとの変更点を解説しましょう（リスト8-57）。

都道府県のPickerを選択状態にさせるためのPerfectureIndexプロパティが追加になっています。

リスト8-57 **MyViewModel.cs**

```
class MyViewModel : INotifyPropertyChanged
{
    ...
    /// <summary>
    /// 画面表示のためのPersonプロパティ
    /// </summary>
    public Person Person
    {
        get { return _Person; }
        set
        {
            if (_Person != value)
            {
                _Person = value;
                OnPropertyChange("Person");
                OnPropertyChange("PerfectureIndex");    ←①
            }
        }
    }
    ...
    /// <summary>
    /// ComboBoxの選択時
    /// </summary>
    public int PerfectureIndex    ←②
    {
        get    ←③
        {
            if (Perfectures == null) return -1;
            for ( int i=0; i<Perfectures.Count; i++ )
            {
                if (Perfectures[i].Id == Person.PerfectureId )
                {
                    return i;
                }
            }
            return -1;
```

```
        }
        set  ◀─④
        {
            if (_Person == null) return;
            if (Perfectures == null) return;

            if (value >= 0)
            {
                _Person.PerfectureId = Perfectures[value].Id;
                OnPropertyChange("Person");
            }
        }
    }
}
```

①は、Personプロパティが更新されたときに、同時に都道府県のPickerが選択されるようにするため、PerfectureIndexプロパティの変更通知を追加しています。

②は、都道府県Picker用のPerfectureIndexプロパティです。

Xamarin.FormsのPickerは、Itemsプロパティにstring型のコレクションを設定するため、選択時のインデックスと都道府県のIDを相互変換する必要があります。この処理が、③のgetアクセッサと④のsetアクセッサになります。

8.11.5 | イベントを記述

コードビハインドのMainPage.xaml.csを修正します（リスト8-58）。ViewModelクラスと同じように、ほとんどがWPFアプリケーションのコードビハインドと同じになります。

これも変更箇所だけを解説しましょう。

リスト8-58 **MainPage.xaml.cs**

```
public partial class MainPage : ContentPage
{
    public MainPage()
    {
        InitializeComponent();
        this.Appearing += MainPage_Appearing;  ◀─①
    }
    private const string SERVER = "172.16.0.11:5000";  ◀─②
    MyViewModel _vm;
    private void MainPage_Appearing(object sender, EventArgs e)
    {
        _vm = new MyViewModel();
        this.BindingContext = _vm;  ◀─③
        // 都道府県をロード
        loadPerfecture();  ◀─④
    }
```

```
        private async void loadPerfecture()
        {
            var hc = new HttpClient();
            var res = await hc.GetAsync($"http://{SERVER}/api/↵
Perfectures");  ←⑤
            var st = await res.Content.ReadAsStreamAsync();
            var js = new Newtonsoft.Json.JsonSerializer();
            var jr = new Newtonsoft.Json.JsonTextReader(new System.↵
IO.StreamReader(st));
            var items = js.Deserialize<List<Perfecture>>(jr);
            _vm.Perfectures = items;
            foreach (var it in items)  ←⑥
            {
                picker.Items.Add(it.Name);
            }
        }
        private async void clickGet(object sender, EventArgs e)
        {
            var hc = new HttpClient();
            var res = await hc.GetAsync($"http://{SERVER}/api/People↵
");  ←⑦
            var st = await res.Content.ReadAsStreamAsync();
            var js = new Newtonsoft.Json.JsonSerializer();
            var jr = new Newtonsoft.Json.JsonTextReader(new System.↵
IO.StreamReader(st));
            var items = js.Deserialize<List<Person>>(jr);
            _vm.Persons = items;
        }
        ...
    }
```

　フォームロードの代わりに、①のAppearingイベントで画面の初期化を行っています。Appearingイベントは画面が表示されるときに発生するイベントです。

　今まで、Web APIへのアクセスは「http://localhost:5000」に対して呼び出していましたが、スマートフォンの端末からは実際のサーバー名やIPアドレスを指定する必要があります。ここでは、Web APIアプリケーションが動作しているPCのIPアドレスを指定しています。GetAsyncメソッドなどの呼び出しが⑤や⑦のようにサーバー名付きに変わります。

　バインディングは、③のようにMainPageクラスのBindingContextプロパティに設定します。

　⑥で都道府県のPickerに設定するリストをItemsプロパティに設定します。

8.11.6 | SampleWebApiプロジェクトのProgram.csを修正

　これまでのサンプルでは、Web APIの呼び出しを「http://localhost:5000」で行ってきました。Web APIアプリケーションのひな型でdotnet runを実行すると、ローカルPCの5000番ポートでHTTPプロトコルの待ち受けが開始されます。

　このとき、クライアントも同じPC内で動作している必要があります。スマートフォンからのアクセスを実験する場合や、実際にWeb APIアプリケーションを提供する場合には、他の端末からのアクセスを許可する必要あります。これは、WebHostBuilderクラスのUseUrlsメソッドで指定します。

　SampleWebApiプロジェクトのProgram.csファイルを開き、①の行を追加します（リスト8-59）。

リスト8-59　**Program.cs**

```
public class Program
{
    public static void Main(string[] args)
    {
        var host = new WebHostBuilder()
            .UseKestrel()
            .UseContentRoot(Directory.GetCurrentDirectory())
            .UseIISIntegration()
            .UseStartup<Startup>()
            .UseUrls("http://*:5000")    ←①
            .Build();
        host.Run();
    }
}
```

　①のようにUseUrlsメソッドで「http://0.0.0.0:5000」や「http://*:5000」に設定し直すことで、他端末からのアクセスが許可されます。

　「http://*:80」のように設定することで、HTTPプロトコルのデフォルトポートの80番で動作させることも可能です。

8.11.7 ｜ Web APIを呼び出す

　SampleWebApiXamarin.DroidとSampleWebApiXamarin.iOSプロジェクトをビルドして、それぞれのエミュレーターでデバッグ実行をしてみましょう。

　Getボタンをクリックして ListViewコントロールに一覧を表示させ、IDを設定してGetIDボタンをクリックした状態が図のようになります（図8-52、8-53）。

　Xamarin.Formsを使うと、AndroidとiPhoneのアプリケーションを同一のXAMLを使って開発ができます。それぞれのプラットフォームにより標準コントロールの違いはありますが、それらはXamarin.Formsが吸収する仕組みになっています。ここでは解説をしませんでしたが、UWPアプリもXamarin.Formsで作成ができるので、ぜひ試してみてください。

図8-52　Androidエミュレーターで実行

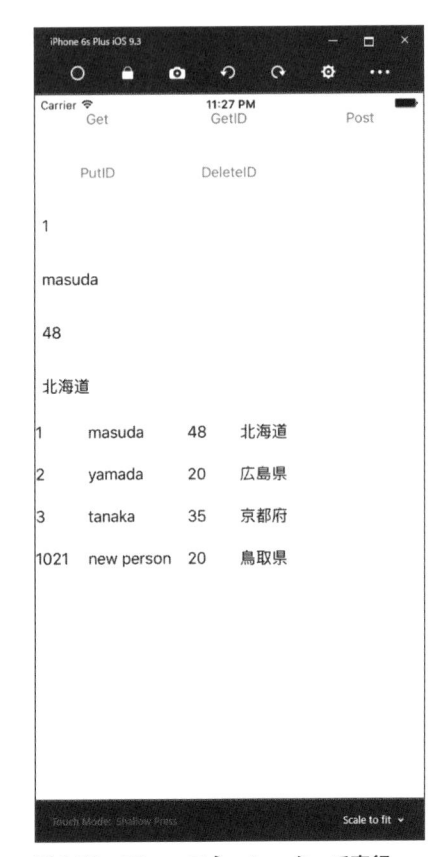

図8-53　iPhoneエミュレーターで実行

8.12 | XML形式でWeb API呼び出し

　　今までWeb APIの呼び出しはJSON形式で行ってきましたが、XmlSerializerInput
FormatterとXmlSerializerOutputFormatterを追加することで、XML形式のデータをやり
取りすることができます。

　　この章の最後に、XML形式に対応するWeb APIアプリケーションとクライアントを作成
してみましょう。

8.12.1 | XML形式を扱う仕組み

　　Web APIアプリケーションでは、入力時のフォーマッターと出力時のフォーマッターがあ
ります（図8-54）。標準では、JSON形式の変換を行うフォーマッターなどが設定されています。

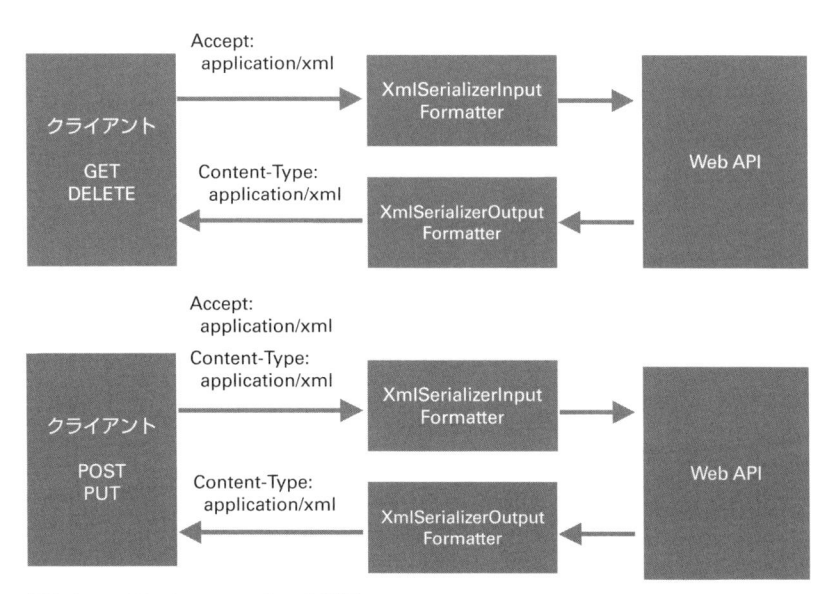

図8-54 XMLフォーマッターの利用

　クライアントからWeb APIを呼び出すときに、戻り値の形式をXML形式にしたいときは、HTTPプロトコルのAcceptヘッダーに「application/xml」を設定します。

　クライアントからXML形式のデータをWeb APIに送信するときは、Content-Typeヘッダーに「application/xml」を設定します。

　このContent-TypeヘッダーとAcceptヘッダーに従って、Web APIアプリケーションの入出力のフォーマッターが動作します。デフォルトの状態では、XML形式のフォーマッターが設定されていないので、それぞれにXmlSerializerInputFormatterとXmlSerializerOutputFormatterを追加することで、XML形式のデータを扱えるようになります。

8.12.2 │ XML形式を扱うWeb APIプロジェクトの準備

　JSON形式のデータのやり取りをするSampleWebApiプロジェクトとは別に、XML形式のデータを扱うSampleWebApiXmlプロジェクトを作成しましょう。

　Visual Studioを起動して、メニューから［ファイル］→［新規作成］→［プロジェクト］を選択し、［新しいプロジェクト］ダイアログを開きます（図8-55）。利用するプロジェクトのテンプレートは、［Visual C#］→［Web］の中から［ASP.NET Core Web Applicaiton(.NET Core)］を使います。プロジェクトの名前は「SampleWebApiXml」のように入力します。

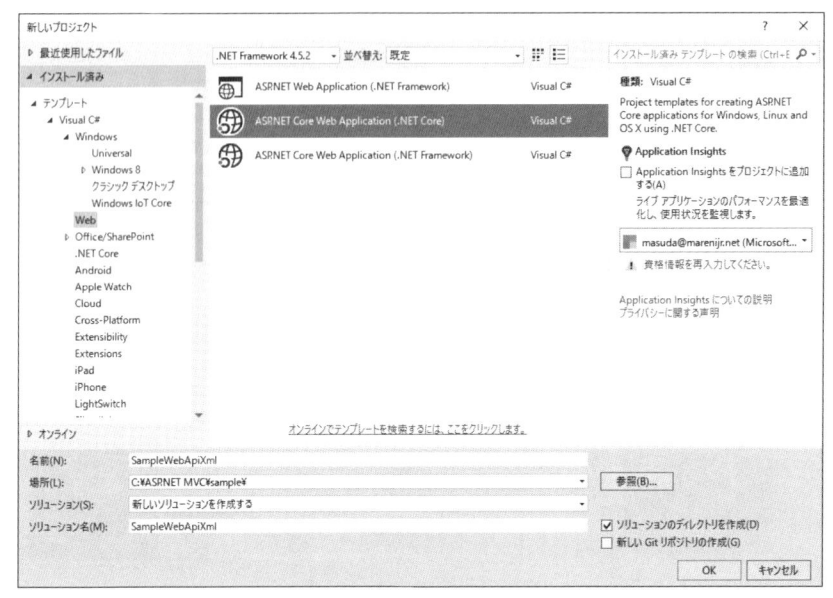

図8-55 ［新しいプロジェクト］ダイアログ

Web APIの呼び出しの応答にJSON形式とXML形式を混在することができるのですが、XML形式の場合はコレクションそのものを返してしまうとクライアント側の処理が煩雑になるので、XML形式の応答を返すControllerを別に作成しています。

Web APIプロジェクトの作成は「8.1　Web API プロジェクトを活用」を参考にして進めてください。project.jsonファイルを編集し（リスト8-60）、ApplicationDbContextクラスを作成してデータベースの接続の確認までを行います（リスト8-61）。

リスト8-60　`project.json`の変更

```
{
  "dependencies": {
    "Microsoft.NETCore.App": {
      "version": "1.0.0",
      "type": "platform"
    },
    "Microsoft.AspNetCore.Mvc": "1.0.0",
    "Microsoft.AspNetCore.Server.IISIntegration": "1.0.0",
    "Microsoft.AspNetCore.Server.Kestrel": "1.0.0",
    "Microsoft.Extensions.Configuration.EnvironmentVariables": ➋
"1.0.0",
    "Microsoft.Extensions.Configuration.FileExtensions": "1.0.0",
    "Microsoft.Extensions.Configuration.Json": "1.0.0",
    "Microsoft.Extensions.Logging": "1.0.0",
    "Microsoft.Extensions.Logging.Console": "1.0.0",
    "Microsoft.Extensions.Logging.Debug": "1.0.0",
    "Microsoft.Extensions.Options.ConfigurationExtensions": ➋
"1.0.0",
```

```
"Microsoft.EntityFrameworkCore": "1.0.0",        ①
"Microsoft.EntityFrameworkCore.SqlServer": "1.0.0",  ②
"Microsoft.EntityFrameworkCore.SqlServer.Design": {   ③
  "version": "1.0.0",
  "type": "build"
},
"Microsoft.EntityFrameworkCore.Tools": {          ➊
"1.0.0-preview2-final"                            ④
},
"tools": {
  "Microsoft.AspNetCore.Server.IISIntegration.Tools":  ➊
  "1.0.0-preview2-final",
  "Microsoft.EntityFrameworkCore.Tools":           ➊
  "1.0.0-preview2-final",                          ⑤
},
```

①から⑤までの行を project.json に追加します。

リスト8-61　Data/ApplicationDbContext.cs の作成

```
namespace SampleWebApiXml.Data
{
    public class ApplicationDbContext : DbContext
    {
        public ApplicationDbContext(DbContextOptions<   ➊
ApplicationDbContext> options)
            : base(options)
        {
        }

        protected override void OnModelCreating(    ➊
ModelBuilder builder)
        {
            base.OnModelCreating(builder);
        }

        public DbSet<Person> Person { get; set; }
        public DbSet<Perfecture> Perfecture { get; set; }
    }
}
```

データベースコンテキストとなる ApplicationDbContext クラスを追加します。

リスト8-62　appsettings.json の編集

```
{
    "ConnectionStrings": {
        "DefaultConnection": "Server=(localdb)¥mssqllocaldb;Database➊
=aspnet-SampleWebApi-180D65E8-0A4B-42D1-9F7F-8B3FBF38F8E8;  ➊
```

```
Trusted_Connection=True;MultipleActiveResultSets=true"
  },
  "Logging": {
    "IncludeScopes": false,
    "LogLevel": {
      "Default": "Debug",
      "System": "Information",
      "Microsoft": "Information"
    }
  }
}
```

　接続文字列をDefaultConnectionで追加しておきます（リスト8-62）。ここの接続文字列を
SampleWebApiプロジェクトのものと同じ文字列にしておくと、既存のデータベースを読み
込めるようになります。

　ここまでSampleWebApiXmlプロジェクトの修正が終わったら、次はXML形式を扱うた
めのコーディングを行っていきましょう。

8.12.3 | XMLフォーマッターの追加

　Startup.csファイルを開いて、StartupクラスのConfigureServicesメソッドの内容を修正
します（リスト8-63）。データベースに接続する文字列をappsettings.jsonファイルから取り
込むコードと、XML形式で送受信するためのフォーマッターの追加です。

リスト8-63　**Startup**クラス

```
public class Startup
{
    ...
    public void ConfigureServices(IServiceCollection services)
    {
        services.AddDbContext<ApplicationDbContext>(options =>    ◀①
            options.UseSqlServer(Configuration.↩
GetConnectionString("DefaultConnection")));
        // Add framework services.
        services.AddMvc();
        // XML formatter
        services.Configure<Microsoft.AspNetCore.Mvc.MvcOptions>(   ◀②
            options => {
                options.OutputFormatters.Add(    ◀③
                    new Microsoft.AspNetCore.Mvc.Formatters.↩
XmlSerializerOutputFormatter());
                options.InputFormatters.Add(    ◀④
                    new Microsoft.AspNetCore.Mvc.Formatters.↩
XmlSerializerInputFormatter());
            });
```

```
        }
        ...
    }
```

①で、appsettings.json ファイルから接続文字列を読み込むように設定します。

②で、ASP.NET MVCのオプションを設定します。

オプションのOutputFormattersコレクションに、③で出力用のフォーマッターを追加します。ここでは、XmlSerializerOutputFormatterを追加しています。

同じようにInputFormattersコレクションに、④で入力用のフォーマッターを追加します。XmlSerializerInputFormatterクラスを使うように設定しています。

8.12.4 | 一覧データを扱うModelクラスを作る

XML形式で送受信できるようにModelクラスを作成します。

JSON形式では、IEnumerable<Person>のようなコレクションを返したあとにクライアント側でデシリアライズできるのですが、XML形式でIEnumerable<Person>クラスをシリアライズすると「ArrayOfPerson」のようにXMLタグが付き、そのままではデシリアライズができません。

クライアントでのデシリアライズが楽になるように、XMLデータのルートにあたるPeopleクラスとPerfecturesクラスを追加しておきます（リスト8-64、8-65）。

リスト8-64　**Person.cs**

```
public class Person
{
    public int Id { get; set; }
    public string Name { get; set; }
    public int Age { get; set; }
    public int PerfectureId { get; set; }
    public Perfecture Perfecture { get; set; }
}
public class People          ←①
{
    public List<Person> Items { get; set; }    ←②
}
```

Personクラスのコレクションを返す時は、①のようにPeopleクラスを使います。コレクションはItemsプロパティにして、②で設定します。

リスト8-65　**Perfecture.cs**

```
public class Perfecture
{
    public int Id { get; set; }
    public string Name { get; set; }
```

```
        // 初回のみ都道府県のデータを作る
        public static void Initialize(DbContext context)
        {
            var t = context.Set<Perfecture>();
            if (t.Any() == false)
            {
                // データを作る
                t.AddRange(
                    new Perfecture() { Name = "北海道" },
                    new Perfecture() { Name = "青森県" },
                    ...
                    new Perfecture() { Name = "沖縄県" });
                context.SaveChanges();
            }
        }
    }
    public class Perfectures      ◀─③
    {
        public List<Perfecture> Items { get; set; }      ◀─④
    }
```

同じように、Perfectureクラスのコレクションを返す時は、③のようにPerfecturesクラスを使います。コレクションはItemsプロパティにして、④で設定します。

8.12.5 | Controllerクラスを修正

SampleWebApiプロジェクトのPeopleControllerクラスとPerfecturesControllerクラスをコピーして、XML形式で返せるように修正をします（リスト8-66）。戻り値で「IEnumerable<Person>」を使っている部分を「People」に変換していきましょう。

リスト8-66 **PeopleControllerクラス**

```
[Route("api/[controller]")]
public class PeopleController : Controller
{
    ...
    // GET: api/values
    [HttpGet]
    public async Task<People> Get()      ◀─①
    {
        Perfecture.Initialize(_context);
        var applicationDbContext = _context.Person.Include(p => ➊
p.Perfecture);
        return new People      ◀─②
        {
            Items = await applicationDbContext.ToListAsync()
```

```
        };
    }
    ...
}
```

　PeopleControllerクラスのGetメソッドの戻り値で、Peopleクラスを使うように変更します。①のGetメソッドの戻り値を変更します。Peopleオブジェクトを返すように、②でItemsプロパティにコレクションを設定します。

リスト8-67　**PerfecturesController**クラス

```
[Route("api/[controller]")]
public class PerfecturesController : Controller
{
    ...
    // GET: api/values
    [HttpGet]
    public Perfectures Get()
    {
        return new Perfectures() { Items = _context.Perfecture.⟳
ToList() };  ◀─③
    }
}
```

　同じように、③でPerfecturesControllerクラスのGetメソッドの戻り値をPerfecturesクラスに変更します。PerfecturesオブジェクトのItemsプロパティにコレクションを設定します。

8.12.6 │ **XML形式の受信データを表示**

　受信したXML形式のデータを確認するために、ClientXmlプロジェクト（リスト8-68）を作成して動作確認をします。

リスト8-68　**ClientXML**の抜粋

```
private async void clickGet(object sender, RoutedEventArgs e)
{
    var hc = new HttpClient();
    hc.DefaultRequestHeaders.Accept.Add(  ◀─①
      new MediaTypeWithQualityHeaderValue("application/xml"));
    var res = await hc.GetAsync("http://localhost:5000/api/⟳
People");
    var str = await res.Content.ReadAsStringAsync();
    textResult.Text = str;
}
```

Getボタンをクリックしたときには、Web APIをGETメソッドで呼び出します。

HTTPプロトコルのAcceptヘッダーは、①のようにDefaultRequestHeaders.Acceptコレクションに、MediaTypeWithQualityHeaderValueオブジェクトを追加する形で記述します。

これにより、Web APIアプリケーションの出力フォーマッターのXmlSerializerOutputFormatterが使われ、PeopleControllerクラスのGetメソッドがPeopleオブジェクトをXML形式で返すようになります（図8-56）。

図8-56　ClientXmlの実行

動作確認ができたら、MVVMパターンを扱うClientWPFXmlプロジェクトを作成しましょう。

8.12.7 | XML形式を扱うWPFアプリケーションの準備

MVVMパターンを使うClientWPFXmlプロジェクトは、JSON形式版のClientWPFプロジェクトと同じように作成していきます。

SampleWebApiソリューションをVisual Studioで開き、ソリューションエクスプローラーで［src］フォルダーを右クリックして、［追加］→［新しいプロジェクト］を選択し、［新しいプロジェクト］ダイアログを開きます。

テンプレートで［Visual C#］→［Windows］→［クラシックデスクトップ］を開き、［WPFアプリケーション］を選択しましょう。プロジェクト名は「ClientWPFXml」にしておきます。

Web APIを提供するSampleWebApiXmlプロジェクトから2つのModelクラスをコピーします。

- Models/Perfecture.cs
- Models/Person.cs

名前空間は「SampleWebApiXml」のままでもかまいません。

「using Microsoft.EntityFrameworkCore」や「using System.ComponentModel.DataAnnotations」でビルドエラーが発生するので削除しておきます。

　ViewであるXAMLは、「8.9　WPFアプリからWeb APIの呼び出し」で作成したClient
WPFプロジェクトのXAMLをコピーして使います（リスト8-69）。

リスト8-69　**XAML**をコピーする

```
<Window x:Class="ClientWPFXml.MainWindow"
        xmlns="http://schemas.microsoft.com/winfx/2006/xaml/⏎
presentation"
        xmlns:x="http://schemas.microsoft.com/winfx/2006/xaml"
        xmlns:d="http://schemas.microsoft.com/expression/⏎
blend/2008"
        xmlns:mc="http://schemas.openxmlformats.org/markup-⏎
compatibility/2006"
        xmlns:local="clr-namespace:ClientWPFXml"
        mc:Ignorable="d"
        Title="MainWindow" Height="387" Width="569">
    <Grid>
        <Button Click="clickGet" Content="Get"
          HorizontalAlignment="Left" Margin="10,10,0,0" ⏎
VerticalAlignment="Top"
            Width="75" Height="30"/>
        ...
    </Grid>
</Window>
```

　ButtonタグのClick属性に書かれている「clickGet」の場所で、F12キーを押して、ボタン
クリック時のイベントを生成します。XAMLのバインディングの記述はXML形式版でもそ
のまま使えます。
　これらの作業を行って、ビルドをしてエラーがでなければClientWPFXmlプロジェクトの
準備は完了です。

8.12.8 | **ViewModelクラスをコピーする**

　ViewModelクラスは、JSON形式版で作成したMyViewModel.csファイルをそのままコ
ピーして使います。Web APIとやり取りするデータ形式が異なっていても、ViewとView
Modelは同じものを使えることがMVVMパターンのメリットです。

8.12.9 | **ボタンクリックのイベントを記述**

　各ボタンのクリックイベントを記述しましょう（リスト8-70）。
　Web API呼び出し部分のコードは、ClientWPFプロジェクトとあまり変わりません。送受
信するデータ形式がJSON形式からXML形式に変わるため、シリアライズとデシリアライズ
のコードが変わるのみです。

ClientWPFプロジェクトとの違いを中心に解説していきましょう。

リスト8-70 `MainWindow.xaml.cs`

```
public partial class MainWindow : Window
{
    public MainWindow()
    {
        InitializeComponent();
        this.Loaded += MainWindow_Loaded;
    }
    private async void MainWindow_Loaded(object sender, ⏎
RoutedEventArgs e)
    {
        _vm = new MyViewModel();
        this.DataContext = _vm;
        // 都道府県データを読み込む
        var hc = new HttpClient();
        hc.DefaultRequestHeaders.Accept.Add(  ←①
            new MediaTypeWithQualityHeaderValue("application/⏎
xml"));
        var res = await hc.GetAsync("http://localhost:5000/api/⏎
Perfectures");
        var st = await res.Content.ReadAsStreamAsync();
        var xs = new System.Xml.Serialization.XmlSerializer⏎
(typeof(Perfectures));  ←②
        var obj = xs.Deserialize(st) as Perfectures;  ←③
        _vm.Perfectures = obj.Items;  ←④
    }
    MyViewModel _vm;
    private async void clickGet(object sender, RoutedEventArgs e)
    {
        var hc = new HttpClient();
        hc.DefaultRequestHeaders.Accept.Add(
            new MediaTypeWithQualityHeaderValue("application/⏎
xml"));
        var res = await hc.GetAsync("http://localhost:5000/api/⏎
People");
        var st = await res.Content.ReadAsStreamAsync();
        var xs = new System.Xml.Serialization.⏎
XmlSerializer(typeof(People));  ←⑤
        var obj = xs.Deserialize(st) as People;
        _vm.Persons = obj.Items;
    }
    private async void clickGetId(object sender, RoutedEventArgs e)
    {
        if (_vm.Person.Id == 0) return;
        int id = _vm.Person.Id;
        var hc = new HttpClient();
```

```
        hc.DefaultRequestHeaders.Accept.Add(
            new MediaTypeWithQualityHeaderValue("application/⟳
xml"));
        var res = await hc.GetAsync($"http://localhost:5000/api/⟳
People/{id}");
        var st = await res.Content.ReadAsStreamAsync();
        var xs = new System.Xml.Serialization.⟳
XmlSerializer(typeof(Person));
        var item = xs.Deserialize(st) as Person;
        _vm.Person = item;
    }
    private async void clickPost(object sender, RoutedEventArgs e)
    {
        var hc = new HttpClient();
        _vm.Person.Id = 0;
        var xs = new System.Xml.Serialization.⟳
XmlSerializer(typeof(Person));   ◀─⑥
        hc.DefaultRequestHeaders.Accept.Add(
            new MediaTypeWithQualityHeaderValue("application/xml"));
        var sw = new System.IO.StringWriter();
        // 先頭の <?xml ... をカットする
        var settings = new System.Xml.XmlWriterSettings()   ◀─⑦
            { OmitXmlDeclaration = true, Encoding = Encoding.UTF8 };
        var xw = System.Xml.XmlWriter.Create(sw, settings);   ◀─⑧
        xs.Serialize(xw, _vm.Person);
        var xml = sw.ToString();
        var cont = new StringContent(xml, Encoding.UTF8, ⟳
"application/xml");   ◀─⑨
        var res = await hc.PostAsync("http://localhost:5000/api/⟳
People", cont);
        var st = await res.Content.ReadAsStreamAsync();
        var xs2 = new System.Xml.Serialization.⟳
XmlSerializer(typeof(int));   ◀─⑩
        int id = (int)xs2.Deserialize(st);   ◀─⑪
        _vm.ID = id;
    }
    private async void clickPutId(object sender, RoutedEventArgs e)
    {
        if (_vm.Person.Id == 0) return;
        var hc = new HttpClient();
        int id = _vm.Person.Id;
        var xs = new System.Xml.Serialization.⟳
XmlSerializer(typeof(Person));
        hc.DefaultRequestHeaders.Accept.Add(
            new MediaTypeWithQualityHeaderValue("application/⟳
xml"));
        var sw = new System.IO.StringWriter();
        // 先頭の <?xml ... をカットする
```

```
        var settings = new System.Xml.XmlWriterSettings()
            { OmitXmlDeclaration = true, Encoding = Encoding.UTF8 };
        var xw = System.Xml.XmlWriter.Create(sw, settings);
        xs.Serialize(xw, _vm.Person);
        var xml = sw.ToString();
        var cont = new StringContent(xml, Encoding.UTF8, ⭕
"application/xml");
        var res = await hc.PutAsync($"http://localhost:5000/api/⭕
People/{id}", cont);
    }
    private async void clickDeleteId(object sender, RoutedEventArgs e)
    {
        if (_vm.Person.Id == 0) return;
        int id = _vm.Person.Id;
        var hc = new HttpClient();
        hc.DefaultRequestHeaders.Accept.Add(
            new MediaTypeWithQualityHeaderValue("application/xml"));
        var res = await hc.DeleteAsync($"http://localhost:5000/⭕
api/People/{id}");
    }
}
```

　XML形式のデータを受信するためにAcceptヘッダーを①で「application/xml」に設定します。

　都道府県データのリストはデシリアライズするために、②でXmlSerializerオブジェクトを生成して、③でPerfecturesオブジェクトにデシリアライズします。

　ComboBoxへの設定は、ViewModelを通じて④のようにPerfecturesプロパティに設定しておきます。

　ListViewコントロールで表示するPersonクラスのコレクションは、⑤のPeopleクラスでXmlSerializerオブジェクトを作成します。リストを取得するGETメソッドとid付きのGETメソッドでは、XMLのデシリアライズを使って、各オブジェクトに変換していきます。

　POSTメソッドの呼び出しのようにクライアントからXML形式のデータを送信する場合は、まずは⑥でXmlSerializerオブジェクトを作成します。

　⑦でXmlWriterSettingsでセッティングをしている理由は、生成されるXML形式の「<?xml …」のヘッダーを削除するためです。文字エンコードをUTF8に指定するため、デフォルトでは先頭のxmlタグを出力しないようにします。この設定は、⑧で使います。

　送信するデータ形式をContnet-Typeで⑨で指定します。

　POSTメソッドの戻り値は、新しく作成したPersonデータのidになります。XML形式では「<int>10</int>」のように戻ってくるため、⑩と⑪のようにint型でデシリアライズします。

8.12.10 ┃ Web APIを呼び出す

　ClientWPFXmlプロジェクトのビルドが成功したら、SampleWebApiXmlプロジェクトを「dotnet run」で起動させてた後にClientWPFXmlアプリケーションを起動してみましょう。

図8-57 実行結果

　Getボタンをクリックして DataGrid コントロールに一覧を表示させ、ID を設定して GetID ボタンをクリックした状態が図8-57のようになります。

　Web API をサーバーで提供することによって、さまざまなプラットフォームのアプリケーションと組み合わせることができます。データ形式も JSON 形式と XML 形式で状況に応じて選択することが可能です。

　ブラウザーで UI を表示する ASP.NET MVC アプリケーションと、独自のクライアントを配布してデータを加工してみせる Web API アプリケーションとは混在もできるので、サーバーに持っているデータを最適化な形でユーザーに提供していきましょう。

8.13 | この章のチェックリスト

　この章では Web API を中心にして、サーバー側で Web API を提供する開発と、提供された Web API を活用するアプリの開発について学びました。

　さまざまな場面で活用される Web API ですが、どのような使い方をするのかを再チェックしてみましょう。

✔ チェックリスト

① Web APIアプリケーションは、 ⃞ A ⃞ アプリケーションのちょうどControllerにあたる部分だけを実装します。 ⃞ A ⃞ アプリケーションではブラウザーに対してHTML形式のデータを返信していますが、Web APIでは、 ⃞ B ⃞ 形式や ⃞ C ⃞ 形式などのさまざまなフォーマットで返すことができます。

⃞ B ⃞ 形式は、JavaScriptの連想配列を使った形式です。 ⃞ C ⃞ 形式はHTML形式と同じようにタグでフォーマットされた形式になります。

② Web APIアプリケーションを開発するなかで ⃞ D ⃞ の知識があると理解が早くなります。 ⃞ D ⃞ はWebサーバーにアクセスするための方式です。 ⃞ E ⃞ にはGETメソッドやPOSTメソッドなどの記述があります。ボディ部にはPOSTメソッドで送信するデータやサーバーから返信するデータが記述されています。

③ ControllerクラスのActionメソッドには、GETメソッドで受信するときには ⃞ F ⃞ 属性、POSTメソッドで受信するときには ⃞ G ⃞ 属性を付けます。POSTメソッドやPUTメソッドの場合には、Actionメソッドの引数に ⃞ H ⃞ 属性を付けてボディ部に記述されたデータに対応させます。

④ Visual Studioで作成するWeb APIアプリケーションのひな型では、デフォルトで ⃞ B ⃞ 形式に対応しています。 ⃞ C ⃞ 形式に対応させるときは、XmlSerializerOutputFormatterとXmlSerializerInputFormatterwを追加します。このときクライアントからWeb APIを呼び出すときに、 ⃞ I ⃞ ヘッダーに「application/xml」を指定します。クライアントには、jQueryを使ったブラウザやWPFアプリケーション、スマートフォンのアプリなどのさまざまなプラットフォームが使えます。

答え

①A	ASP.NET MVC	B	JSON	C	XML
②D	HTTPプロトコル	E	ヘッダー部		
③F	HttpGet	G	HttpPost	H	FromBody
④I	Accept				

_第**9**_章

状態管理

　この章からはASP.NET Coreの機能を解説していきましょう。当然、いままで解説した ASP.NET MVCアプリケーションやWeb APIアプリケーションでも利用できる機能でもあり、ASP.NET Core単体で利用することもできます。

　状態を持たないステートレスのHTTPプロトコルに、セッションの機能を追加します。デスクトップアプリケーションでは内部変数の保持を気にする必要はありませんが、Webアプリケーションではクライアント（ブラウザ）からの呼び出しごとにControllerが生成されるため、複数の呼び出しをセッションとしてつなげるには特殊な方法が必要になります。

9.1 | セッションの利用

　この章では、ASP.NET MVCアプリケーションの状態管理について解説をしていきましょう。

　状態管理というのは、アプリケーションが保持しているデータや変数のことです。通常の デスクトップアプリケーションの場合は、特に状態管理について悩む必要はありませんが、 ASP.NET MVCアプリケーションのようなWebアプリの場合には特殊な処理が必要になります。

9.1.1 | ステートレスなHTTPプロトコル

　デスクトップアプリケーションやスマートフォンのアプリであれば、アプリケーション内 の変数は起動したときからアプリが終了するまで保持されています。アプリ内のグローバル 変数（static変数）として用意しておけば、いつでも自由に使えます。しかし、ASP.NET MVC アプリケーションのようなHTTPプロトコルを扱ったアプリケーションの場合は、サーバー のASP.NET MVCアプリケーションが実行中であっても、変数などを連続して保持している わけではありません。

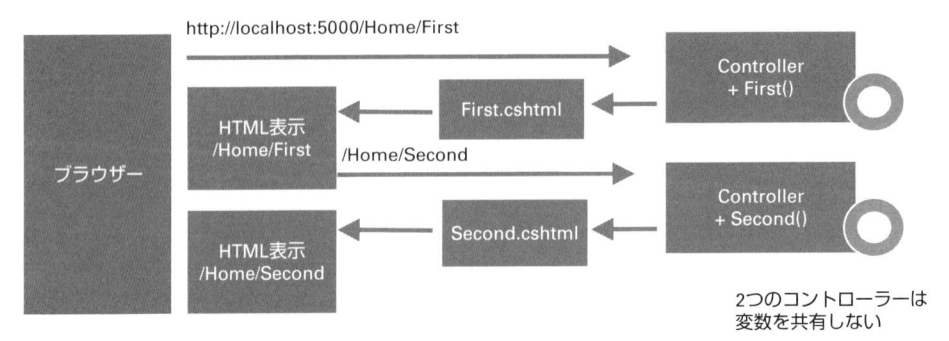

図9-1　ステートレスな ASP.NET MVC

　ASP.NET MVCアプリケーションで、図9-1のようなFirstページとSecondページの2つの
ページを表示する状態を考えてみましょう。ブラウザーからURLアドレスで「http://
localhost:5000/Home/First」が指定されたときは、Webサーバー内にあるControllerのFirst
メソッドが呼び出され、First.cshtmlが返されます。この後で、Firstページのリンクをたどっ
て、今度はControllerのSecondメソッドが呼び出され、Second.cshtmlを返します。

　このとき、FirstメソッドとSecondメソッドは内部で変数を共有しません。

リスト9-1　**HomeController**クラス

```
public class HomeController : Controller
{
    ...
    // 内部のフィールド変数
    private string _data = "";
    public IActionResult First()
    {
        // フィールド変数に保存する
        _data = DateTime.Now.ToString();
        ViewData["data"] = _data;                              ←①
        ViewData["hash"] = this.GetHashCode().ToString("X");   ←②
        return View();
    }
    public IActionResult Second()
    {
        // フィールド変数は保存されていない
        ViewData["data"] = _data;                              ←③
        ViewData["hash"] = this.GetHashCode().ToString("X");   ←④
        return View();
    }
}
```

　リスト9-1のようにFirstメソッドの①でフィールド変数に値を保存したとしても、Second
メソッドの③で_data変数の中身は空になっています。

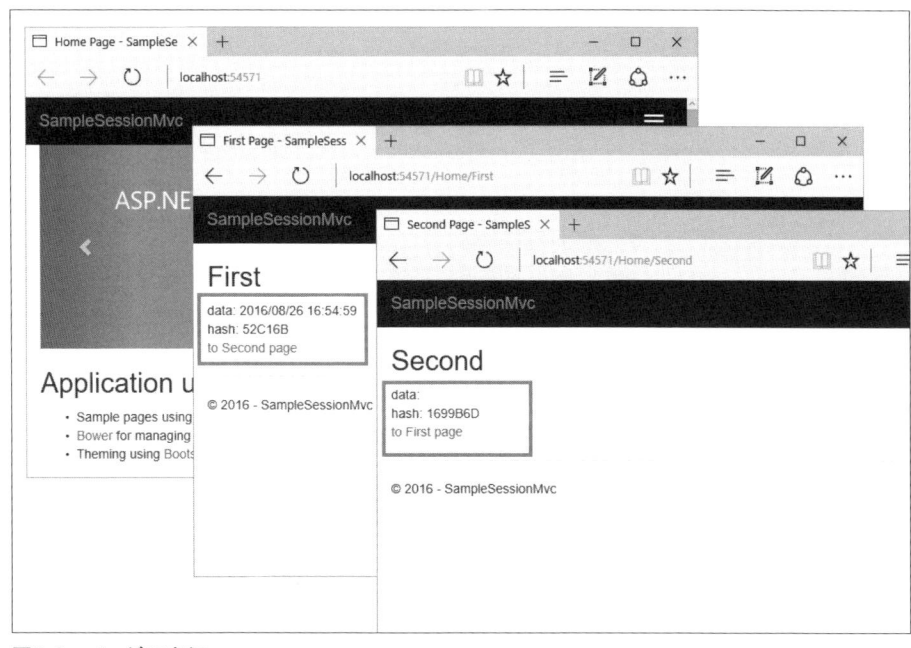

図9-2　ページの実行

あたかも同じHomeControllerクラス内のように見えますが、最初のURLアドレスで呼び出されたControllerオブジェクトと2回目のSecondメソッドの呼び出しで使われるControllerオブジェクトが異なっているのです（図9-1）。これは、②と④で取得しているControllerクラスのハッシュ値を比較すると分かります。このために2つのControllerオブジェクトのため、内部のフィールド変数は異なるものになります。

ステートレスなHTTPプロトコルをそのまま使う限り、ASP.NET MVCアプリケーションも状態を持つことはできません。各Actionメソッドの呼び出しやViewページの作成の途中でしか変数が保持できません。

商品の検索ページのようにURLアドレスやフォーム入力の応答のみを返す場合はステートレスなASP.NET MVCアプリケーションでも問題ありません。1回のURLアドレスの呼び出しに対して、1つのレスポンスを返す単純な仕組みになります。

しかし、商品のカートのように、途中でユーザーが選択した商品データを複数のページ間で保持するためにはステートレス（内部で状態を持たないこと）のままでは困ります。なんらかの方法で、複数ページ間で状態を保存する必要が出てきます。

9.1.2 | セッション情報の準備

ASP.NET MVCアプリケーションのひな型では、セッション情報を使うためにStartupクラスのConfigureServicesmesメソッドとConfigureメソッドを修正します（リスト9-2）。

リスト9-2　**Startup**クラスの修正

```
public class Startup
{
    ...
    public void ConfigureServices(IServiceCollection services)
    {
        ...
        // Add Session
        services.AddSession();  ←①
    }
    public void Configure(IApplicationBuilder app, ➡
IHostingEnvironment env,
        ILoggerFactory loggerFactory)
    {
        loggerFactory.AddConsole(Configuration.GetSection➡
("Logging"));
        loggerFactory.AddDebug();
        // Use Session
        app.UseSession();  ←②
        ...
    }
}
```

　①でサービスにAddSessionメソッドで追加し、②のIApplicationBuilderインターフェイス
のUseSessionメソッドを呼び出して、ASP.NET MVCアプリケーションがセッションを利用
できるようにしておきます (リスト9-2)。

9.1.3 | **セッションを利用する**

　ASP.NET MVCアプリケーションでは、HttpContext.Sessionを利用することによって、2
つのControllerオブジェクト間で値を共有できます。

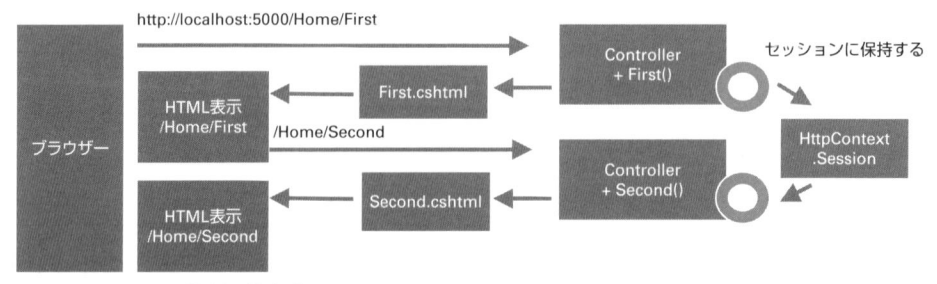

図9-3　セッション情報に保存する

HttpContext.Sessionには、文字列を保存するためのSetStringメソッドと、保存した値を取り出すためのGetStringメソッドが用意されています。バイナリデータを利用する場合には、SetメソッドとGetメソッドのペアを使います。

2つのリクエスト（2つのViewページやControllerオブジェクト）で値を共有するときには、セッション情報を使います。セッション情報には有効期限があり、クライアントからASP.NET MVCアプリケーションにアクセスしている間は、セッションが続く仕組みになっています。

次の例（リスト9-3〜9-5）では、最初に表示されるIndexメソッドでセッション情報を保存し、2つのViewページ（FirstとSecond）でセッション情報を取り出しています。

リスト9-3 **HomeControllerクラスのIndexメソッド**

```
public class HomeController : Controller
{
    public IActionResult Index()
    {
        this.HttpContext.Session.SetString("now", DateTime.Now.➲
ToString());    ◀①
        return View();
    }
    ...
}
```

リスト9-4 **First.cshtml**

```
@using Microsoft.AspNetCore.Http
@{
    ViewData["Title"] = "First Page";
    var now = this.Context.Session.GetString("now");    ◀②
}
<h2>First</h2>
<div>Index access: @now </div>    ◀③
<a asp-action="Second">to Second page</a>
```

リスト9-5 **Second.cshtml**

```
@using Microsoft.AspNetCore.Http
@{
    ViewData["Title"] = "Second Page";
    var now = this.Context.Session.GetString("now");    ◀④
}
<h2>Second</h2>
<div>Index access: @now </div>    ◀⑤
<a asp-action="First">to First page</a>
```

Indexメソッドで、①のようにSession.SetStringメソッドで現在時刻を保存しています。セッション情報の名前は「now」としています。

　Firstページを表示するときに、②のSession.GetStringメソッドで設定済みのセッション情報を取り出し、③で表示しています。
　同じようにSecondページでも、④でセッション情報を取り出し、⑤で表示しています。

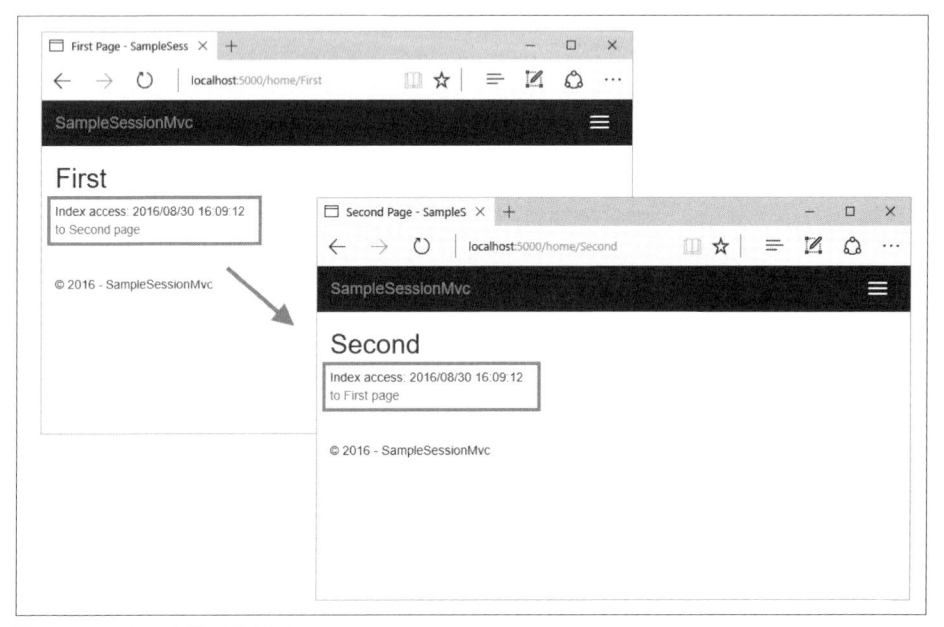

図9-4　セッション情報の実行

　FirstページとSecondページでは、Indexページで設定した同じセッション情報を使うため、表示は同じ日時になっています。

9.1.4 | セッション情報を使うときの注意点

　データを保存できるセッション情報ですが、利用するときにはいくつかの注意点があります。
　セッションの情報は、一定の時間までWebサーバー上に保存されます。セッション情報の管理をメモリ上やデータベース上に保存する方法がありますが、セッションの有効期限の間、保持されているセッション情報がサーバー上に残ります。このため、ASP.NET MVCアプリケーションへのアクセスが数十件程度であれば問題はないのですが、アクセスが数万件に上るようなときには、クライアントごとにセッション情報されるため、全体の情報が膨大になります。これによりWebサーバーのメモリーを圧迫したり、データベースのストレージに負担が掛かることになります。
　アクセス数に注意して、保持するセッション情報の大きさ（オブジェクトの量）や有効期間を調節が必要になります。短期間でのアクセスが非常に多く、ある程度のセッション情報の有効期限を長くしなければいけない場合には、次に解説するCookieを利用した状態管理を考慮してください。

9.2 クッキーの利用

　ASP.NET MVCアプリケーションで状態を保持するもう1つの方法として、Cookieを解説します。Cookieはセッション情報とは異なり、HTTPプロトコルのヘッダーに値を仕込むため、サーバーのメモリを圧迫しない方法になります。

9.2.1 クッキーを利用する

　Cookieのデータは、HTTPプロトコルのヘッダー部に保存します。WebサーバーでCookieを設定し、それ以降クライアントとのやり取りで、常にヘッダー部にCookieの値を保持していきます。

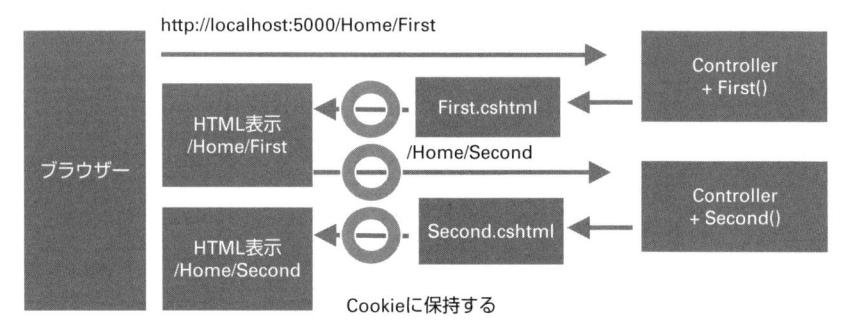

図9-5　クッキーに値を保存する

リスト9-6　**Cookie**の設定

```
public class HomeController : Controller
{
    public IActionResult Index()
    {
        this.HttpContext.Response.Cookies.Append("my-cookie", ←①
                    DateTime.Now.AddDays(100).ToString());
        return View();
    }
    ...
}
```

リスト9-7　**First.cshtml**で**Cookie**の取り出し

```
@using Microsoft.AspNetCore.Http
@{

    ViewData["Title"] = "First Page";
```

```
        var now2 = this.Context.Request.Cookies["my-cookie"]; ←②
}
<h2>First</h2>
<div>Index access: @now </div>
<div>Cookie: @now2</div> ←③
<a asp-action="Second">to Second page</a>
```

　Cookieの設定は、クライアントのレスポンスを返すときのResponseオブジェクトのCookiesコレクションに追加します。リスト9-6の①では「my-cookie」というキー名でCookieを設定します。有効期限は100日間にしています。

　設定済みのCookieは、リスト9-7の②のようにキー名でCookiesコレクションから取得します。③で画面に表示させています。

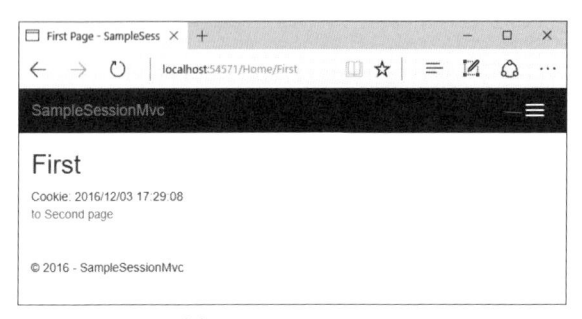

図9-6　Cookieの実行

　サンプルのプロジェクトを実行すると、FirstページでCookieの値が設定されていることを確認できます（図9-6）。

9.2.2 Cookieを使うときの注意点

　Cookieはサーバーのメモリに負担を掛けないため、数万件に及ぶリクエストのときに状態を保存するときに有効です。しかし、常にHTTPプロトコルのヘッダー部に埋め込まれて、クライアントとサーバー間でやり取りが行われるので、あまり大きなデータを扱うことはできません。

　また、ユーザーによってはセキュリティの確保のためブラウザーでのCookieの送信を不許可にしている場合があります。このようなときにはCookieに保存した値は失われてしまいます。

　セッション情報やCookieを使った状態管理のほかにも手法があるので、いくつか紹介しておきましょう。

9.2.3 | hidden な input タグの利用

　ASP.NET の WebForm アプリケーションで使われている手法として、隠し（hidden）の input タグを使ってデータを保持する方法があります。ViewState と呼ばれています。

　input タグの type 属性に「hidden」を指定すると、ユーザーには見えないテキストボックスを作ることができます。この隠しテキストボックスに、サーバーが保持しておくべきデータを保存しておきます。クライアントから送信するときは、常に POST メソッドによるリクエストになりますが、サーバーのメモリを圧迫しません。Cookie を禁止しているブラウザーでも動作が可能です。

　ただし、Cookie と同じように常にクライアントとサーバー間でデータのやり取りを行うため、大きなデータを input タグの value に設定してしまうとネットワーク間のデータ量が高まり表示に時間が掛かってしまいます。また、フォームによる入力のため適度に暗号化をしておかないと、クライアントにより改竄が容易にできてしまいます。

　このため、通常は ID の保持やユーザーが入力した住所データの引継ぎなどに使われています。

9.2.4 | URL に ID を埋め込む

　セッション情報をサーバーで保持するときには、そのキーは HTTP プロトコルのヘッダー部に Cookie として記述されます。このため、ブラウザーによって Cookie を禁止している場合は、セッション情報が動かないときがあります。

　このような場合は、URL アドレスの中にセッション ID を含めてクライアントとのやり取りを行います。キー情報のみを URL アドレス内に保持し、データそのものはサーバーに置くことが可能です。

　ただし、キー情報が URL アドレスとして表示されてしまうため、キー情報の改ざんが容易になってしまいます。編集されたキー情報を認識させるために、チェックディジットなどのチェック機能が必須になります。

　このように、ASP.NET MVC アプリケーションにおける状態管理はいくつかの方法があるので、状況によって適切なものを選択するようにしましょう。

9.3 | この章のチェックリスト

　この章では、HTTP プロトコルを補完するセッション機能の解説をしました。ASP.NET Core アプリケーションによるセッション機能について復習しておきましょう。

✔ チェックリスト

① ASP.NET MVCアプリケーションのひな型では、セッション機能は有効になっていないため、 A ファイルを開いて、ConfigureServicesメソッドとConfigureメソッドにコードを追加する。

② セッション情報の保存には、HttpContextの B プロパティを利用する。文字列を設定するときは C メソッドを使い、数値を設定するときはSetInt32メソッドを使う。設定時にはキー情報を D で設定する。

③ クッキーはHTTPプロトコルの E に保存されて、ブラウザとサーバーの間で何度もやり取りが行われる。Responseオブジェクトの F コレクションに追加して利用する。

答え

① A Startup.cs

② B Session 　　　C SetString 　　　D 文字列, string型

③ E ヘッダー部 　　F Cookies

第 **10** 章
ルーティング

ASP.NET MVCアプリケーションのURLアドレスの呼び出しは、初期値はControllerクラス名とActionメソッド名となっています。スキャフォールディング機能を実行して作成する場合、このスタイルに統一したほうがよいのですが、場合によっては他のURLアドレスの形式に変えたいときがあります。

この章ではルーティング機能を使い、URLアドレスの呼び出しの短縮や変更の方法を解説します。

10.1 | MapRouteメソッドの活用

ASP.NET MVCアプリケーションで利用するURLアドレスは、デフォルトではControllerクラス名とActionメソッドの名前の組み合わせが使われています。さらに、ルーティングの機能を使うことによって、柔軟に呼び出しのURLアドレスを作成することができます。

10.1.1 | ルーティング機能

ルーティング機能は、ASP.NET MVCアプリケーションを呼び出すURLアドレスを設定する機能です。デフォルトでは、Controllerクラス名とActionメソッド名を組み合わせた「/controller名/action名」となっていますが、これを別のルールに切り替えることが可能です。

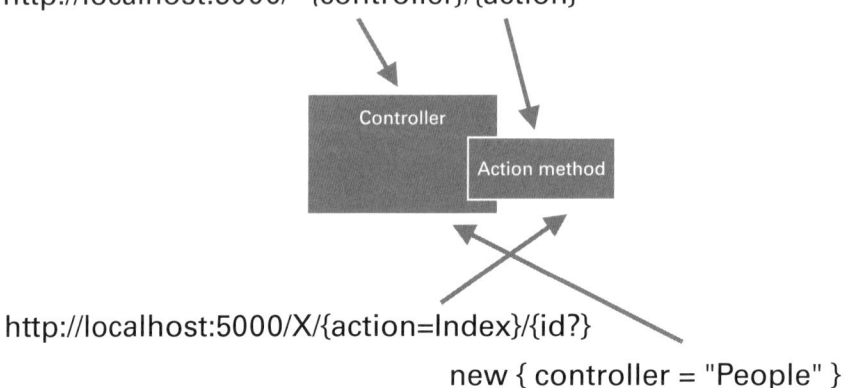

図10-1　ルーティングの設定

　デフォルトの設定では「http://localhost:5000/Home/Index」のように、Controllerクラス名とActionメソッドを順番に指定しますが、ルーティングの設定により、順番を変えたりControllerクラスやActionメソッド名を省略させることが可能です。

　標準のルーティング機能だけでは、機能性が損なわれるときに利用します。このルーティングの機能は、Startupクラスで設定する全体のルーティングを設定する方法と、Controllerクラスや Actionメソッドの属性として設定する2つの方法があります。

　まずは、ASP.NET MVCアプリケーション全体のルーティングを変更する場合を解説しましょう。

10.1.2 | MapRouteメソッド

　StartupクラスのConfigureメソッドを見ると、デフォルトのルーティングがUseMvcメソッドで設定されています。UseMvcメソッドで渡されたルーティングのコレクションに、MapRouteメソッドを使って新しいルーティングを追加します（リスト10-1）。

リスト10-1　**Startup**クラス

```
public void Configure(IApplicationBuilder app, ➲
IHostingEnvironment env, ILoggerFactory loggerFactory)
{
    ...
    app.UseMvc(routes =>
    {
        routes.MapRoute(  ◀─①
            name: "default",
            template: "{controller=Home}/{action=Index}/{id?}");
        // ルーティングを変更する
        routes.MapRoute(  ◀─②
            name: "person",
```

```
            template: "X/{action=Index}/{id?}",
            defaults: new { controller = "People" });
        // 管理ページにアクセスする
        routes.MapRoute( ◀─③
            "administrator",
            "admin",
            new { controller = "People", action = "Index" });
    });
}
```

　①はASP.NET MVCアプリケーションを作成したときにひな型として作成される初期値のルーティングになります。通常は、この設定が有効になります。

　②は、PeopleControllerクラスにアクセスする方法を変えたルーティングです。「http://localhost:5000/X/Index」のように、Controller名を変更あるいは省略することが可能な方法です。

　③は、Controller名もActionメソッド名も省略できる方法です。「http://localhost:5000/admin」でアクセスすると、「http://localhost:5000/People/Index」にアクセスするのと同じルーティングになります。

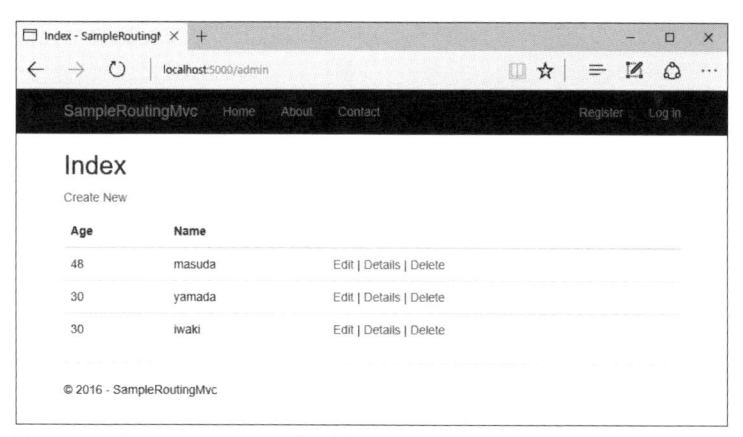

図10-2　変更したルーティングの実行

　全体のルーティングを変更するときは、StartupクラスのConfigureメソッドで変更しますが、Actionメソッド名を細かく設定し直したいときには属性を使ったルーティングの機能を使います。

10.2 ┃ ルーティング属性

　ルーティングの設定をControllerクラスのActionメソッド単位で設定しましょう。URLアドレスにController名やActionメソッド名が表示されないため、ASP.NET MVCアプリケー

ションの内部動作を隠蔽できるようになります。また、リファクタリングにより、メソッド名が変更になったときでもURLアドレスの呼び出しを変更せずにすみます。

10.2.1 | Controllerクラスの属性

通常、Controllerクラスの名前とURLアドレスで指定されるフォルダー名は一致していますが、Webサイトの要件によりURLアドレスを変更したい場合があります。このようなときはControllerクラスにRoute属性を付けます（リスト10-2）。

リスト10-2　**Controllerクラスのルーティング属性**

```
[Route( template )]
public class HomeController : Controller { ...
```

Route属性でtemplate名を指定することで、URLアドレスのフォルダー名を変更します。Route("xxx")として指定すると、「http://localhost:5000/xxx/Index」のように指定ができるようになります。また、Route("xxx/yyy")のようにフォルダー名を含めることもできます。このときは「http://localhost:5000/xxx/yyy/Index」のように呼び出しが可能です。

10.2.2 | Actionメソッドの属性

Controllerクラスのルーティング属性と同じようにActionメソッドにもRoute属性を付けることができます（リスト10-3）。

リスト10-3　**Actionクラスのルーティング属性**

```
[Route( template )]
public async Task<IActionResult> Index() { ...
```

ここでもRoute("list")と設定することで、「http://localhost:5000/Home/list」とURLアドレスの指定を変更できます。

ControllerクラスとActionメソッドのルーティング属性は、同時に指定することができます。

10.2.3 | ルーティング属性の例

実際にルーティング属性を使ったASP.NET MVCアプリケーションの例を見ていきましょう（リスト10-4）。

リスト10-4　**PeopleRouteControllerクラス**

```
[Route("p")]  ◀─①
public class PeopleRouteController : Controller
```

```
{
    private readonly ApplicationDbContext _context;
    public PeopleRouteController(ApplicationDbContext context)
    {
        _context = context;
    }
    // GET: People
    [Route("Index")]   ◄②
    [Route("list")]    ◄③
    public async Task<IActionResult> Index()
    {
        return View(await _context.Person.ToListAsync());
    }

    // GET: People/Details/5
    [Route("item/{id}")]   ◄④
    public async Task<IActionResult> Details(int? id)
    {
        if (id == null)
        {
            return NotFound();
        }
        var person = await _context.Person.SingleOrDefaultAsync↩
(m => m.Id == id);
        if (person == null)
        {
            return NotFound();
        }
        return View(person);
    }
    // GET: People/Create
    [Route("new")]    ◄⑤
    public IActionResult Create()
    {
        return View();
    }
...
```

①でControllerクラスのRoute属性を「p」のように短く指定します。

②と③のようにIndexメソッドを、「Index」でも「list」でも指定できるようにしています。「http://localhost:5000/p/list」のように指定できます。

④では、「item」で指定できるようにしています。「http://localhost:5000/p/item/10」のように指定できます。

⑤では、「new」で新しい項目を作れるようにしています。「http://localhost:5000/p/new」でCreateページが表示されます。

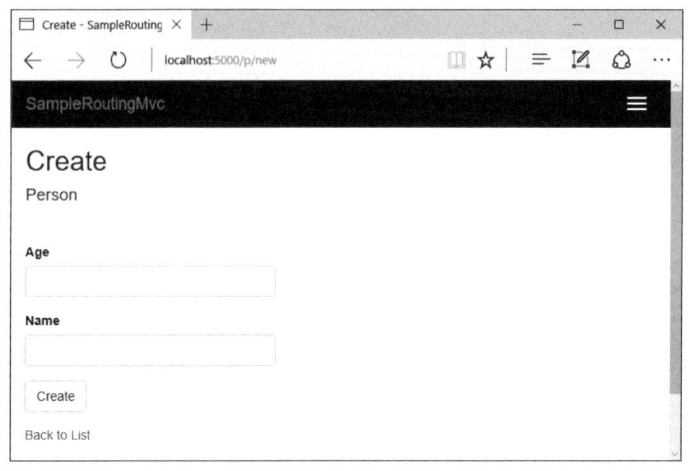

図10-3　実行結果

　ルーティング属性は、URLアドレスが長いとブラウザーでの入力が大変になるため、URL
を短く工夫をするときに使えます。Actionメソッドを短くして対応することも感動ですが、
コーディング時の開発効率が悪くなるので、Route属性を活用するとよいでしょう。

10.2.4 | Web APIのルーティングの変更

　ルーティングの変更は、Web APIアプリケーションでのControllerクラスでも有効です
（リスト10-5）。

　ASP.NET MVCアプリケーションのスキャフォールディング機能以外のActionメソッド
は、Route属性を付けて、クライアントアプリケーションから呼び出しやすい形式に変更して
おくとよいでしょう。

リスト10-5　**PeopleApiControllerクラス**

```
[Produces("application/json")]
[Route("api/People")]  ◀─①
public class PeopleApiController : Controller
{
    ...
    // GET: api/People
    [HttpGet]
    [Route("search/name/{value}")]  ◀─②
    public IEnumerable<Person> GetPersonByName([FromRoute] ↻
string value )
    {
        return _context.Person.Where( t => t.Name.Contains(value));
    }
    // GET: api/People
    [HttpGet]
```

```
    [Route("search/age/{value}")]  ←①③
    public IEnumerable<Person> GetPersonByAge([FromRoute] ◐
int value)
    {
        return _context.Person.Where(t => t.Age >= value);
    }
    ...
}
```

　Web APIのひな型を作ると、①のようにControllerクラスにRoute属性が付けられています。デフォルトでは「api/People」のように指定されています。

　②で検索用のGetPersonByNameメソッドを作成しています。このままでは「http://localhost:5000/api/People/GetPersonByName/masuda」のような呼び出しになってしまうため、設定方法があいまいになり多少不便です。これにRoute("search/name/{value}")を付けることによって、「http://localhost:5000/api/People/search/name/masuda」のように指定ができます。

　同じように③でも、GetPersonByAgeメソッドをRoute属性で変更しています。これは「http://localhost:5000/api/People/search/age/20」のように指定ができます。

リスト10-6　クライアントコード

```
private async void clickSearch(object sender, RoutedEventArgs e)
{
    string value = text2.Text;
    var hc = new HttpClient();
    var res = await hc.GetAsync($"http://localhost:5000/api/◐
people/search/name/{value}");
    var str = await res.Content.ReadAsStringAsync();
    text1.Text = str;
}
```

　このように、クライアントの呼び出しが単純化できます（リスト10-6）。Web APIの場合を社内などのシステムで活用するときはActionメソッド名のままでもよいのですが、一般公開をするときにはRoute属性を使って利用しやすい名前に変えておきます。Web API名を整理しておくことで、利用しやすいWebサイトが作成できます。

10.3 | **この章のチェックリスト**

　この章では、ASP.NET MVCアプリケーションの呼び出しに使われるルーティング機能について解説をしました。普段は使わない機能ですが、URLアドレスを希望通りに変更したいときに便利な機能です。

✔ チェックリスト

① ルーティングの機能は、サイト全体を設定する ┌─ A ─┐ メソッドを使った方式と、Controllerクラスや Actionメソッドごとに設定する ┌─ B ─┐ 属性を使った方式の2種類がある。

② ┌─ A ─┐ メソッドの設定では、Controllerクラス名を省略するような短いルーティングの設定も可能である。以下のように設定すると、「http://localhost:5000/ ┌─ C ─┐ 」のようにアクセスしたときに、PeopleControllerクラスの ┌─ D ─┐ メソッドを呼び出すようになる。

```
routes.MapRoute(
        "administrator",
        "admin",
        new { controller = "People", action = "Index" });
```

③ ControllerクラスのActionメソッドの属性で設定すると、Actionメソッド名とは異なるURLアドレスに変換できる。以下のように設定したときは、「http://localhost:5000/People/GetPersonByName/YourName」とアクセス代わりに、判別しやすく「http://localhost:5000/ ┌─ E ─┐ 」のようにアクセスを変えられる。

```
[Route("search/name/{value}")]
public IEnumerable<Person> GetPersonByName([FromRoute] ➔
string value )
{
    return _context.Person.Where( t => t.Name.Contains(value));
}
```

答え

①A MapRoute   B Route
②C admin   D Index
③E search/name/YourName

第11章

認証

誰もがアクセスできるオープンなWebサイトとは逆に、限定された会員だけがアクセスできるサイトや、商品サイトのようにログインが必要なサイトがあります。ログイン認証は、Webサイトにアクセスしている個別のユーザーの情報の保持や、サイトの情報を保護するための利用される機能です。

この章では、一般的なユーザー名とパスワードを利用した認証機能とWindows認証の機能の解説を行います。

11.1 | ASP.NET Identitiy の利用

ASP.NET Identitiyは、データベースにログイン情報を保持して認証機能を働かせます。ASP.NET MVCアプリケーションを作成するときに、［認証の変更］を選択して［個別のユーザーアカウント］を利用したときに自動的に組み込まれます。

「第7章 複数Viewの活用」では、ASP.NET Identitiyを使いページの切り替えを行いましたが、ここではASP.NET Identitiyの機能の詳細を解説しましょう。

11.1.1 | ASP.NET Identitiy を利用する

改めて、ASP.NET MVCプロジェクトを作成して、作成されるデータベースの詳細を見ていきましょう。

Visual Studioを起動して、メニューから［ファイル］→［新規作成］→［プロジェクト］を選択し、［新しいプロジェクト］ダイアログを開きます。新しいプロジェクトダイアログで［Visual C#］→［Web］の中から［ASP.NET Core Web Applicaiton(.NET Core)］を開き、［New ASP.NET Core Web Applicaiton (.NET Core)］ダイアログで［認証の変更］ボタンをクリックして、［個別のユーザーアカウント］を選択してASP.NET MVCプロジェクトを作成します。

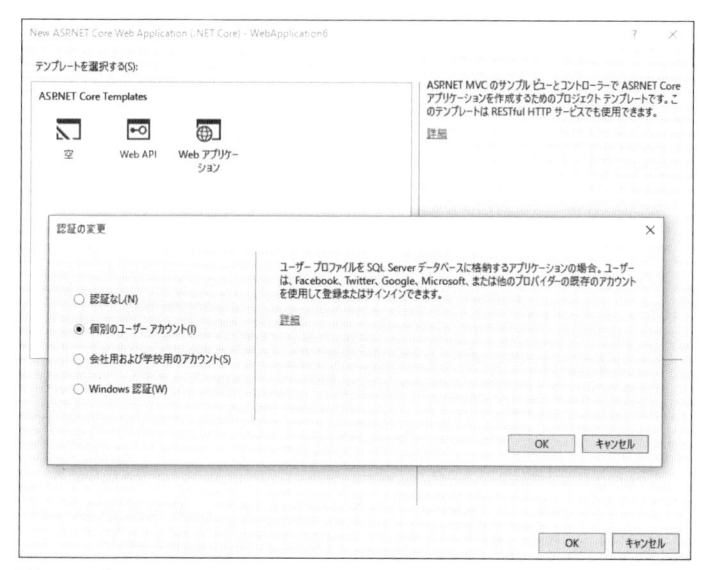

図11-1 ［New ASP.NET Core Web Applicaiton (.NET Core)］ダイアログと［個別のユーザーアカウント］の選択

ASP.NET MVCアプリケーションを一度実行した後に、「dotnet ef database update」を実行してデータベースとログイン用のテーブルを作成しておきます。

11.1.2 | ログイン用テーブルの詳細

ASP.NET Identitiyで作成したいくつかのテーブルの中で、ログイン時のユーザー名とパスワード、ユーザーが属するロールに関係する3つのテーブルについて解説をします。

■ 11.1.2.1 AspNetUsersテーブル

AspNetUsersテーブルは、ログイン名とパスワードが含まれているテーブルになります（表11-1）。ロールを使わずに、通常のログイン名とパスワードを入力してログインチェックをする場合には、このテーブルだけが使われます。

表11-1 AspNetUsersの構造

列名	型	NULLを許容	説明
Id	nvarchar(450)	NOT NULL	ユーザー情報の識別ID
AccessFailedCount	int	NOT NULL	
ConcurrencyStamp	nvarchar(MAX)	NULL	メールアドレス
Email	nvarchar(256)	NULL	
EmailConfirmed	bit	NOT NULL	
LockoutEnabled	bit	NOT NULL	
LockoutEnd	datetimeoffset(7)	NULL	

列名	型	NULLを許容	説明
NormalizedEmail	nvarchar(256)	NULL	メールアドレスの大文字化
NormalizedUserName	nvarchar(256)	NULL	ユーザー名の大文字化
PasswordHash	nvarchar(MAX)	NULL	パスワードのハッシュ値
PhoneNumber	nvarchar(MAX)	NULL	
PhoneNumberConfirmed	bit	NOT NULL	
SecurityStamp	nvarchar(MAX)	NULL	
TwoFactorEnabled	bit	NOT NULL	
UserName	nvarchar(256)	NULL	ユーザー名

　識別IDはGUID文字列が使われています。ユーザー情報を作成するときに一意になるようにGUIDが使われてます。GUID自体は、Visual Studoのツールメニューから［GUIDの作成］でも作ることができます。

　ASP.NET MVCアプリケーションのひな型で作成される「Register」では、ユーザー名＝メールアドレスとして設定されています。データベースの検索が高速になるように、アルファベットの大文字に正規化された「NormalizedEmail」と「NormalizedUserName」が使われています。

　パスワードは「PasswordHash」の列にハッシュ値に変換して保存されています。

■| 11.1.2.2　AspNetRolesテーブル

　AspNetRolesテーブルは、ロールを設定するためのテーブルです（表11-2）。

表11-2　AspNetRolesの構造

列名	型	NULLを許容	説明
Id	nvarchar(450)	NOT NULL	ロール情報の識別ID
ConcurrencyStamp	nvarchar(MAX)	NULL	
Name	nvarchar(256)	NULL	ロール名
NormalizedName	nvarchar(256)	NULL	ロール名の大文字化

　識別IDは、ユーザー情報のIDと同じようにGUIDの文字列が使われています。

　ロール名は「Name」に設定されていますが、検索時には大文字化された「NormalizedName」が使われています。

■| 11.1.2.3　AspNetUserRolesテーブル

　AspNetUserRolesテーブルは、ユーザー情報のAspNetUsersテーブルとロール情報のAspNetRolesテーブルの連携を保持するテーブルです（表11-3）。ユーザーは複数のロールに属することができるため、多対多の関係になります。これを実現するためのテーブルです。

表11-3　AspNetUserRolesの構造

列名	型	NULLを許容	説明
UserId	nvarchar(450)	NOT NULL	ユーザー情報の識別ID
RoleId	nvarchar(450)	NOT NULL	ロール情報の識別ID

ユーザー情報のID（UserId）とロール情報のID（RoleId）の2つの列だけを保持します。

11.1.3 | ログイン状態の確認

ログイン状態を確認するためにViewページを作っておきましょう（リスト11-1）。

リスト11-1　**Views/Home/User.cshtml**

```
@{
    ViewData["Title"] = "User Check";
}
<h2>User Check</h2>

<div>Login: @User.Identity.IsAuthenticated</div>   ←①
<div>Username: @User.Identity.Name</div>   ←②
<div>Role in Administrators:   @User.IsInRole("Administrators")⏎
</div>   ←③
<div>Users in Users:   @User.IsInRole("Users")</div>   ←④
```

ユーザー情報は、ViewページのUserプロパティにアクセスすると取得ができます。
①では、ログイン状態の有無をIdentity.IsAuthenticatedプロパティでチェックしています。
ログイン時のユーザー名は、②のようにIdentity.Nameプロパティで取得します。
③と④では、ロールの「Administrators」と「Users」に属しているかどうかをチェックしています。

このViewページを表示するために、HomeControllerクラスにUserPageメソッドを追加しましょう（リスト11-2）。

リスト11-2　**HomeController**クラスの修正

```
public class HomeController : Controller
{
    ...
    [ActionName("User")]   ←①
    public IActionResult UserPage()   ←②
    {
        return View();
    }
}
```

Controllerクラスには既にUserプロパティがあるため「User」メソッドは作成できません。
メソッド名を②のように「UserPage」メソッドにして、①のActionName属性で「User」に
切り替えます。これにより、UserというActionメソッドとして呼び出すことができます。

11.1.4 | データの作成

　SQL Server Management Systemなどで、データを作成しておきましょう（表11-4 〜 11-6）。

表11-4　AspNetUsersデータ

Id	NormalizedUserName	UserName
bf6062bd-c1f4-46fa-a21b-2258cb3297ca	MASUDA@MAIL.COM	masuda@mail.com
d0b53a36-ffd0-4f26-8abc-538ee785574e	TOMOAKI@MAIL.COM	tomoaki@mail.com

表11-5　AspNetRolesデータ

Id	Name	NormalizedName
F09DB731-F668-4B16-9610-CE9F6C29DF8F	Administrators	ADMINISTRATORS
D27CC823-0CCE-4325-B849-007CF1CFE3F2	Users	USERS

表11-6　AspNetUserRolesデータ

UserId	RoleId
bf6062bd-c1f4-46fa-a21b-2258cb3297ca	F09DB731-F668-4B16-9610-CE9F6C29DF8F
bf6062bd-c1f4-46fa-a21b-2258cb3297ca	D27CC823-0CCE-4325-B849-007CF1CFE3F2
d0b53a36-ffd0-4f26-8abc-538ee785574e	D27CC823-0CCE-4325-B849-007CF1CFE3F2

　「masuda@mail.com」と「tomoaki@mail.com」という2つのユーザーを作成し、「Administrators」と「Users」のロールを作成します。AspNetUserRolesテーブルにデータを入力して、「masuda@mail.com」は「Administrators」と「Users」の両方のロールに属し、「tomoaki@mail.com」は「Users」ロールだけに属するように設定します。

11.1.5 | 動作の確認

　では、実際に動作を確認してみましょう。ログインしていない状態と、2つのユーザー名（メールアドレス）でログインしたときに「http://localhost:5000/home/user」にアクセスして確認してみます。

　ログインしていない状態とログインしている状態を見比べてください。

　ASP.NET Identitiyを使うとローカルデータベースを使うため、主に1つのサイトにログイン情報が限られていますが、手軽に使えるログイン認証のシステムです。データベースの接続先を変更すれば、他のデータベースサーバーを使ってログイン状態を共有できるので試してみてください。

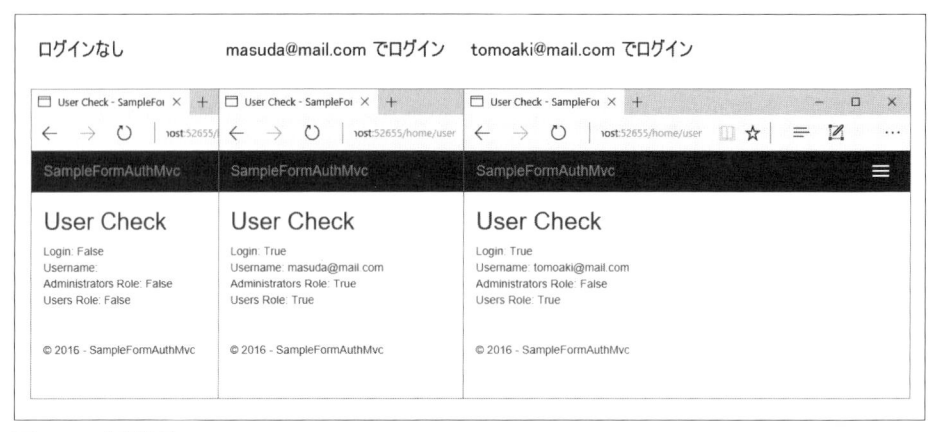

図11-2　実行結果

11.2 Windows認証

　もう1つのログイン認証機能としてWindows認証があります。Active Directoryあるいは Windowsのログイン機能を使った統合的な認証機能を働かせたいときに利用できます。Windows認証の場合は、IISの機能を使うため、LinuxやMacでは動作しません。Windows Serverが対象になります。

11.2.1 Windows認証を利用する

　Windows認証を利用するときは、[New ASP.NET Core Web Applicaiton (.NET Core)] ダイアログで [認証の変更] ボタンをクリックして、[会社用および学校用のアカウント] （図11-3) あるいは [Windows認証] （図11-4) を選択してASP.NET MVCプロジェクトを作成します。

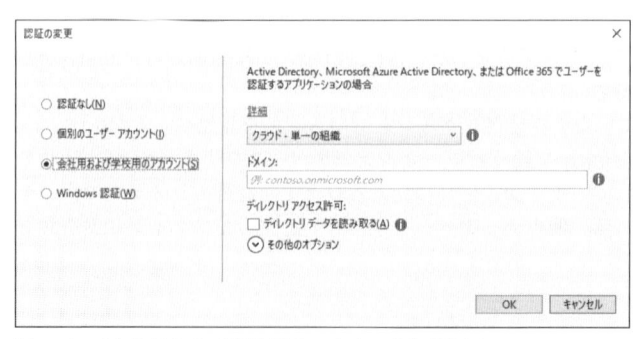

図11-3　[会社用および学校用のアカウント] 選択時

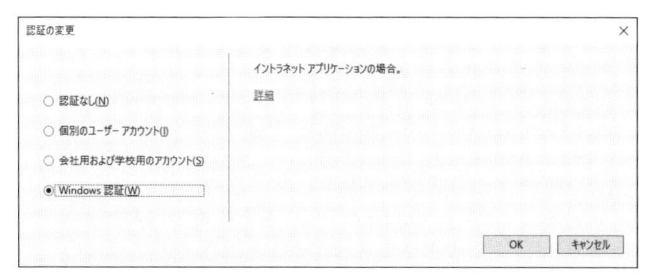

図11-4 ［Windows認証］選択時

　［会社用および学校用のアカウント］の場合は、組織のActive Directoryのアカウントや
Office365のアカウントが利用できます。ログイン情報の管理は、それぞれのアカウント管理
サーバーに任せることができます。

　［Windows認証］の場合は、Webサーバーが動作するWindowsのローカルアカウントが使
われます。ユーザーを追加するときは、動作しているWindowsにローカルアカウントを作成
します。

　Windows認証で実験するときのローカルアカウントは、コントロールパネルの［ユーザー
アカウント］→［アカウントの管理］で追加ができます（図11-5）。

図11-5 アカウントの管理

　ここでは、「masuda」ユーザーが管理者（Administrators）に属し、「tomoaki」ユーザーが
標準ユーザー（Users）に属しています。

11.2.2 │ IISの設定

　Windows認証を使う場合には、IISでの設定が必要になります。ASP.NET MVCアプリ
ケーションのPropertiesフォルダーにあるlaunchSettings.jsonファイルに、Windows認証の
設定があります（リスト11-3）。

リスト11-3 **Properties/launchSettings.json**

```json
{
  "iisSettings": {
    "windowsAuthentication": true,      ←①
    "anonymousAuthentication": false,   ←②
    "iisExpress": {
      "applicationUrl": "http://localhost:49549/",
      "sslPort": 0
    }
  },
```

　Windows認証を使う場合は、①の「windowsAuthentication」の値がtrueになります。ASP. NET Identitiyのときには、falseになります。

　ログインせずに表示ができるようにするには、②をtrueにします。ここでは必ずWindows認証を通すためにfalseが設定されています。

　この設定は、プロジェクトのプロパティを開き、［デバッグ］タブからも設定ができます。

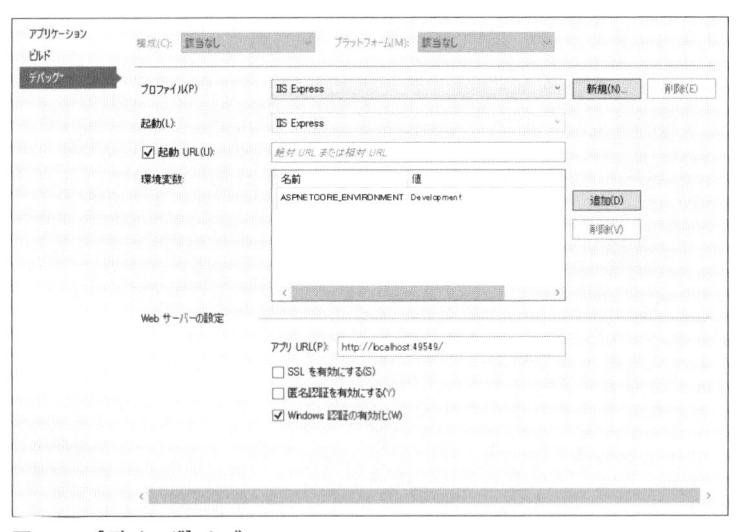

図11-6　［デバッグ］タブ

　ログイン状態を確認するViewページとControllerクラスの設定は、ASP.NET Identitiyと同じように作成しておきます。

11.2.3 | 動作の確認

　では、Windows認証を設定したときの動作を確認してみましょう。サイトにアクセスをすると、ログインを知らせるダイアログが表示されます（図11-7）。

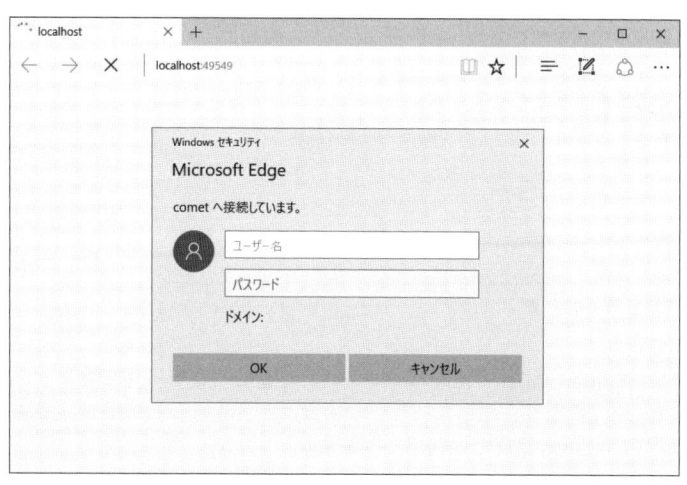

図11-7　ログインダイアログ

　Windows認証が可能なユーザー名とパスワードを入力すると、正しくログインができてサイトを表示することができます（図11-8）。

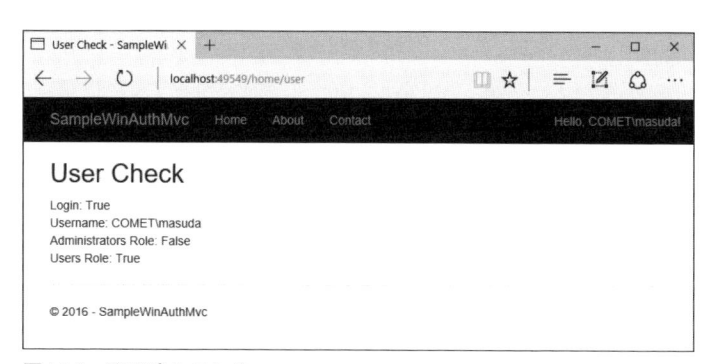

図11-8　認証済みのとき

　ユーザー名やパスワードが間違っているときは、HTTPプロトコルの401.1エラーが発生します（図11-9）。

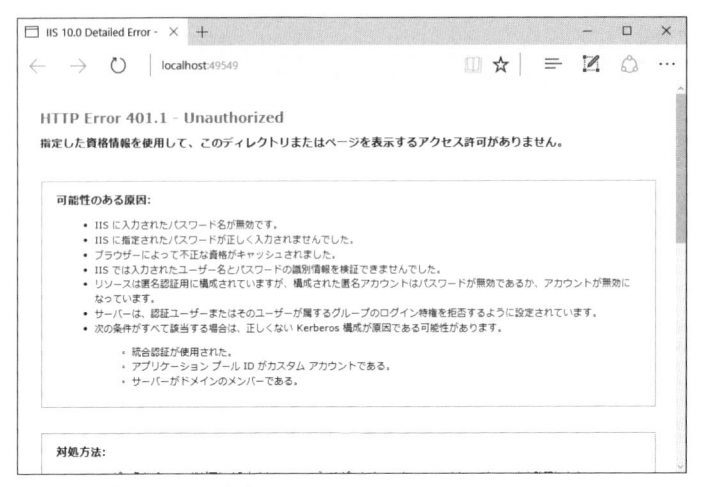

図11-9　認証エラーのとき

　ロールは、Windows認証で使われているロールがそのまま利用できます。管理者の場合は「Administrators」になり、標準ユーザーの場合は「Users」になります。そのほかにもたくさんのロールがWindows認証では利用できます。

　ログイン認証については、Active Direcotryのような高機能な認証サーバーがあるので、それらの機能を存分に使うことも考慮してください。

11.3 | この章のチェックリスト

　これまで、MVCパターンからASP.NET Coreの機能に至るまで、11章にわたりASP.NET MVCアプリケーションの解説をしてきました。ASP.NET MVCアプリケーションが単体の技術ではなく、WebサイトとしてのASP.NET Core、MVCパターン、データベースのアクセス、Web APIによるクライアントの結合などのさまざまな技術によって成り立っていることが理解できたと思います。

　ASP.NET Coreについての最新情報は ASP.NET Core Documentation（https://docs.asp.net、図11-10）にまとまっています。本書では追い切れなかった最新の情報が載っていますので、あわせて活用してください。

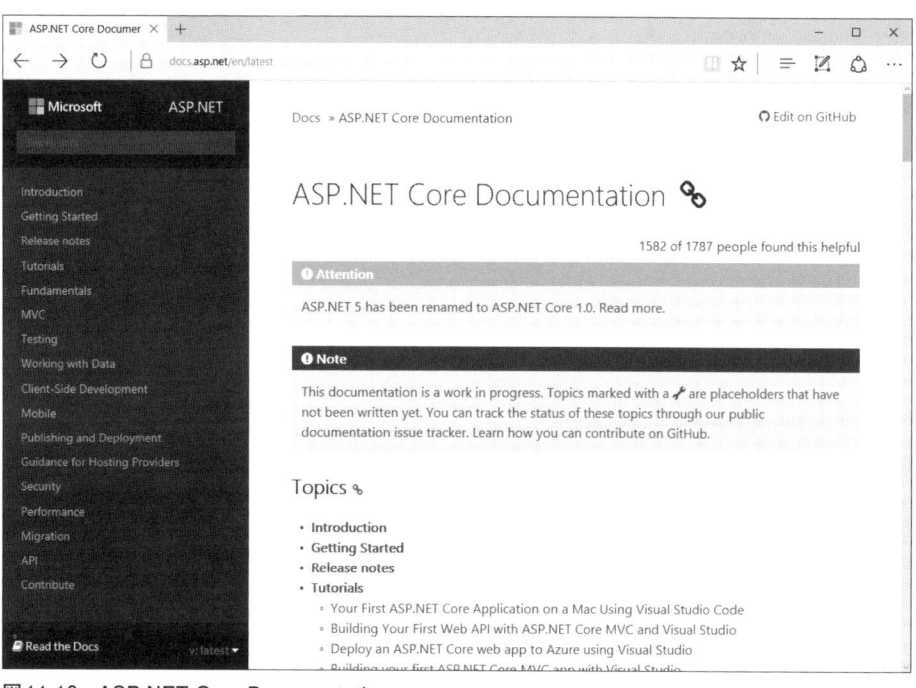

図11-10　ASP.NET Core Documentation

　最後のチェックリストとは、認証に関するものになります。ユーザーのアクセス制御をどのように行うのかを復習してみましょう。

✔ チェックリスト

① ASP.NET MVCアプリケーションを作成するときに、[認証の変更] ボタンをクリックすると、3つの認証方式が選択できる。[個別のユーザーアカウント] を選択すると、　A　を利用してユーザー名とパスワードで認証を行える。[会社用および学校用のアカウント] あるいは [　B　] を選択すると、Active Directoryあるいはローカルのログインユーザーを使った認証方式になる。

② [個別のユーザーアカウント]では、サイトで [Register] ボタンをクリックして、登録できるようなViewページが用意される。ログインしているかどうかは、Identityオブジェクトの　C　プロパティをチェックする。ユーザー名は　D　プロパティで取得できる。

③ [個別のユーザーアカウント]でも [　B　]でも、ユーザー名を利用するとき Userプロパティを使える。どのロールに属しているのかを [　E　] メソッドでチェックができる。[個別のユーザーアカウント] の場合は、データベースのAspNetRolesテーブルとAspNetUserRolesテーブルが利用され、[　B　]の場合はビルトインのロールが利用される。

答え

① A ASP.NET Identitiy

B Windows認証

② C IsAuthenticated

D Name

③ E IsInRole

付録 A

Linux での ASP.NET Core MVC の利用

A.1 | Linux での開発環境を構築する

　ASP.NET Core MVCアプリケーションは、WindowsだけでなくLinuxやMac上でも動作します。

　実行ファイルだけでなく、Linuxに.NET Coreの動作環境をインストールすることにより、Windows上で作成したVisual StudioのASP.NET MVCプロジェクトをLinuxでビルド＆実行をすることが可能となっています。LinuxやMac上では、Visual Studio Codeをインストールしてコーディングができます。

A.1.1 | NET Core環境のインストール

　実際に、LinuxのUbuntuに.NET Coreのインストールからの動作を紹介しましょう。

　.NET - Powerful Open Source Development（https://www.microsoft.com/net/core#ubuntu）に.NET Coreのダウンロードの詳細が記述されています。

　Linuxのディストリビューションによる違いはありますが、ネットワーク経由で.NET Coreの環境をインストールします。

　Ubuntuの場合は、apt-getコマンドを使ってインストールが可能です（リストA-1）。

リストA-1　**apt-get**コマンド

```
sudo apt-get install dotnet-dev-1.0.0-preview2-003121
```

　このバージョンは執筆段階（2016年8月）のものなので、実際にインストールを行うときは、上記のサイトの指示に従ってください。

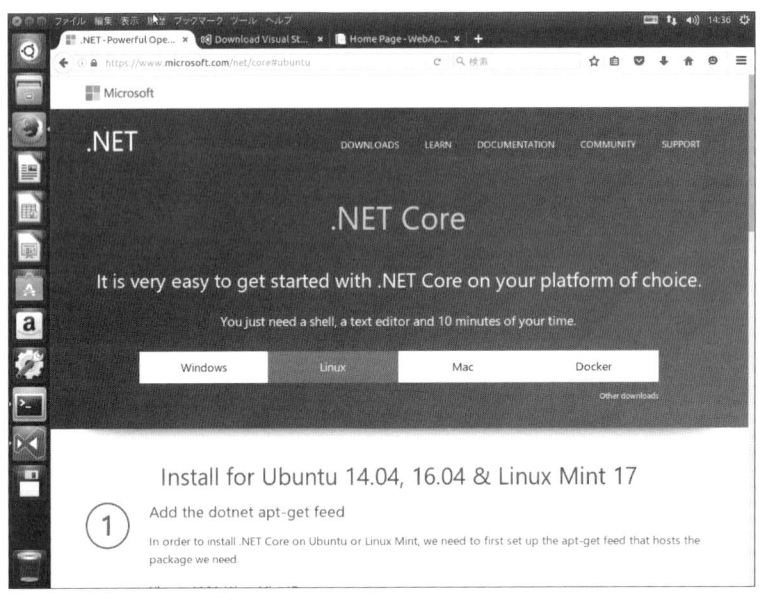

図A-1 　.NET Core のダウンロード

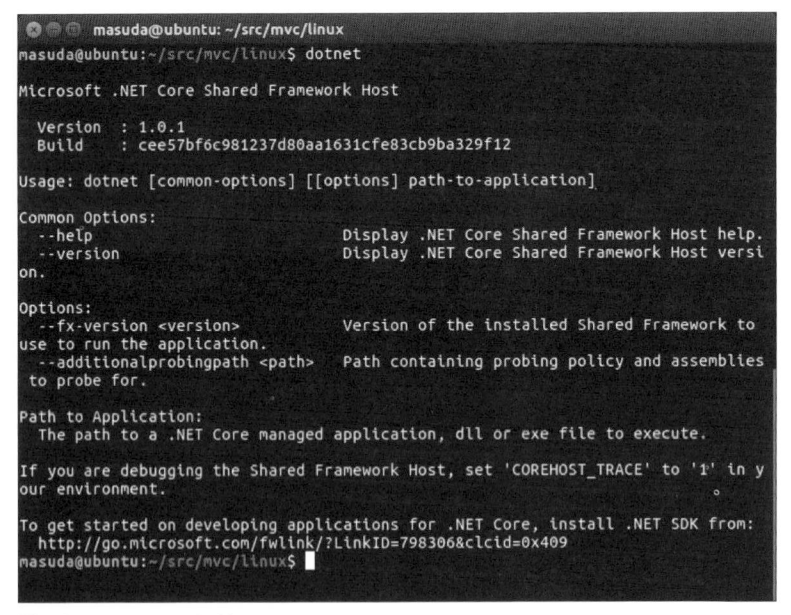

図A-2 　dotnet コマンド

　インストールが正常に終わると、dotnet コマンドが実行できるようになります。

A.1.2 | **Visual Studio Codeのインストール**

　.NET Core環境だけでもviなどでC#のコーディングは可能ですが、Visual Studio Codeを利用するとWindowsのVisual Studioと似た環境で開発が可能になります。Visual Studio Codeはオープンソースとして開発され、C#やF#のプログラミングだけでなく、PHPやJavaのプログラミングが可能になっています（図A-3）。

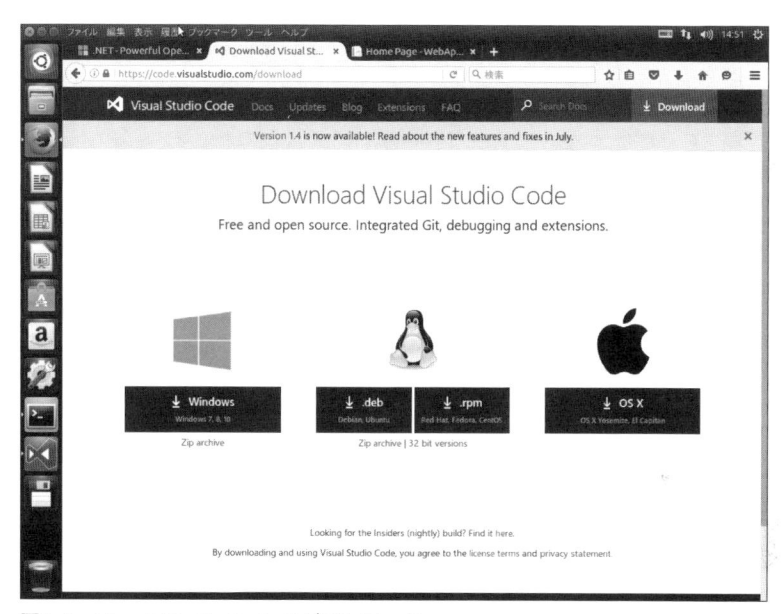

図A-3　Visual Studio Codeのダウンロード

　Visual Studio Codeは、LinuxやMacだけでなく、Windows環境でも利用ができます。WindowsにはVisual Studio Communityがありますが、.NET CoreやPHP、Javaなどのプログラミングにも利用でき、多少非力なノートPCであっても動作可能なので、うまく使い分けてください。

　Linuxでは、ターミナルで「code」と入力すると実行できます。

　C#プログラムコードのキーワードのハイライトや、インテリセンス機能も利用可能です（図A-4）。プロジェクトの設定となるproject.jsonファイルのようなJSON形式のファイルの編集もできるようになっています。

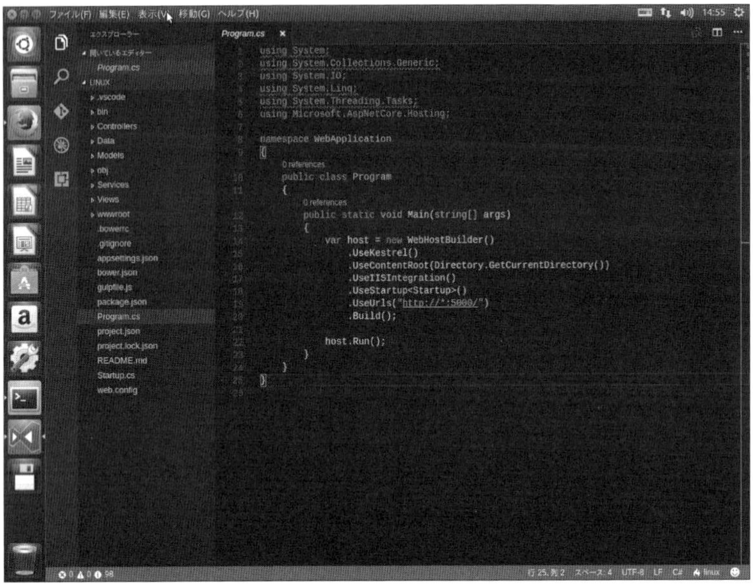

図A-4 Visual Studio Code

A.1.3 | サンプルプロジェクトの作成

dotnetコマンドを使うと、サンプル用のASP.NET MVCプロジェクトを作成できます (リスト A-2)。

リストA-2 **dotnet new**コマンド

```
dotnet new -t web
dotnet resotre
dotnet build
```

「dotnet new -t web」のように、-tスイッチに「web」を指定すると、ASP.NET MVCアプリケーションのひな型が作成されます。

ログイン認証を行うためにSQLiteが使われているため、最初に「dotnet ef dataabse update」を実行してデータベースファイルを作っておきましょう。

A.1.4 | プロジェクト実行

作成したASP.NET MVCアプリケーションを実行するには「dotnet run」コマンドを実行します (図A-5)。

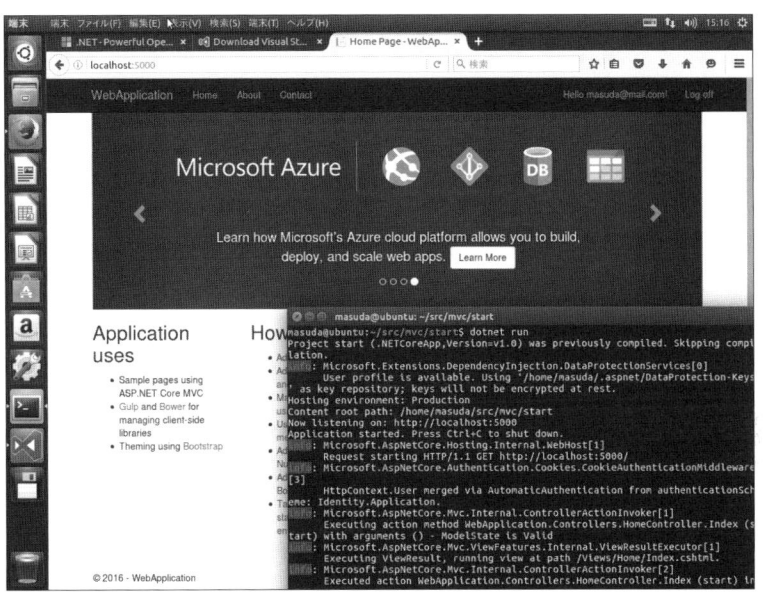

図A-5　実行結果

　Windows環境で動作させたときと同じように、ASP.NET MVCアプリケーションを実行してブラウザーで動作を確認できます。

　サーバーとは異なるPCからアクセスできるように、Program.csを開いて、UseUrlsメソッドを追加しておきます（リストA-3）。

リストA-3　**Program.cs**

```
public class Program
{
    public static void Main(string[] args)
    {
        var host = new WebHostBuilder()
            .UseKestrel()
            .UseContentRoot(Directory.GetCurrentDirectory())
            .UseIISIntegration()
            .UseStartup<Startup>()
            .UseUrls("http://*:5000")     // ★
            .Build();

        host.Run();
    }
}
```

　ここでは、新しいASP.NET MVCプロジェクトを作りましたが、Windows環境で作成したVisual StudioのプロジェクトをFTPでLinuxにコピーしてもプロジェクトをビルド&実行できます。

.NET Core環境ではビルドで参照されるコマンドやアセンブリは、project.jsonに記述されているので、Visual Studioで作成した.NET Coreプロジェクトは、そのままLinuxやMacにコピーすることで、コマンドラインから「dotnet build」だけでビルドができるようなっています。

A.2 │ データベースに SQLite を利用する

Visual Studio で ASP.NET MVCアプリケーションを作成すると、デフォルトでSQL Serverが利用されるように設定されます。今後Linux版のSQL Serverが開発される予定ですが、執筆時点（2016年8月）ではLinux上でASP.NET Coreから利用できません。現時点では、SQLiteが唯一のデータベースとなっています。MySQLやOracleなども、まだEntity Frameworkのライブラリが対応されていませんが、いずれ対応される予定となっています。

A.2.1 │ SQLite データベース

SQLLiteはファイルベースのデータベースです。SQL ServerやMySQLの場合は、データベースサーバーをコンピューターにインストールする必要がありますが、SQLiteの場合は1つのファイルを作成するだけです。

このため、実験的にASP.NET MVCアプリケーションを作成してWindowsとLinux間で利用したり、小規模なASP.NET MVCアプリケーションを作るときに利用できるでしょう。

SQLiteデータベースを管理するツールには「DB Browser for SQLite」（http://sqlite browser.org/）などがあります。

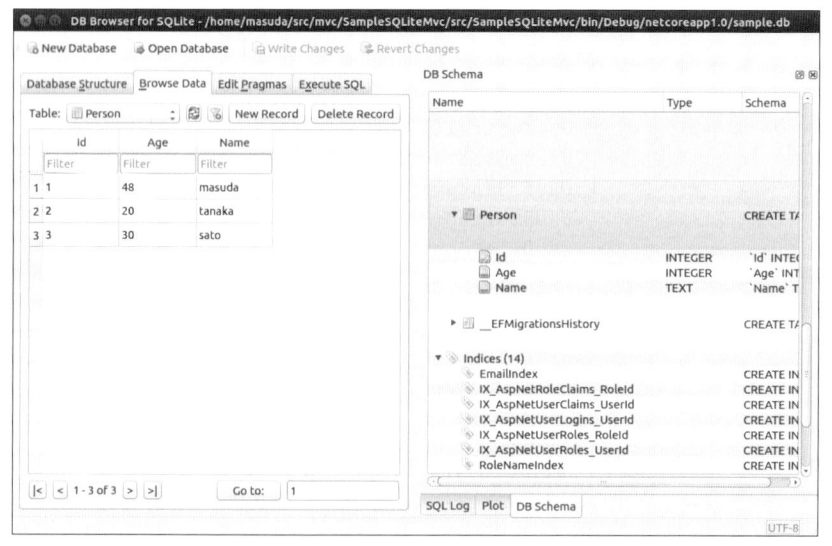

図A-6　DB Browser for SQLiet

　SQL Serverと同じようにEntity Frameworkのライブラリが用意されているので、LINQ
が使えます。Entity Frameworkで提供される共通のメソッドを使えば、データベースの設定
部分だけを切り替えるだけで、手軽にSQL ServerからSQLiteにデータベースを切り替える
ことが可能です。

　ただし、型の違いなどに注意する必要があります。

A.2.2 ｜ アセンブリを変更する

　Visual StudioでASP.NET MVCアプリケーションを作成したら、project.jsonのdependencies
の設定を変更します（リストA-4、A-5）。

リストA-4　**project.json（SQL Sever**の場合**）**

```
{
  "dependencies": {
    ...
    "Microsoft.EntityFrameworkCore.SqlServer": "1.0.0",    ←①
    "Microsoft.EntityFrameworkCore.SqlServer.Design": {    ←②
      "version": "1.0.0",
      "type": "build"
    },
    "Microsoft.EntityFrameworkCore.Tools": {
      "version": "1.0.0-preview2-final",
      "type": "build"
    },
    ...
  },
```

リストA-5　**project.json（SQLite**の場合**）**

```
{
  "dependencies": {
    ...
    "Microsoft.EntityFrameworkCore.Sqlite": "1.0.0",    ←③
    "Microsoft.EntityFrameworkCore.Sqlite.Design": "1.0.0",    ←④
    "Microsoft.EntityFrameworkCore.Tools": {
      "version": "1.0.0-preview2-final",
      "type": "build"
    },
    ...
  },
```

　SQL Serverでは、Entity Frameworkの①「Microsoft.EntityFrameworkCore.SqlServer」
と②「Microsoft.EntityFrameworkCore.SqlServer.Design」が使われている行を、③「Microsoft.
EntityFrameworkCore.Sqlite」と④「Microsoft.EntityFrameworkCore.Sqlite.Design」に書

き替えます。

　Microsoft.EntityFrameworkCore.*.Designのほうは、データベースファーストで使われる
ライブラリなので、利用してない場合は外しても構いません。

A.2.3 | appsettings.jsonを変更する

　データベースへの接続文字列がappsettings.jsonのConnectionStringsに書かれているの
で、これを修正します（リストA-6、A-7）。

リストA-6　**appsettings.json**（**SQL Sever**の場合）

```
{
  "ConnectionStrings": {  ◀①
    "DefaultConnection": "Server=(localdb)¥¥mssqllocaldb;Database◐
=aspnet-SampleCFModelMvc-b001b92d-84ba-462c-8c03-f6746e5d91f1;◐
Trusted_Connection=True;MultipleActiveResultSets=true"
  },
  "Logging": {
    "IncludeScopes": false,
    "LogLevel": {
      "Default": "Debug",
      "System": "Information",
      "Microsoft": "Information"
    }
  }
}
```

リストA-7　**appsettings.json**（**SQLite**のの場合）

```
{
  "ConnectionStrings": {  ◀②
    "DefaultConnection": "Filename=./sample.db"
  },
  "Logging": {
    "IncludeScopes": false,
    "LogLevel": {
      "Default": "Debug",
      "System": "Information",
      "Microsoft": "Information"
    }
  }
}
```

　SQL Severでは、サーバー名などが記述されている①の行を、SQLiteが利用するファイル
名の設定の②に書き替えます。

A.2.4 | モデルクラスとスキャフォールディング

テスト用にPersonクラス（リストA-8）を［Models］フォルダーに追加して、スキャフォールディング機能を実行します。

リストA-8　**Person**クラス

```
public class Person
{
    public int Id { get; set; }
    public string Name { get; set; }
    public int Age { get; set; }
}
```

スキャフォールディングを実行して、PeopleControllerクラスと、Views/People/*.cshtmlを作成しておきます。

A.2.5 | マイグレーションとデータベースの作成

Powershellを実行して、マイグレーションとデータベースの作成を行います（リストA-9）。

リストA-9　**dotnet ef**コマンド

```
dotnet ef migrations add init
dotnet ef database update
```

A.2.6 | プロジェクトを実行

設定の変更ができたら、FTPでLinuxに送信して動作を確認してみましょう。Windows上で動作したときと同じようにブラウザーで動作が確認できます。

Linuxをサーバーにして、Windowsのブラウザーで動作させる場合は、「A.1　Linuxでの環境を構築する」で解説したように、Program.csファイルの内容を書き替え、「.UseUrls("http://*:5000")」を追加して置きます。

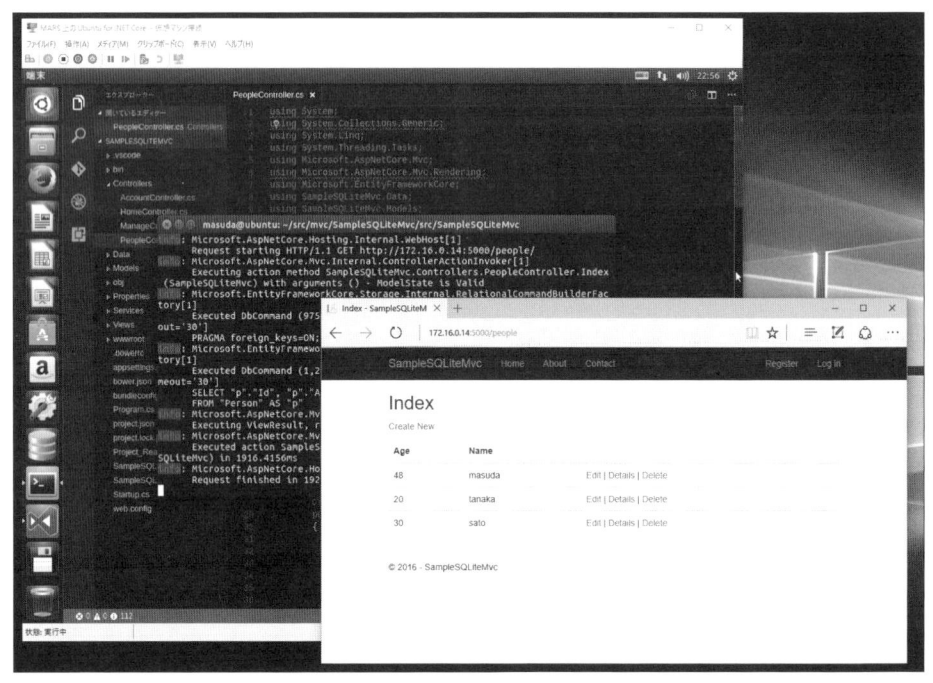

図 A-7　Linux での実行

　このように、ASP.NET Core で MVC アプリケーションを作成すると、Windows と Linux や Mac の間で、コードを共有しながら実行環境を気にせずに開発に集中ができます。ぜひ試してみてください。

索 引

索引

■著者紹介

増田 智明（ますだ ともあき）

Moonmile Solutions代表、株式会社H2ワークス 技術顧問、システムガーディアン株式会社 技術顧問。大学より30年間のプログラム歴を経て現在に至る。仕事では情報システム開発、携帯電話開発、構造解析を長くこなし、C++/C#/VB/Fortran/PHPなどを扱う。最近はRaspberry Pi/Arduinoに手を広げ、ソフトウェア開発における設計工程とCCPMにまい進中。

Microsoft MVP：
Visual Studio and Development Technologies、Windows Development

主な著書：
「C#によるiOS、Android、Windowsアプリケーション開発入門」（日経BP社）、「現場ですぐに使える! Visual C# 2015逆引き大全 500の極意」、「現場ですぐに使える! Swift逆引き大全 555の極意」（以上、秀和システム）

●本書についてのお問い合わせ方法、訂正情報、重要なお知らせについては、下記Webページをご参照ください。なお、本書の範囲を超えるご質問にはお答えできませんので、あらかじめご了承ください。

　　http://ec.nikkeibp.co.jp/nsp/

●ソフトウェアの機能や操作方法に関するご質問は、ソフトウェア発売元の製品サポート窓口へお問い合わせください。

ASP.NET MVC プログラミング入門

2016年11月15日　初版第1刷発行

著　　者	増田 智明	
発 行 者	村上 広樹	
編　　集	田部井 久	
発　　行	日経BP社	
	東京都港区白金1-17-3　〒108-8646	
発　　売	日経BPマーケティング	
	東京都港区白金1-17-3　〒108-8646	
装　　丁	コミュニケーション アーツ株式会社	
DTP制作	株式会社シンクス	
印刷・製本	図書印刷株式会社	